BIBLIOTHÈQUE DES CONNAISSANCES UTILES

———

L'AMATEUR D'INSECTES

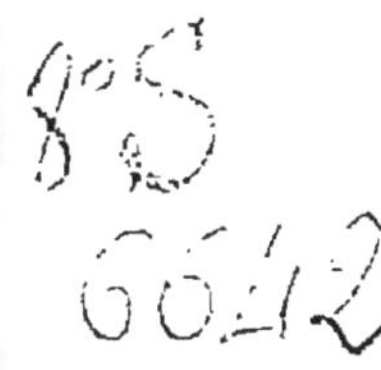

LOUIS MONTILLOT

MEMBRE DE LA SOCIÉTÉ ENTOMOLOGIQUE DE FRANCE

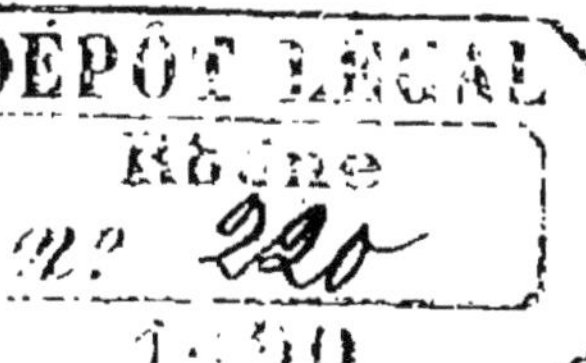

L'AMATEUR

D'INSECTES

Préface par le Professeur LABOULBÈNE

ANCIEN PRÉSIDENT DE LA SOCIÉTÉ ENTOMOLOGIQUE DE FRANCE

Avec 197 figures intercalées dans le texte

ORGANISATION

CHASSE. — RÉCOLTE

DESCRIPTION DES ESPÈCES,

RANGEMENT ET CONSERVATION

DES COLLECTIONS

PARIS

LIBRAIRIE J.-B. BAILLIÈRE ET FILS

19, RUE HAUTEFEUILLE, PRÈS DU BOULEVARD SAINT-GERMAIN

1890

PRÉFACE

Adepte fervent de l'entomologie, j'ai cultivé depuis longtemps l'étude d'une science qui offre tant d'attraits. Elle a
passionné ma jeunesse; elle est devenue le charme et le
délassement d'une vie occupée par de nombreux devoirs
professionnels.

J'ai pu jadis, en société de Léon Dufour, de Perris,
d'Aubé, récolter des insectes dans le midi de la France, dans
les Landes et les Pyrénées, aux environs de Paris. Aujourd'hui, lorsque je passe quelques jours à la campagne,
j'essaie de ne plus penser à mes cours et à mon hôpital, je
vais avec bonheur dans les champs et les bois, à la recherche
de ces petits êtres dédaignés du vulgaire, mais dont le rôle
sur notre planète est considérable.

Amateur d'insectes, j'ai souvent pensé qu'un livre d'ini-
tiation à l'étude de l'entomologie serait le bienvenu, et c'est
avec un grand plaisir que je viens de lire l'ouvrage de
M. L. Montillot, mon collègue de la Société entomologique
de France.

Laborieux et savant, M. Montillot, longtemps professeur
à l'École de cavalerie de Saumur, a pu attacher son nom à
des ouvrages techniques d'un ordre élevé, en particulier à

la télégraphie, la téléphonie, etc. Fidèle à des goûts spéciaux
pour l'histoire naturelle, son éloignement de Paris lui a permis de recueillir, dans plusieurs départements de notre
pays, une collection très intéressante, de faire un grand
nombre d'observations entomologiques. C'est alors que
M. Montillot a eu la pensée d'écrire, pour la *Bibliothèque
des connaissances utiles*, un exposé succinct de l'histoire
des Insectes, mettant en relief les points les plus remarquables, évitant les difficultés pour ceux qui débutent. Il
cherche à susciter des vocations, à augmenter le nombre
des observations.

Maurice Girard, dont nous regrettons toujours la perte,
avait passé plusieurs années à la rédaction de son *Traité
d'entomologie*, il avait aussi publié, dans la même Bibliothèque, un volume sur les Abeilles. M. Montillot n'a dû
s'arrêter que peu sur les Apides sociales ; de plus, les Insectes
nuisibles ne sont l'objet d'aucun développement, car l'auteur
du livre actuel prépare un volume spécial sur ce sujet, qui
touche de très près aux intérêts de l'agriculture en général
et de la viticulture en particulier, sans oublier l'horticulture.

Pour des connaissances plus approfondies, le lecteur me
permettra de lui désigner la *Faune entomologique française*, dont j'ai entrepris la publication avec mon vieil ami
L. Fairmaire, et, à mon grand regret, dont un seul volume
a paru ; les *Faunes* de MM. Bedel et Fauvel, plus encore le
livre précité de Maurice Girard, les volumes des *Suites à
Buffon*, dus à Th. Lacordaire, à Audinet-Serville, à Boisduval et Guenée, à Rambur, à Walckenaer et Gervais, etc.

Je reviens au livre de M. Montillot, pour exposer simplement l'ordre qu'il a suivi dans son *Guide de l'amateur
d'Insectes*.

Après de courtes considérations générales, il donne, dans un premier chapitre, le plan d'organisation de ces animaux articulés en insistant sur les parties dont les caractères servent de base à la classification.

Un aperçu sur les Insectes fossiles, pour lequel il a mis à contribution les travaux d'Oustalet, de Brongniart, de Brehm, sur la distribution géographique, enfin sur les grandes lignes du sectionnement de la classe des Insectes en différents ordres fait l'objet du second chapitre.

Le lecteur trouvera, dans le troisième, des renseignements précis sur la manière de reoueillir les différentes espèces et de les prendre au piège.

Vient ensuite l'exposition sommaire de chaque ordre, de ses familles. Les espèces principales, celles qui offrent un intérêt particulier, sont citées et caractérisées en quelques mots. De courtes diagnoses, ainsi que les nombreuses figures réparties dans le texte, permettent de les reconnaître aisément sur le vif ou dans les collections.

Dans un dernier chapitre, il montre, avec détails, comment on doit préparer les Insectes, les ranger méthodiquement en collections et aussi la manière d'entretenir et de conserver ces dernières.

Me sera-il permis de rappeler que j'ai donné, dans les *Annales de la Société entomologique*, en 1866, des indications sur la préparation des très petits Insectes de tous les ordres?

Après avoir loué M. Montillot pour la manière dont il a rempli le programme qu'il s'était tracé, je tiens à dire à ses lecteurs que l'anatomie, la physiologie, les métamorphoses des Insectes promettent encore bien des découvertes aux chercheurs. Des espèces nouvelles sont à faire connaître.

D'éminents représentants de l'entomologie : Léon Dufour, dont la mémoire nous sera toujours en vénération, Brullé, Boisduval, Maurice Girard, le Dr J. Giraud, le colonel Goureau, Rambur, V. Signoret, ont cessé de vivre. La science a besoin de nouveaux adeptes. C'est pour donner aux jeunes le goût, l'activité, la persévérance, que M. Montillot a rédigé le livre que je présente au public. Je le recommande avec confiance à tous ceux qui voudront trouver dans l'étude des Insectes un emploi utile de leurs loisirs.

A. LABOULBÈNE.

Saint-Denis d'Anjou, le 12 avril 1890.

L'AMATEUR D'INSECTES

I

ORGANISATION DES INSECTES

Vie évolutive des Insectes, métamorphoses. — Œuf. — Larve. — Nymphe. — Adulte. — Squelette. — Fonctions. — Sens. — Sécrétions.

Le sous-embranchement des Arthropodes comprend les *Insectes*, les *Arachnides*, les *Myriapodes*, les *Crustacés*. Des caractères qui les distinguent nous ne retiendrons que les plus saillants. Les voici : les Insectes ont six pattes, les Arachnides huit, les Myriapodes un nombre plus considérable, toujours inférieur à dix mille, n'en déplaise à leur parrain. Les pattes des Crustacés sont en nombre variable ; ils ont une *carapace* constituée par le squelette extérieur qui, imprégné de carbonate et de phosphate de chaux, est toujours consistant et souvent fort dur.

Le corps des Insectes est divisé en trois parties distinctes : la *tête*, le *thorax* et l'*abdomen*. On peut donc définir les Insectes : des animaux articulés à six pattes, ayant une tête, un thorax et un abdomen distincts.

Vie évolutive des Insectes, métamorphoses. — La vie de l'Insecte comporte quatre états successifs : l'*œuf*, la *larve*, la *nymphe*, l'*insecte parfait*. Voilà la règle : elle souffre des exceptions intéressantes à relever. Ainsi, la reproduction des Insectes a, d'ordinaire, lieu par le rapprochement sexuel. Les œufs sont fécondés pendant leur acheminement à travers l'*oviducte* de la femelle (c'est un conduit destiné à les transporter au dehors) ; cependant, chose curieuse, les femelles de certaines Abeilles, de quelques Papillons et de plusieurs Cochenilles pondent des œufs féconds, sans le secours du mâle. Ce phénomène est connu sous le nom de *parthénogenèse*. Autre singularité, chez d'autres espèces, les femelles sont vivipares. En dehors de ces cas particuliers, le rapprochement sexuel et la ponte des œufs constituent la règle générale du développement normal.

Œuf. — L'œuf se compose d'une coque résistante contenant un liquide limpide, qui renferme le germe de l'embryon et les globules vitellins destinés à le nourrir. Au moment de l'éclosion, la coque se brise ou bien s'ouvre, tout simplement, à la manière d'une boîte à couvercle montée sur charnière.

Les œufs d'Insectes affectent les formes les plus variées. Beaucoup sont remarquables par les dessins qui ornent leur enveloppe. Un grand nombre ressemblent à des graines ; les uns sont ronds, les autres cylindriques, ceux-ci sont coniques, ceux-là hémisphériques ; il en est enfin qui représentent des solides ou aplatis ou terminés en pointe.

L'art avec lequel les femelles déposent leurs œufs n'est pas moins curieux à étudier. Ici on trouve les œufs isolés, là on les voit réunis en grand nombre dans une coque parcheminée ou soyeuse, et cette enveloppe protectrice tantôt flotte sur l'eau, tantôt est insérée dans une écorce ou accrochée à une pierre. D'autres fois, c'est un chapelet à grains symétriques, rangés en anneaux serrés autour d'une branche d'arbre. Pour y déposer ses œufs, la femelle perfore de son aiguillon la tige des plantes, les tissus des animaux, les boiseries de nos habitations ; il n'est pas jusqu'aux troncs des vieux arbres, jusqu'aux murailles lézardées qui ne servent de réceptacle à la couvée.

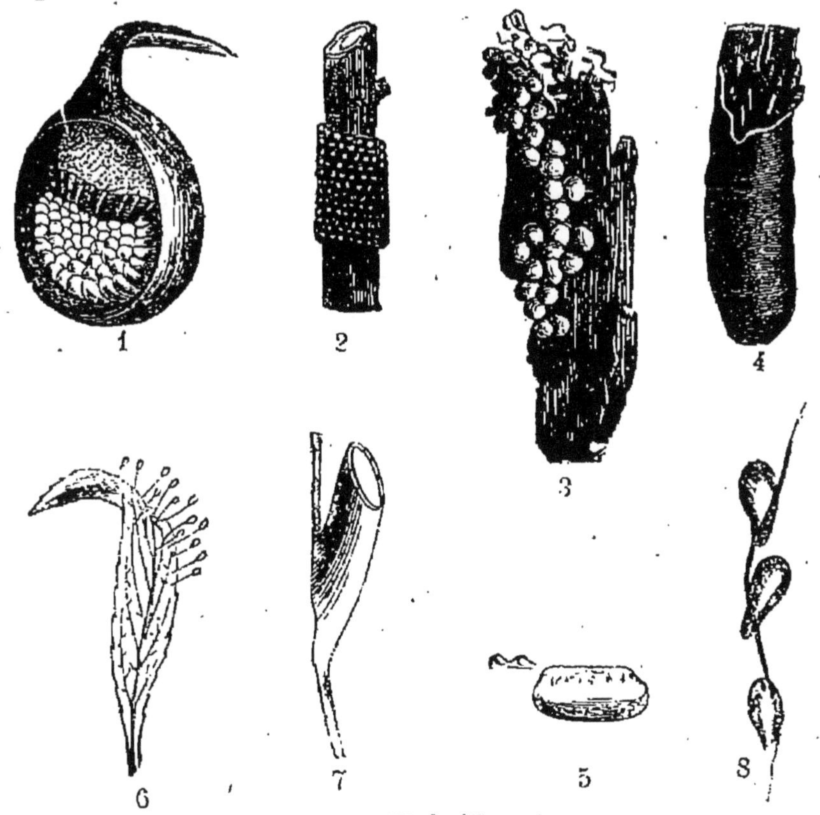

FIG. 1. — Œufs d'Insectes.

1. Œufs de Coléoptères (coque ouverte d'*Hydrophilus piceus*) ; 2, œufs de Papillons (*Bombyx neustria*) ; 3, œufs de Papillons (*Lasiocampa pini*) ; 4, œufs d'Orthoptères (Acridides) ; 5, œufs d'Orthoptères (Blattes) ; 6, œufs de Névroptères (Hémérobies) ; 7, œuf de Diptère (Œstrides) ; 8, œufs du Pou de tête.

La femelle prend soin de placer ses œufs dans des conditions qui permettent à sa progéniture de trouver, dès sa naissance, de quoi se nourrir, mais c'est là souvent que s'arrête la sollicitude maternelle et les rayons du soleil font le reste ; il leur appartient de pourvoir à l'incubation. Heureuse éventualité, puisque dans la plupart des cas, les parents meurent avant l'éclosion.

Sous l'influence de la chaleur ambiante, l'embryon se développe rapidement dans l'œuf et, au bout de peu de temps, il en brise la coque ou en fait sauter le couvercle.

Larves. — De cet œuf sort un être à peu près semblable à ses parents ou qui ne leur ressemble en rien. Les Insectes, en effet, subissent, avant d'atteindre leur entier développement, une série de transformations auxquelles on a donné le nom de *métamorphoses*.

Les métamorphoses sont *incomplètes* ou *complètes*, il peut même y avoir *hypermétamorphose*, comme chez les Cantharides, dont la vie évolutive, connue seulement depuis peu, est beaucoup plus compliquée que celle de la plupart des autres Insectes.

Lorsque les formes du jeune Insecte, à la sortie de l'œuf, rappellent celles de l'adulte, la métamorphose est dite incomplète.

Les Insectes à métamorphoses complètes, au contraire, sortent de l'œuf sous forme de *larves*.

Accroissement des larves, mues. — L'accroissement de l'Insecte ne s'accomplit que pendant son état larvaire ; cet accroissement est d'ailleurs rapide. L'enveloppe superficielle devient bientôt trop étroite pour le corps qu'elle contient. Aussi, à des périodes déterminées de leur existence, les larves *changent de peau* ou, pour mieux dire, font éclater le tégument qui les enveloppe et s'en dépouillent. Cette transformation constitue la *mue* qui, suivant les espèces, se renouvelle de trois à huit fois.

Pendant ces périodes de transition, la larve, comme prise d'une crise maladive, perd de son insatiable appétit, cesse même de manger, et devient stationnaire.

Les Insectes à métamorphoses incomplètes, de même que les autres, acquièrent leur entier développement à la suite de mues successives. A chacune de ces mues correspond un perfectionnement de quelque partie de l'organisme.

Les larves des Insectes ont souvent une tête cornée, munie de mandibules permettant de broyer les aliments. Cette conformation se retrouve même chez les larves d'Insectes qui, adultes, auront la bouche organisée pour la succion. Certaines larves de Diptères cependant ont la partie antérieure du corps terminée par un appendice pointu et rétractile ; celles-là sont, pour ainsi dire, *acéphales*.

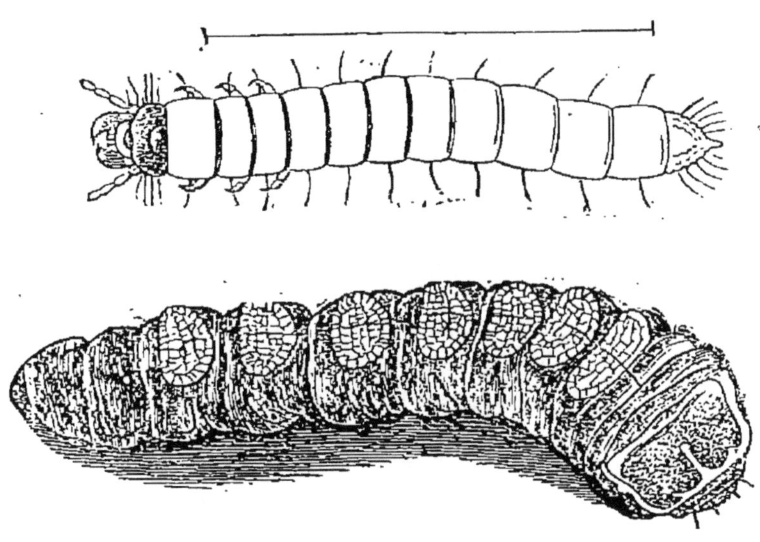

Fig. 2. — Larve à pattes articulées et larve apode.

A la suite de la tête viennent des anneaux, à peu près semblables entre eux, dont le nombre ne dépasse pas douze. Ici, trois cas peuvent se présenter : 1º les larves ont seulement des pattes articulées (fig. 2) ; 2º elles ont à la fois des pattes articulées et des pattes membraneuses (fig. 3) ; 3º elles sont complètement *apodes* (fig. 2).

Dans le premier cas, les pattes articulées, qui se terminent par une ou deux griffes, sont attachées aux trois anneaux qui suivent immédiatement la tête, chaque anneau supportant une paire de pattes ; ces trois mêmes anneaux formeront, plus tard, la cage thoracique de l'Insecte parfait.

Dans le second cas, les pattes articulées sont au nombre de six; elles sont, d'ailleurs, insérées comme nous l'avons dit, mais le quatrième anneau et les suivants sont pourvus de protubérances charnues, sans articulations, que l'on désigne sous le nom de *pattes membraneuses*.

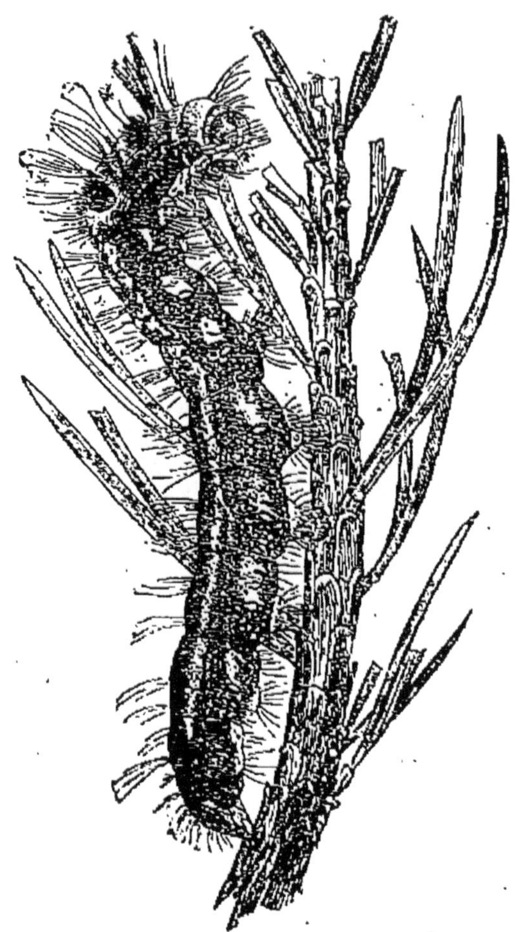

Fig. 3. — Larve à pattes articulées et à pattes membraneuses.

Dans le troisième cas enfin, on considère comme absolument apodes les larves dépourvues, il est vrai, de pattes articulées, mais chez lesquelles l'appareil locomoteur est fréquemment représenté par des bourrelets, analogues aux pattes membraneuses.

Il est des larves qui portent des houppes soyeuses, d'autres des sortes d'épines, d'autres enfin des appendices charnus aux formes bizarres ; beaucoup ont une brillante livrée, témoin certaines chenilles, beaucoup aussi ont une coloration plus fade et n'offrent à l'œil que des tons faux, passant du blanc sale au marron, quelques parties, la tête par exemple, restant seules plus foncées.

Maintenant, où trouve-t-on les larves ? Partout et en tout, on peut le dire ; aussi bien sur les feuilles et sur les racines qu'à l'intérieur de la tige des plantes, sous terre, dans les matières putréfiées, dans les tissus des animaux vivants, dans les étoffes, au sein des eaux même ; partout enfin.

FIG. 4. — Fourreaux de Phryganides.

Où qu'elles se rencontrent, la plupart de ces larves s'emploient, avant tout, à assouvir la faim du moment ; elles dévorent et se rassasient, sans se soucier de protéger leur existence contre les agresseurs du dehors. Cependant, une

minorité plus prévoyante se construit des abris, de petites
maisons essentiellement mobiles que l'animal transporte partout avec soi, et dans lesquelles il se retranche en cas de
besoin, à la manière des tortues dans leur carapace. La
larve se cramponne au dedans de ce refuge au moyen de ses
pattes membraneuses et se meut au dehors à l'aide de ses
pattes articulées. Pour la construction de ces édifices portatifs, les larves amassent, dans l'élément au milieu duquel elles
vivent, les matériaux qui leur sont nécessaires. Ce sont des
brindilles de bois, des grains de sable, des débris de coquilles
recueillis dans l'eau pour les Phryganes, des parcelles
d'étoffes enlevées à nos vêtements pour les Tinéides, des
substances terreuses pour les Clythra, tous matériaux agglutinés avec les sécrétions de l'Insecte.

Nymphes, chrysalides. — Qu'elles soient à l'air libre
ou dans l'eau, ou au fond de galeries souterraines, les larves,
à une certaine époque de leur existence, subissent une nouvelle évolution : elles se transforment en *nymphes*.

Chez les Insectes à métamorphoses incomplètes, la nymphe
diffère peu de la larve, elle se meut et se nourrit de la même
façon que cette dernière. Il en est tout autrement chez les
Insectes à métamorphoses complètes ; la larve s'immobilise et
cesse de prendre aucun aliment ; la peau en devient parcheminée et les légers mouvements des anneaux de l'abdomen,
qui se déplacent encore lorsqu'on les touche, restent les seuls
indices de la vie. Cependant, dès le début de la transformation, sur cet être à demi mort, apparaissent distinctement,
quoique masquées par un voile épais, les antennes, les ailes et
les pattes. Ces différents organes sont symétriquement repliés
le long du corps. Immobile sous ce voile, la nymphe présente ainsi les formes de l'Insecte parfait. Elle reste, d'ailleurs,
souvent accrochée à un mur, suspendue à une branche par
un de ces ligaments soyeux qu'a tissés la larve ; d'autres fois,
on la voit enveloppée d'une coque résistante ou entourée de

tout un cocon de soie. Les nymphes, qui sont ainsi protégées, restent à l'air libre, tandis que d'autres, moins bien gardées, se tiennent à l'abri des intempéries et de l'action directe du soleil, enfouies quelquefois jusqu'au profond du sol.

Éclosion. — Ce n'est qu'au prix de violents efforts musculaires que l'Insecte parvient à se débarrasser de son enveloppe nymphale.

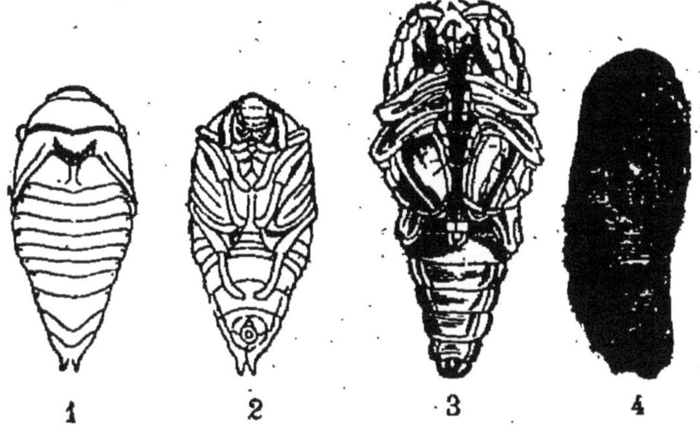

FIG. 5. — 1, Nymphe de Hanneton, vue en dessus ; 2, nymphe de Hanneton, vue en dessous ; 3, nymphe de Cérambyx ; 4, chrysalide de Bombyx.

Tantôt cette enveloppe se fend sur la face dorsale, pour livrer successivement passage au thorax, à la tête, aux pattes et aux ailes ; tantôt l'opercule à charnière qui ferme la coque cède sous la poussée de la bête prisonnière. Au moment de l'éclosion, le jeune animal est incapable de voler ; ses ailes sont plissées et molles, mais bientôt la circulation devient plus active, les plis s'effacent et l'aile acquiert une consistance suffisante, pour permettre au nouveau-né de prendre son essor.

INSECTE ADULTE, SQUELETTE. — Le corps de l'Insecte adulte peut, comme nous l'avons vu, se diviser en trois parties principales et bien distinctes : la tête, le thorax, l'abdomen. La tête (fig. 6) porte la bouche, les antennes, les yeux.

1.

Les trois pièces suivantes sont les trois anneaux soudés qui constituent le thorax.

A la suite du thorax vient l'abdomen dont plusieurs anneaux sont mobiles et capables de glisser les uns sur les autres.

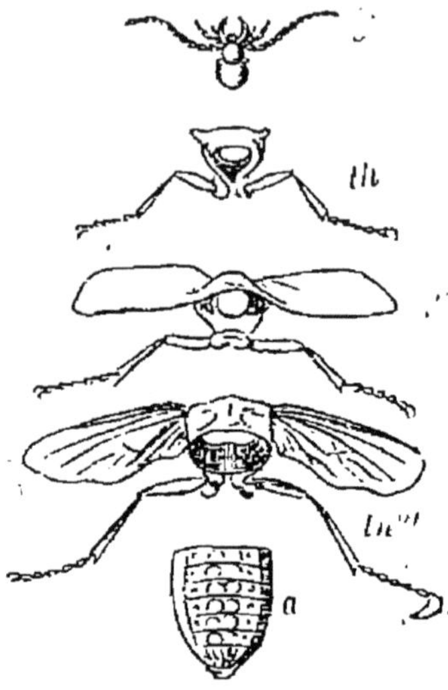

FIG. 6. — Parties dont se compose le corps d'un Coléoptère.

c, Tête; *th'*, premier anneau du thorax (prothorax); *th''*, deuxième anneau du thorax (mésothorax); *th'''*, troisième anneau du thorax (métathorax) ; *a*, abdomen.

Tête. — On peut diviser la tête en plusieurs régions qu'il importe de bien limiter. Elles sont, en effet, d'un puissant secours pour la description et la détermination des espèces. Ces régions sont au nombre de quatre : 1° le *front*, c'est l'espace compris entre les yeux ; 2° le *vertex*, c'est la partie supérieure de la tête, en arrière des yeux ; 3° les *joues*, situées au-dessous ou en avant des yeux ; 4° l'*épistome*, qu'on appelle quelquefois *chaperon*, prolonge le front et s'avance au devant de la bouche.

La tête est généralement articulée avec le prothorax par un fin ligament qui lui laisse une liberté de mouvement plus ou moins grande dans tous les sens.

Bouche. — La bouche des Insectes est disposée pour

broyer, pour lécher ou pour sucer les aliments. Les pièces buccales sont naturellement appropriées à leur fin, mais le type auquel tout doit être rapporté est l'appareil broyeur qui, par une application répétée à des fonctions étrangères à sa destination primitive, s'est modifié insensiblement, puis transformé en appareil lécheur ou suceur, suivant le cas. Les organes buccaux des Insectes broyeurs se meuvent latéralement, à la façon des cisailles, tandis que les mâchoires des Vertébrés agissent de bas en haut plutôt à la manière de pinces.

Quand on considère la bouche d'un Insecte broyeur, on y trouve, dans l'ordre indiqué ci-contre (fig. 7) : 1° une lèvre supérieure appelée *labre* *(ls)*; 2° une paire de mâchoires supérieures ou *mandibules(md)*; 3° une paire de machoires inférieures garnies de *palpes maxillaires (mx)*; 4° une paire de *palpes labiaux* supportés par une lèvre inférieure *(h)* rattachée elle-même au rebord de la cavité buccale qui forme le *menton*.

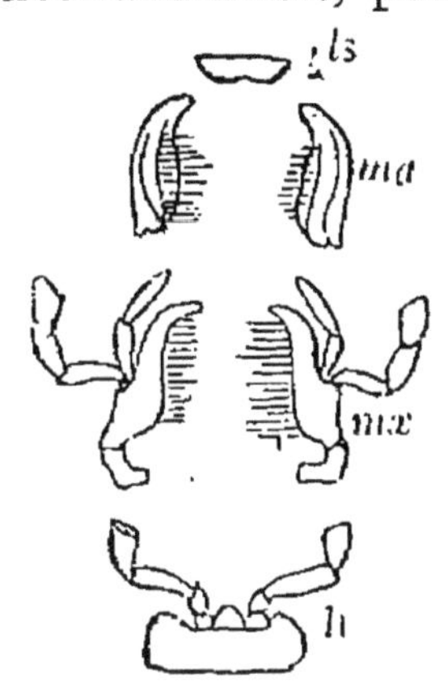

FIG. 7. — Bouche d'un Insecte broyeur.

ls, Labre ; *md*, mandibules; *mx*, mâchoires et palpes maxillaires; *h*, lèvre inférieure et palpes labiaux.

Les mandibules articulées sur les joues sont des pinces puissantes dont le développement est parfois très considérable; elles sont souvent dentées sur leur bord interne.

Les mâchoires inférieures se composent de plusieurs pièces. Leur lobe interne est fréquemment garni de soies formant brosse ; il se termine quelquefois par une petite dent mobile ou *onglet*, comme on peut le remarquer chez les Cicindèles. Le lobe externe est parfois articulé de la même manière que les palpes. On considère alors l'Insecte comme ayant deux paires de palpes maxillaires.

Les palpes maxillaires comprennent d'une à six pièces ou

articles ; les palpes labiaux en comptent de deux à quatre. La pièce intermédiaire, nommée *languette*, est sujette à de grandes modifications ; elle forme, avec le menton, le complément des pièces buccales.

Chez les Insectes lécheurs ou suceurs, les organes que nous venons de décrire s'adaptent à leurs nouvelles fonctions. C'est ainsi que chez les Abeilles (fig. 8), la languette prend un grand développement; que les Punaises, les Cigales (fig. 9), les Pucerons possèdent un long bec enveloppant des soies qui forment des rudiments de mâchoires ; que, chez les Papillons (fig. 10), on ne voit guère qu'une trompe démesurément longue ; que chez les Diptères, enfin, on rencontre des dispositions qui varient avec les différents groupes.

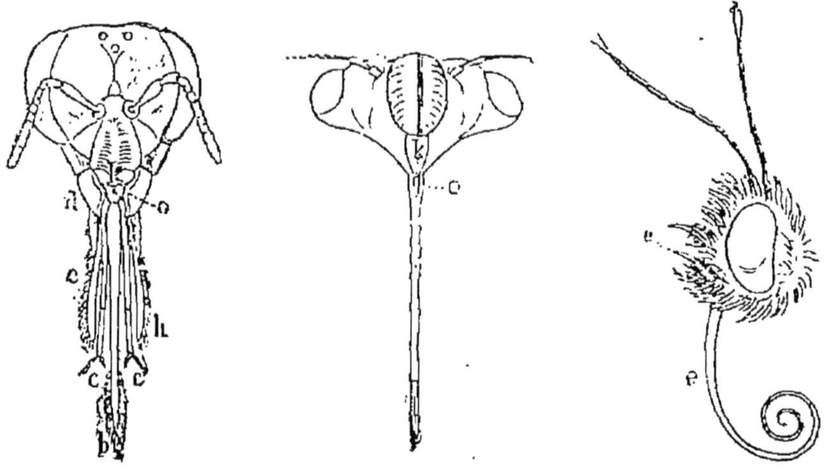

Fig. 8. — Bouche
d'une Abeille. *

Fig. 9. — Bec de
la Cigale.

Fig. 10. — Trompe d'un
Papillon diurne.

* *b*, Languette ; *cc*, palpes labiaux ; *d*, mandibules; *e*, mâchoires ; *h*, lobe interne ; *o*, lèvre supérieure ou labre.

Dans toutes ces transformations cependant, un observateur attentif peut retrouver les vestiges des pièces composant la bouche de l'Insecte broyeur que nous avons choisi comme type. Ces homologies ont été nettement établies par de Savigny, en 1816.

OEil. — Chez les Vertébrés, l'œil est mobile, la tête

aussi. Par conséquent, les rayons visuels peuvent embrasser un vaste horizon. L'œil de l'Insecte, au contraire, est immobile et solidement enchâssé dans la tête ; la tête elle-même a des mouvements très limités. Il en résulterait une grande infériorité si la nature n'y avait pourvu en augmentant le cercle d'action de l'œil lui-même. L'œil de l'Insecte est formé par la réunion en une seule masse, d'une quantité considérable de petits yeux, dont le nombre peut dépasser 20.000 (fig. 11). Chacun de ces minces organes, qu'on distingue aisément à la loupe, comprend une *facette* hexagonale, représentant la cornée ; au-dessous, une masse conique réfringente figure le cristallin auquel aboutit un filet nerveux émergeant d'un ganglion, en relation lui-même avec la masse cérébrale.

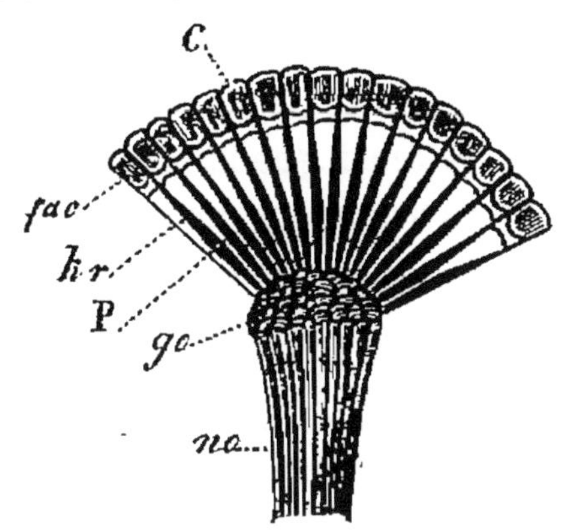

FIG. 11. — Coupe d'un œil d'Insecte.

C, Cornée ; *fac*, cônes ; *br*, bâtonnets ; P, gaines pigmentaires des bâtonnets ; *go*, ganglion du nerf optique ; *no*, nerf optique (d'après Nuhn).

La partie apparente des yeux est arrondie, comme une calotte sphérique, ou bien comme une portion d'ellipsoïde ; parfois, le bord interne est échancré en forme de haricot, comme les reins ou rognons de beaucoup de Vertébrés. On dit alors que les yeux sont *réniformes*.

L'organe de la vision est souvent complété par des yeux simples, détachés du groupe général, et permettant à l'Insecte de distinguer la partie de l'espace située en dehors du champ des yeux à facettes. Ces organes supplémentaires, nommés *ocelles*, habituellement au nombre de trois, sont disposés en triangle entre les yeux réticulés.

Antennes. — Les antennes sont ces appendices articulés que les Insectes portent sur la tête, tout près des yeux, tantôt en avant, tantôt en arrière, et qui peuvent atteindre un grand développement.

Les antennes sont généralement considérées comme des organes de tact ; le fait ne semble pas douteux. Plusieurs savants en font le siège de l'odorat ; d'autres les considèrent comme affectées à l'audition ; quelques-uns enfin y localisent ces deux sens. Quoi qu'il en soit, les antennes sont formées par une suite d'articles réunis les uns aux autres et dont le nombre ainsi que la forme fournissent aux entomologistes de bons caractères pour la classification.

Les antennes sont *coudées* ou *droites*. L'article *basilaire*, qui est en rapport direct avec la tête, prend le nom de *scape*. Cet article, dans les antennes coudées, est ordinairement très grand et forme, avec le suivant, un angle obtus.

La *massue*, partie terminale de l'antenne, est souvent en forme d'olive et composée d'un nombre variable d'articles. L'ensemble des articles compris entre le scape et la massue constitue le *funicule*. La figure 12 représente les antennes dont les formes sont caractéristiques.

Thorax. — Le thorax comprend trois anneaux soudés ensemble plus ou moins : le *prothorax*, le *mésothorax*, le *métathorax*.

Le prothorax porte la première paire de pattes ; il a un grand développement chez les Coléoptères et les Hémiptères, s'y présente comme un bouclier corné et est librement articulé avec le mésothorax ; c'est le *corselet* des anciens auteurs que les entomologistes appellent aujourd'hui *pronotum*.

Le mésothorax porte la seconde paire de pattes et la première paire d'ailes, quelquefois cornées ; on n'en aperçoit à la partie supérieure de l'Insecte qu'une petite portion triangulaire, chez certains à peine visible, que l'on nomme *scutellum* ou *écusson*. Tout le reste de la partie dorsale est recouvert par les ailes.

Le métathorax est intimement soudé à l'anneau précédent

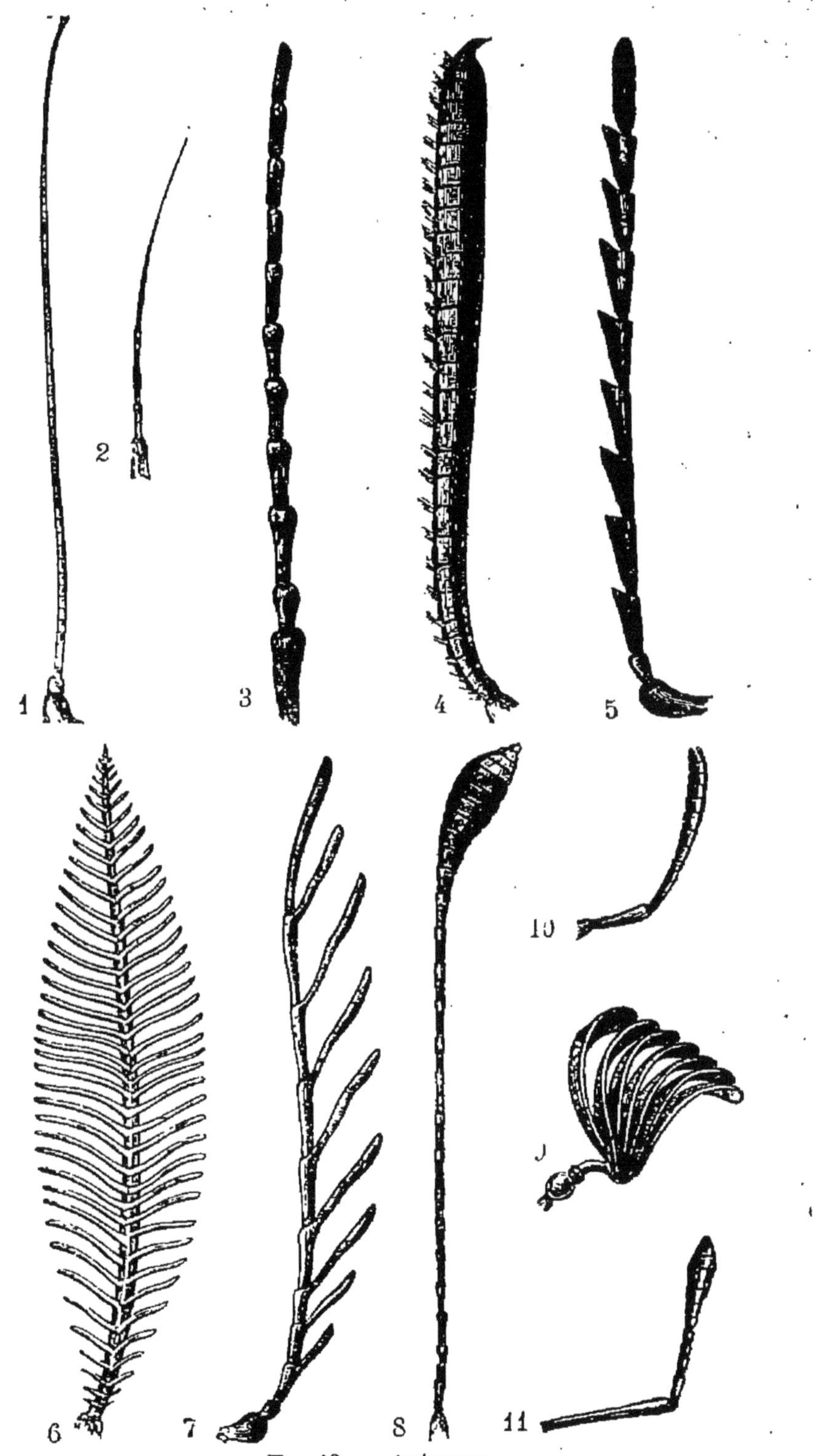

Fig. 12. — Antennes.

1, Antenne sétiforme ; 2, A. sétacée ; 3, A. filiforme ; 4, A. fusiforme ; 5, A. serriforme ;
6, A. pectinée ; 7, A. flabellée ; 8, A. en massue ; 9, A. lamellée ; 10 et 11, A. coudées.

et fréquemment aussi aux premiers anneaux de l'abdomen ; il soutient la seconde paire d'ailes, toujours membraneuses, lorsqu'elles ne sont pas atrophiées, et la troisième paire de pattes.

La partie ventrale du thorax a reçu le nom de *sternum*, et les pièces latérales placées sur les flancs, celui d'*épimères*.

Ailes. — Les ailes, au nombre de quatre, se réduisent quelquefois à deux et même peuvent disparaître complètement ; dans ce dernier cas, l'Insecte est dit *aptère*.

Lorsque les deux paires d'ailes existent, ou elles sont dissemblables, comme chez les Coléoptères et les Punaises, ou elles sont semblables, comme chez les Hyménoptères et les Névroptères.

Lorsque les ailes sont dissemblables, celles de la première paire prennent une consistance cornée ; elles forment un étui protecteur pour les ailes de la seconde paire et reçoivent le nom d'*élytres;* les ailes de la seconde paire sont membraneuses, soutenues seulement par un réseau de nervures qui en forment en quelque sorte la charpente. Telles sont les ailes du Hanneton, du Cerf volant.

Dans l'élytre on distingue : la *base*, partie adjacente au prothorax ; l'*épaule*, partie antéro-externe ; le *calus huméral*, petite bosse plus ou moins prononcée, située près de l'épaule ; la *suture*, côté interne par lequel les élytres au repos sont en contact ; l'*angle huméral*, angle basilaire externe (du côté de l'épaule) ; l'*angle scutellaire*, angle basilaire interne (du côté de l'écusson) ; le *sommet*, extrémité des élytres tournée du côté de l'abdomen ; l'*angle sutural*, angle que forme la suture avec le bord externe au sommet de l'élytre.

Les élytres ne sont pas toujours entièrement cornées ; on trouve cette disposition chez les Hémiptères hétéroptères dont les élytres restent membraneuses sur une partie plus ou moins étendue, voisine du sommet.

Lorsque les deux paires d'ailes sont semblables, toutes

deux sont membraneuses. Elles sont construites sur le même plan que les ailes de la seconde paire des Coléoptères ; telles sont les ailes de l'Abeille, du Frelon, de la Libellule, du Papillon. Ces dernières sont, de plus, recouvertes d'écailles aux brillantes couleurs.

Les ailes des Diptères (Mouches, Cousins, etc.), finement réticulées par des nervures, offrent la même apparence membraneuse ; mais ici, la seconde paire a disparu ; il n'en reste que des vestiges représentés par de petits appendices connus sous le nom de *balanciers*.

Pattes. — Les pattes sont conformées pour le saut

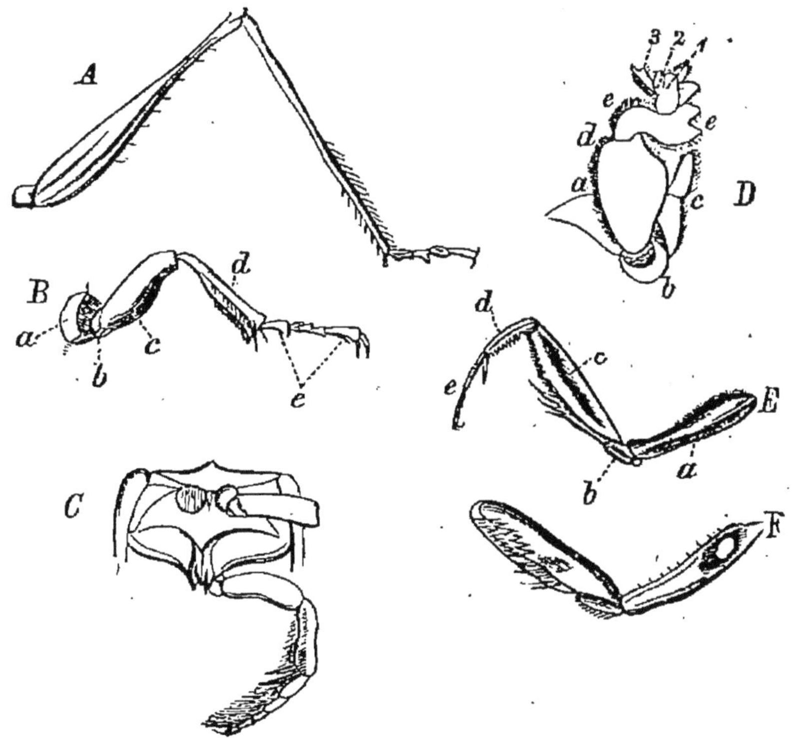

Fig. 13. — Différentes formes des pattes.

(fig. 13, A), pour la marche (B) ou pour la natation (C). Quel que soit leur emploi, le plan général de leur organisation reste le même, et les modifications ne portent que sur l'un ou

l'autre de leurs éléments constitutifs. C'est ainsi que chez la
Courtilière les pattes de la première paire sont agencées pour
fouir le sol (D). Celles de la Mante religieuse (E, F) sont disposées en pince ; la jambe, ajustée sur la cuisse par une articulation très souple, se replie sur celle-ci, comme le montre
la figure F, et forme avec elle un étau dont l'intérieur est
hérissé de fines dentelures propres à maintenir captive la
proie qui s'est laissé saisir.

Ce que l'on est convenu d'appeler la patte d'un Insecte
comprend : la *hanche (a)*, le *trochanter (b)*, la *cuisse* ou
fémur (c), la *jambe* ou *tibia (d)*, le *tarse (e)*.

La hanche est courte ; elle est articulée dans une cavité
de l'épimère, dite *cavité cotyloïde*. Le trochanter qui lui fait
suite favorise les mouvements de l'articulation de la cuisse.
La cuisse est un fort levier qui, dans les membres postérieurs, prend un développement considérable, lorsque l'Insecte est organisé pour le saut (fig. 13) A). La jambe a la
forme d'un trapèze allongé dont la grande base, tournée vers
le bas, est souvent garnie d'*éperons*, tandis que la crête est
recouverte de dents ou de soies rigides. Le tarse se compose
d'articles dont le nombre ne dépasse pas cinq, mais est souvent inférieur. Ces articles, courts, sont diversement con-
formés. Ils sont parfois pourvus de fines pelottes de soies,
sortes de brosses qui favorisent la station, ou bien de ventouses remplissant le même office.

Le dernier article des tarses, appelé *onychium*, supporte
un ou deux ongles.

Les articles des tarses sont généralement répartis en nombre égal sur toutes les pattes de l'Insecte, cependant il en
existe quelquefois moins aux membres intermédiaires et aux
membres postérieurs qu'aux antérieurs.

Les dispositions que nous venons d'indiquer sont propres
aux Insectes marcheurs. Chez les Insectes aquatiques, les
rugosités des articles se sont aplanies, les ongles se sont

émoussés et les jambes se sont transformées en véritables rames ciliées qui permettent à l'animal de se mouvoir aisément au sein des eaux.

Abdomen. — L'abdomen comprend une série d'anneaux réunis les uns aux autres par une fine membrane qui leur donne une grande mobilité. C'est grâce à cette disposition que l'abdomen des femelles gonflées d'œufs peut atteindre des proportions si extraordinaires.

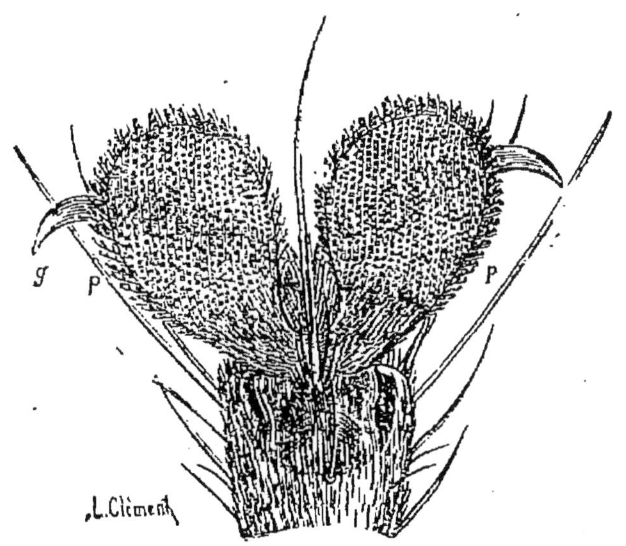

FIG. 14. — Patte d'une Mouche.

p, Pelottes; *g*, ongles.

Le nombre des segments abdominaux varie de trois à neuf; souvent les derniers sont transformés en organes accessoires de l'appareil génital. Le dernier arceau corné de l'abdomen prend le nom de *pygidium;* telle est la queue du *Hanneton.*

Revêtement du squelette. — L'enveloppe cutanée des Insectes est habituellement de couleur terne, noire, rousse, couleur de poix, souvent plus claire nuancée, parfois d'aspect métallique, mais ce qui constitue leur plus riche livrée, c'est le revêtement de leur squelette extérieur. Ce revêtement est formé par des soies, des poils feutrés, des épines, de frêles écailles caduques dont l'entrelacement compose les dessins les plus originaux. Un faible grossissement suffit pour donner à certaines espèces l'apparence de brillants joyaux ; vu à la loupe, le *Curculio imperialis*, Coléoptère du Brésil, apparaît comme une véritable parure d'émeraudes et de diamants. Rien n'est intéressant comme d'observer la fine pubescence de nos Charançons indigènes et les écailles

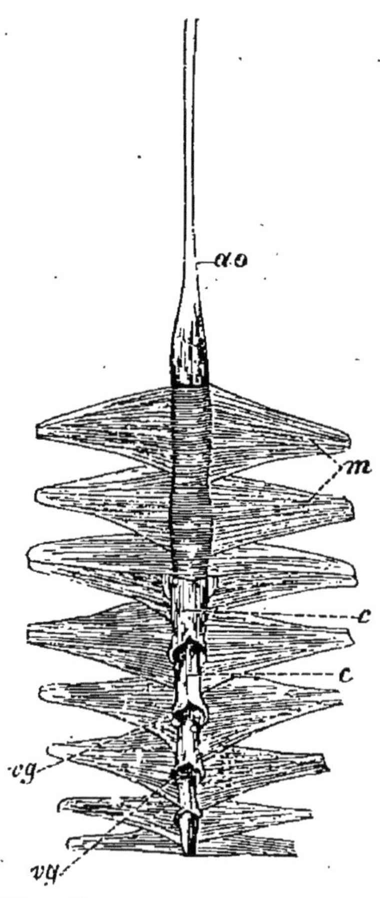

Fig 15. — Appareil circulatoire du Hanneton.
ao, Aorte ; c, vaisseau dorsal ; m, ligaments suspenseurs des ailes (Straus-Durckheim, *Anatomie comparée des animaux articulés*).

délicates du revêtement squameux de certains individus. Tous ces ornements sont parfois si fragiles qu'il suffit d'effleurer du doigt l'aile du Papillon pour disperser toute la chatoyante poussière et pour mettre à nu la membrane transparente qu'elle recouvrait.

Quelques Coléoptères, des *Larinus*, des *Polydrosus*, deviennent méconnaissables lorsqu'une main inhabile les a dépouillés de leur magnifique revêtement ; la robe d'émeraude, les dessins bizarres ont disparu pour faire place à la sombre coloration des téguments.

Circulation, innervation, digestion, respiration. — L'appareil circulatoire des Insectes (fig. 15) comprend un vaisseau dorsal (cœur) d'où partent les ramifications qui distribuent dans l'organisme le liquide vivifiant.

Le réseau nerveux (fig. 16) s'étend sur la face ventrale de l'animal sous forme de deux cordons ganglionnaires qui se rejoignent au-dessous du tube digestif pour se séparer de nouveau en deux rameaux. Ceux-ci embrassent l'œsophage, comme le ferait un collier, et se réunissent au-dessus pour constituer la masse cérébrale.

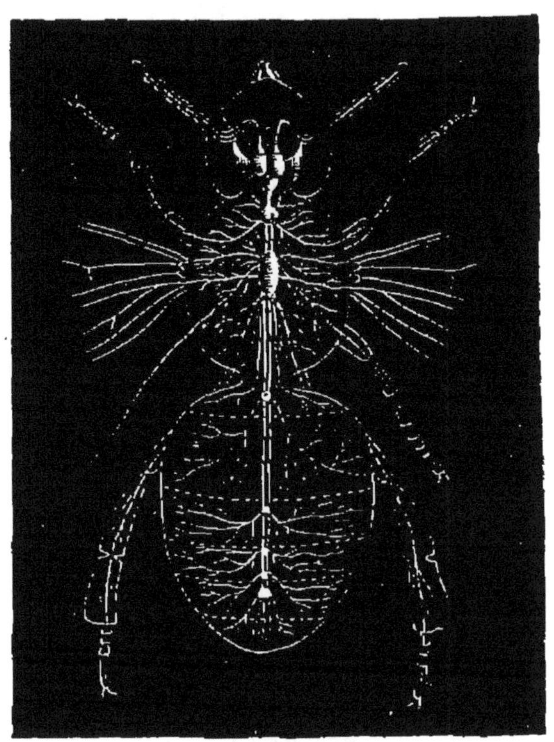

Fig. 16. — Système nerveux de l'Abeille adulte
(d'après E. Blanchard, *Métamorphoses*).

Comme on vient de le voir, le système nerveux des Insectes est surtout localisé dans la région ventrale, le siège de l'appareil circulatoire occupant plus particulièrement la région dorsale. C'est à peu près exactement le contraire de ce que l'on peut remarquer chez les Vertébrés.

L'appareil digestif des Insectes (fig. 17) règne entre le réseau circulatoire et le réseau nerveux. Quant à la respiration, les orifices qui livrent passage à l'air sont répartis tout le long du corps. On les désigne sous le nom de *stigmates* (fig. 18). A ces ouvertures aboutissent des *trachées*, tubes

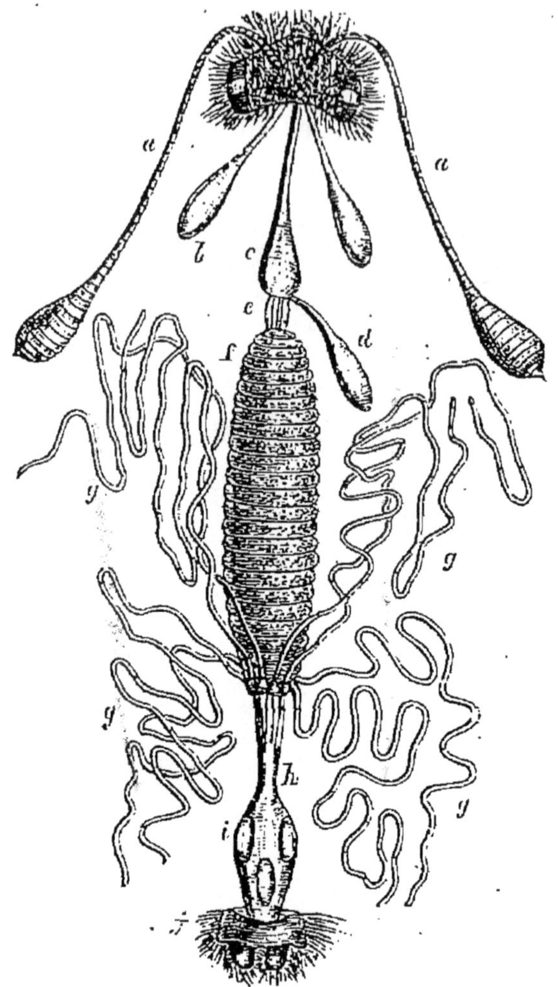

Fig. 17. — Appareil digestif d'un Insecte suçeur
(*Ascalaphus meridionalis*).

aa, Antennes; *b*, glandes salivaires; *c*, œsophage; *d*, estomac; *e*, gésier; *f*, ventricule chylifique; *gg*, tubes de Malpighi; *h*, intestin; *i*, rectum; *j*, dernier segment de l'abdomen (d'après Léon Dufour).

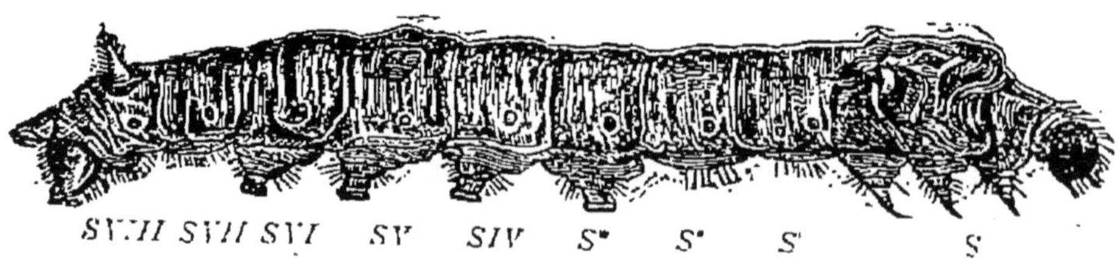

Fig. 18. — Disposition des stigmates d'une Chenille
(Bombyx du mûrier).

S, stigmate du premier anneau; S' stigmate du 4e anneau; S" à SVIII, stigmates situés sur es 5e, 6e... et 11e anneaux.

d'une extrême ténuité, dont le réseau se ramifie à travers les tissus.

ORGANES DES SENS. — *Toucher*. — Le corps entier de l'Insecte est sensible au toucher, mais la perception des sensations a lieu surtout par des poils en relation directe avec le système nerveux. On trouve de ces poils un peu partout,. mais particulièrement sur les antennes et à l'extrémité des palpes.

Vue. — L'admirable disposition des yeux de l'Insecte lui permet de voir autour de lui sans faire le moindre mouvement. Quelle est la portée de sa vue? L'expérience semble démontrer qu'elle est peu étendue, sans que cependant la question soit nettement tranchée. On n'est pas davantage fixé sur le rôle des ocelles.

Chez les Insectes qui vivent dans l'obscurité, chez ceux notamment qui habitent les cavernes et dont les formes sont si étranges, l'organe de la vue est atrophié; il n'est plus représenté que par de petits bourrelets au centre desquels s'épanouissent les filaments nerveux. Est-ce à dire que ces animaux sont absolument insensibles à l'action de la lumière? Non! Lorsqu'on les expose au jour, ils cherchent à s'y soustraire et paraissent désagréablement impressionnés.

Ouïe. — La faculté d'entendre est très développée chez les Insectes; le moindre bruit les effraie, le fait est certain, cependant la position de l'organe de l'ouïe est mal définie.

Maurice Girard admet que l'antenne en est le siège[1]; à défaut d'organe spécial, elle agirait comme une tige flexible, libre à l'une de ses extrémités, et réunie par l'autre bout à une membrane élastique.

M. Künckel au contraire pense avec Muller et Siebold que l'organe de l'ouïe est situé en dehors de la tête.

[1] Maurice Girard, *Traité d'entomologie* comprenant l'histoire des espèces utiles, de leurs produits, des espèces nuisibles et des moyens de les détruire.

Odorat ; goût. — En revanche, l'odorat et le goût appartiennent bien à la région céphalique. Le goût a son siège dans le voisinage de la bouche ; l'odorat est un des apanages des antennes ; les expériences de M. Balbiani semblent le démontrer d'une manière irréfutable.

« Prenant une série de mâles de Bombyx du mûrier venant d'éclore et ayant la précaution de les isoler et de les éloigner pour qu'ils n'aient aucun contact avec les femelles, le professeur du Collège de France les divise en deux lots, qu'il met dans des boîtes distinctes. L'un des lots est conservé intact, l'autre est mis en expérience : tous les papillons qu'il renferme ont subi une délicate opération, leurs larges antennes pectinées ont été coupées à la racine. Si on approche la boîte contenant le lot laissé intact des tables sur lesquelles se trouvent les femelles, on voit les papillons, même à une distance de plusieurs mètres, battre des ailes et entrer dans une violente agitation ; au contraire si on approche des femelles les papillons dépourvus d'antennes, on est surpris de voir les malheureux amputés demeurer les ailes basses, immobiles, impuissants à manifester la moindre sensation ; l'impression des fortes émanations qu'exalent les femelles n'est pas parvenue à leur cerveau, l'ablation de leurs antennes les empêche de percevoir les odeurs ; ils n'ont pas d'organe de l'odorat [1]. »

Cependant d'autres naturalistes accordent aux stigmates la faculté de percevoir les odeurs.

Locomotion. — La locomotion, chez les Insectes, a lieu comme chez les Vertébrés au moyen de leviers mus par des muscles ; seulement, chez les Vertébrés, le levier est interne et les organes moteurs sont externes ; chez les Insectes, c'est le contraire, les muscles sont à l'intérieur, le levier à l'extérieur.

---

[1] Brehm, *Les Insectes*, édition française, par J. Künckel d'Herculais, t. I, Paris, J.-B. Baillière et fils.

Nous avons indiqué l'adaptation des pattes aux mœurs et à l'habitat de l'animal.

Les poils dont sont pourvus les tarses interviennent aussi, soit pour permettre aux Mouches de se mouvoir sur les objets polis, soit pour favoriser la course rapide des Hydromètres à la surface des eaux. Dans ces mouvements de propulsion sur l'élément liquide, les ailes entrent quelquefois en jeu ; elles sont alors pourvues de longs cils qui forment de larges rames.

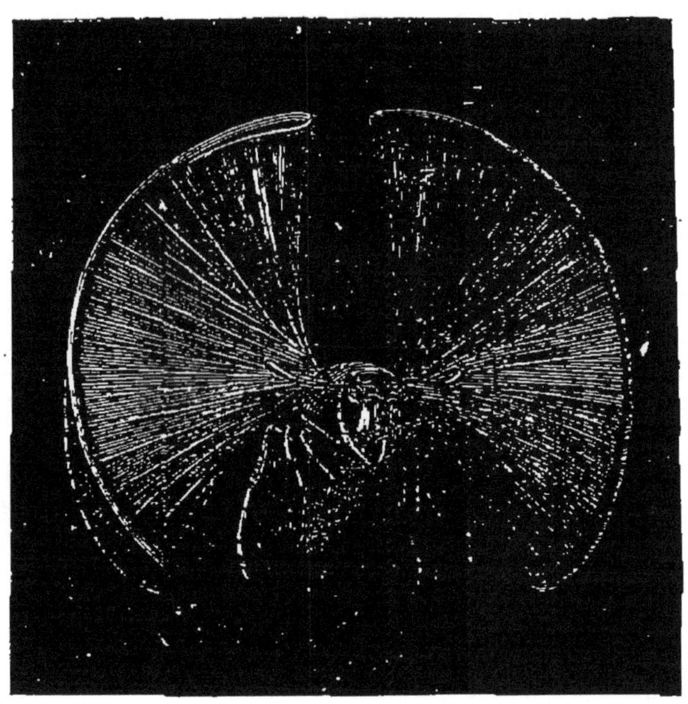

FIG. 19. — Aspect d'une Guêpe au vol.

Le mécanisme du vol a fait l'objet d'études très sérieuses de la part de Pettigrew et de Marey.

Une Guêpe dont on a doré les extrémités des deux grandes ailes présente, en volant, l'aspect de la figure 19. Chez les Coléoptères, la disposition des élytres pendant le vol est des plus variées. Poujade en a donné d'intéressants dessins dans les *Annales de la Société entomologique de France*; il nous montre le Hanneton, les *Onthophagus* soulevant simplement leurs élytres, les Nécrophores les relevant dans un plan perpendiculaire à celui du corps, les Cétoines enfin les maintenant fermées, comme dans la position de repos. Souvent aussi, pendant la locomotion aérienne, les pattes intermédiaires sont redressées au-dessus du corps.

SÉCRÉTIONS. — Un grand nombre d'Insectes sécrètent des produits, les uns utiles, les autres nuisibles. Parmi les sécrétions utiles, citons en première ligne la soie et la cire.

Fig. 20. — Brac..ine repoussant l'attaque d'un Carabe.

La soie est fournie en plus ou moins grande abondance par toutes les Chenilles et par beaucoup d'autres larves. Les Bombycides en produisent de grandes quantités[1].

[1] Voy. Léo Vignon, *La soie au point de vue scientifique et industriel*, Paris, 1890 *(Bibliothèque des connaissances utiles)*.

La cire provient de divers Hyménoptères qui en construisent les cellules destinées à renfermer le miel.

Des Pucerons, des Cochenilles sécrètent des matières graisseuses dont les houppes blanches forment une sorte de duvet autour de leur corps et sur les plantes qu'ils fréquentent.

Pour d'autres Insectes, les sécrétions deviennent une arme défensive; c'est ainsi que les Hyménoptères versent le poison dans la piqûre lorsque leur aiguillon traverse les tissus des animaux dont ils provoquent l'enflure. C'est une piqûre analogue qui donne naissance aux excroissances, connues sous le nom de *galles*, dont sont fréquemment couvertes les feuilles des arbres.

Beaucoup de Coléoptères émettent des odeurs pénétrantes : la Cicindèle sent la rose, l'*Aromia moschata* le musc; les glandes anales des Carabiques produisent de l'acide butyrique, mais quelques-uns de ces Coléoptères rejettent par l'anus un liquide caustique qui, à l'instar des explosifs, en se vaporisant brusquement, détone avec intensité, ce qui a fait donner aux *Brachinus* le nom de *Bombardiers*.

II

HISTOIRE. — DISTRIBUTION ET CLASSIFICATION

Les Insectes préhistoriques. — Les Insectes à travers l'histoire. — Distribution géographique. — Classification.

LES INSECTES PRÉHISTORIQUES. — Le premier travail sérieux sur les Insectes fossiles est celui de Brullé (1839). A cette époque on ne connaissait qu'un petit nombre de ces êtres préhistoriques et on était même en droit de se demander comment leur squelette cutané si fragile avait pu parvenir jusqu'à nous. On est surpris en effet de retrouver sur beaucoup d'échantillons remarquables les fines nervures des ailes et jusqu'aux écailles qui ont pu se conserver à travers les âges.

Les gisements d'Insectes fossiles sont rares et on pense qu'ils se rencontrent seulement dans les endroits où une consolidation rapide des sédiments a favorisé la conservation des parties délicates de ces animaux articulés.

De la présence de certains Insectes dans les couches géologiques, Heer a cherché à déduire le climat et la végétation de l'époque correspondante.

On admet que les Insectes ont apparu dès que la végétation a pu se développer sur les continents ; on trouve, en effet, des fragments d'Insectes dans les gisements à végétaux et dans bon nombre de houillères; les terrains jurassiques en contiennent de nombreux exemplaires. « On a découvert en effet, au milieu des formations marines qui constituent la majorité de ces terrains, des dépôts lacustres qui indiquent les emplacements d'anciennes îles plus ou moins étendues où croissaient des araucarias, des sagoutiers et des fougères et où vivaient un certain nombre d'Insectes [1]. »

Ce sont les terrains tertiaires qui contiennent les plus célèbres gisements : Aix en Provence, Corent et Menat en Auvergne, Radoboj en Croatie, Œningen et Uznach en Suisse sont des localités particulièrent riches en Insectes fossiles.

Dans certains endroits, l'abondance est telle que des larves de Phryganes, par l'agglomération de leurs fourreaux calcaires, constituent à elles seules des roches qui se rencontrent communément en Auvergne et aux environs de Montpellier.

La faune de Radoboj est composée d'Insectes analogues à ceux qui, de nos jours, habitent les forêts et les prairies. Le nombre considérable de feuilles rongées ou perforées semble indiquer que les Insectes phytophages y vivaient en grand nombre.

La faune d'Œningen a été étudiée dans ses moindres détails par M. Heer [2], et si nous nous reportons à la thèse de M. Oustalet, nous assistons au tableau attrayant pour l'entomologiste, que présentaient les bords du lac dont les eaux recouvraient une partie de la contrée :

« Dans la forêt voisine vivaient de nombreux Buprestes, des Capricornes, des Trogosites, dont les larves se cachaient sous l'écorce; au milieu du feuillage se tenaient les Cigales,

---

[1] Oustalet, *Insectes fossiles des terrains tertiaires de la France* (Thèse pour le doctorat, Paris, 1874).

[2] Heer, *Die Insecten fauna der Tertiärgebilde von Oeningen Radoboj in Croatien*, Leipzig, Engelmann.

les Lygées et les Pachymères; les Fourmis et les Termites creusaient leurs habitations dans les vieux troncs ou dans les

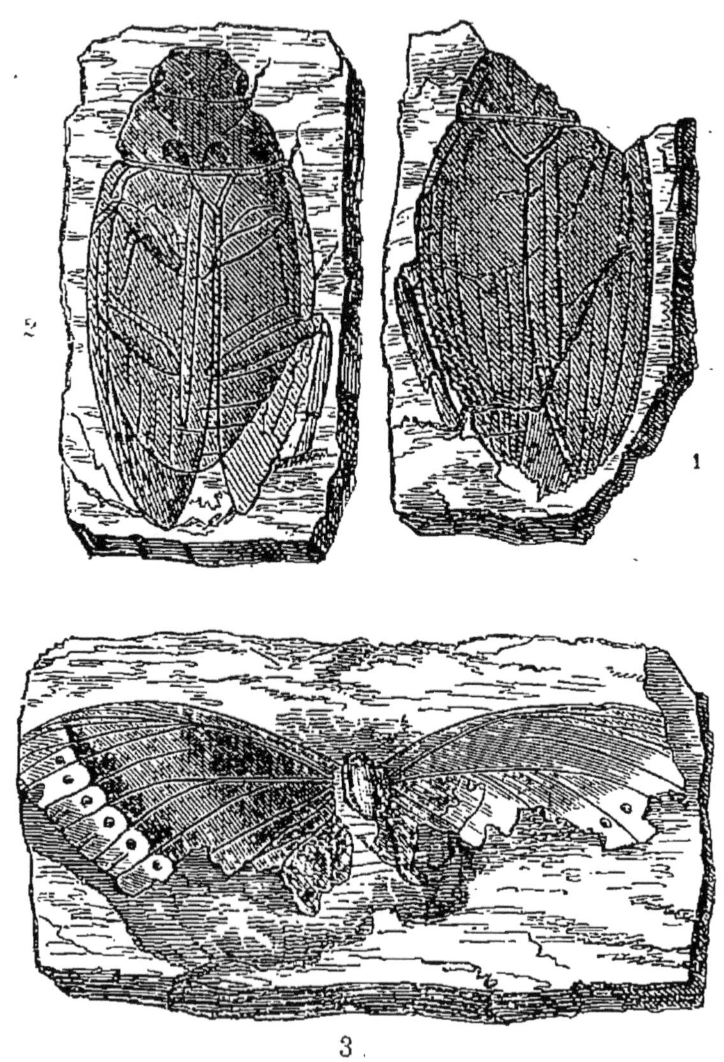

FIG. 21. — Insectes des terrains tertiaires.

1, Hydrophile vu en dessus ; 2, Hydrophile vu en dessous ; 3, Lépidoptère
(d'après Oswald Heer).

débris végétaux qui jonchaient le sol. Dans la terre humide se glissaient les larves des Anthomyzides, et les champi-

gnons étaient visités par de petits Fongitipulaires. Dans les
prairies, les herbes portaient des Chrysomèles, des Charan-

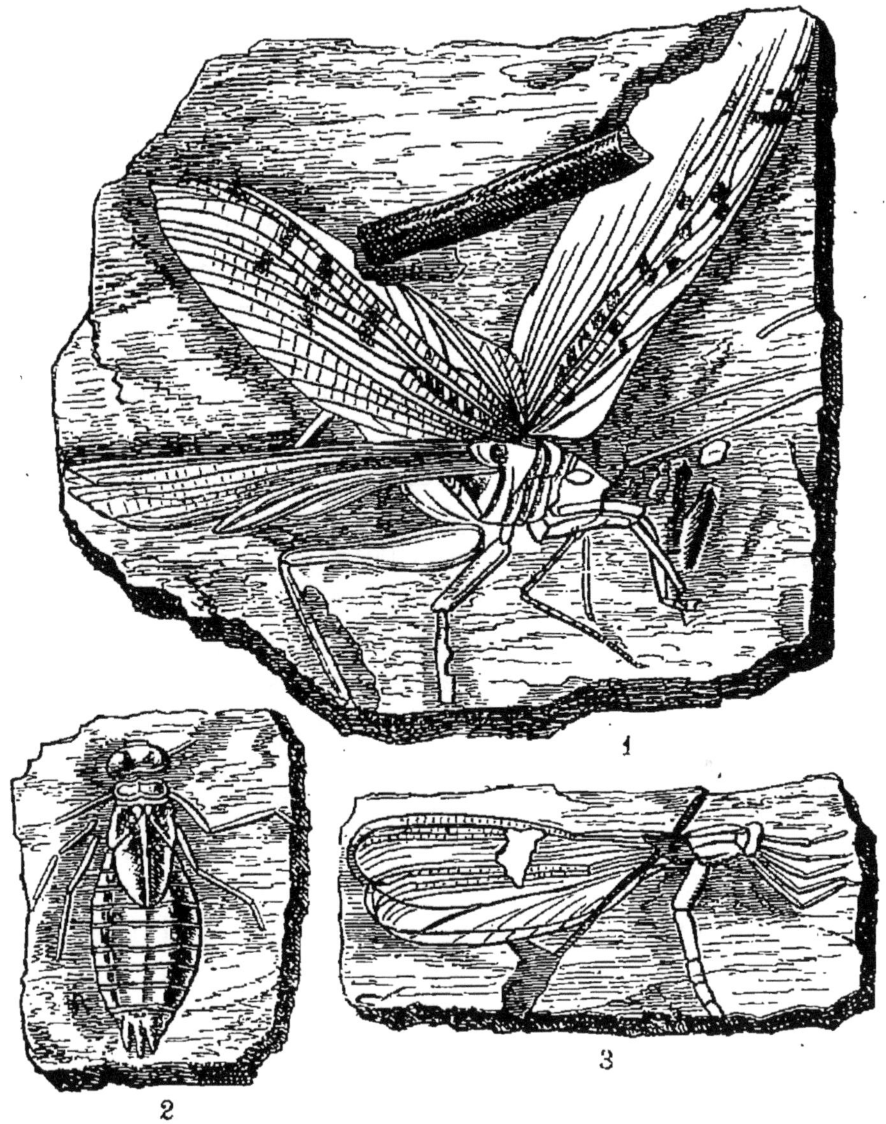

FIG. 22. — Insectes des terrains tertiaires.

1, Orthoptère ; 2, nymphe de Névroptère ; 3, Névroptère (d'après Oswald Heer).

çons, des Trichies, des Pachycores, tandis qu'autour des
fleurs voltigeaient des Syrphes, des Bourdons et des Abeilles.

Sur le rivage : le *Chrysomela calami* grimpait sur les roseaux, et les Lixes sur les tiges d'ombellifères ; tandis que dans l'eau s'agitaient pêle-mêle des larves de Libellules et de Chironomes, des Dytiques, des Dineutes, des Nèpes et des Belostomes. »

Les modifications subies par les Insectes depuis leur apparition sur le globe ne sont pas considérables, cependant, d'après M. Pictet, tous les Insectes fossiles sont différents de ceux qui existent de nos jours ; leurs dimensions et leurs formes qui souvent se rapprochent de celles d'espèces vivant aujourd'hui sous les tropiques semblent indiquer que la température de l'Europe s'est abaissée depuis ces époques reculées.

Le développement des Insectes a naturellement été en relation avec celui de la végétation et du règne animal tout entier. Pour les Coprophages, il fallait des excréments et par conséquent des animaux ; pour les Insectes floricoles, il fallait des fleurs ; c'est ainsi que les Abeilles qui font défaut dans les terrains primaires sont encore rares dans les terrains secondaires et n'apparaissent en nombre que dans les terrains tertiaires, alors que la végétation était déjà luxuriante.

L'ambre est une résine fossile de différents conifères de l'époque tertiaire. Enfoui dans les couches de lignite provenant des végétaux d'où il découlait, il en est souvent arraché par les flots et apporté sur les côtes. On en trouve abondamment sur les rivages de la Baltique et de la mer du Nord ; nous en avons ramassé maintes fois sur la plage de Calais.

Étant donné la nature de l'ambre, il n'est pas étonnant que les Insectes vivant aux dépens des Abiétinées de l'époque tertiaire ou circulant dans le voisinage s'y soient attachés, aient été, en quelque sorte, englués par cette résine visqueuse ; c'est ainsi que l'on trouve à l'intérieur des morceaux d'ambre toute une faune entomologique comprenant des Fourmis en abondance, d'autres Hyménoptères, des Orthoptères, de nombreuses espèces de Coléoptères. Ces individus, souvent disséminés par fragments, d'autres fois entièrement et parfaitement conservés, peuvent aisément être observés par transparence si l'on prend soin de polir deux faces opposées du morceau d'ambre.

LES INSECTES A TRAVERS L'HISTOIRE. — Certains Insectes ont eu leur rôle dans la vie des peuples.

Plusieurs Scarabées étaient vénérés en Égypte au temps des Pharaons [1]. Ces intéressants Coléoptères assurent l'existence de leur progéniture en enveloppant leurs œufs des matières excrémentielles des grands Ruminants ; ils en composent une pelotte qu'ils arrondissent en la roulant sous leurs pattes et qu'ils charrient ainsi jusqu'au trou qui doit l'abriter. Ainsi fait l'*Ateuchus sacer* dont on retrouve la figure gravée non seulement sur les monuments égyptiens, dans des proportions quelquefois gigantesques, mais aussi sur des pierreries, des cachets et des médaillons (fig. 23).

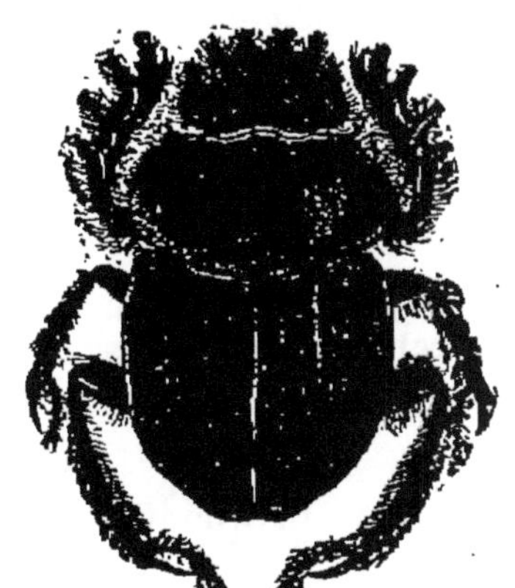

Fig. 23. — Scarabée sacré *(Ateuchus sacer)*.

On a attribué pendant longtemps à un Coléoptère de la même famille, la Cétoine dorée, la propriété de guérir la rage.

Des essais tentés à l'école vétérinaire d'Alfort n'ont donné que des résultats négatifs.

Bien d'autres Insectes ont une histoire : celle d'un petit Coléoptère de la tribu des Clériens, *Necrobia ruficollis*, est fort touchante. La voici : Latreille, prêtre à Brives-la-Gail-

---

[1] Voyez Loret, *L'Égypte au temps des Pharaons* (Bibliothèque scientifique contemporaine).

larde avait été arrêté en 1793 et écroué à Bordeaux. Il devait de là être transporté à la Guyane. Un jour, sur les murs de sa cellule, il aperçoit un petit Insecte encore inconnu ; il le pique, l'examine, le contemple avec joie. Témoin de cette scène, le jeune médecin de la prison s'informe ; il apprend que l'Insecte est nouveau ; il le demande à Latreille pour l'expédier à un collectionneur de sa connais-

FIG. 24. — Nécrobie à col roux (*Necrobia ruficollis*).

sance. L'Insecte est renfermé dans un bouchon de liège, cacheté et envoyé à Bory de Saint-Vincent. Celui-ci s'enquiert du nom du donateur ; il en a entendu parler, il s'intéresse à lui ; enfin, il obtient son élargissement. C'est en souvenir de cet heureux événement que Latreille donna à son Insecte le nom de *Nécrobie* qui, dans sa pensée, signifiait *la vie du mort*.

Les propriétés vésicantes des Cantharides et d'autres Coléoptères du même groupe sont connues depuis les temps les plus reculés.

FIG. 25. — Méloé proscarabée (*Meloe proscarabœus*) mâle et femelle.

Dans l'antiquité romaine, des peines extrêmement sévères étaient édictées contre les personnes convaincues d'avoir mêlé des Méloés aux aliments du bétail.

Les Méloés ont aussi joué leur rôle dans la médecine vétérinaire pour le traitement de certaines maladies des chevaux;

Fig. 26. — Le Criquet voyageur (Acridium migratorium).

on connaît celui des Cantharides dans la thérapeutique mo-
derne.

Parmi les Orthoptères, le Criquet, un des fléaux de notre colonie algérienne, a une page néfaste dans l'histoire.

La Bible lui attribue l'origine de la huitième plaie d'Égypte. Depuis cette époque reculée, les migrations de Criquets ont apporté la ruine dans certaines provinces russes, dans l'Amérique du Nord, et périodiquement, leurs colonnes innombrables se donnent rendez-vous dans les départements algériens[1].

Les Chinois confectionnent, depuis des siècles, des bougies avec une sorte de cire végétale provenant d'un coccide, l'*Ericerus Pe-la*.

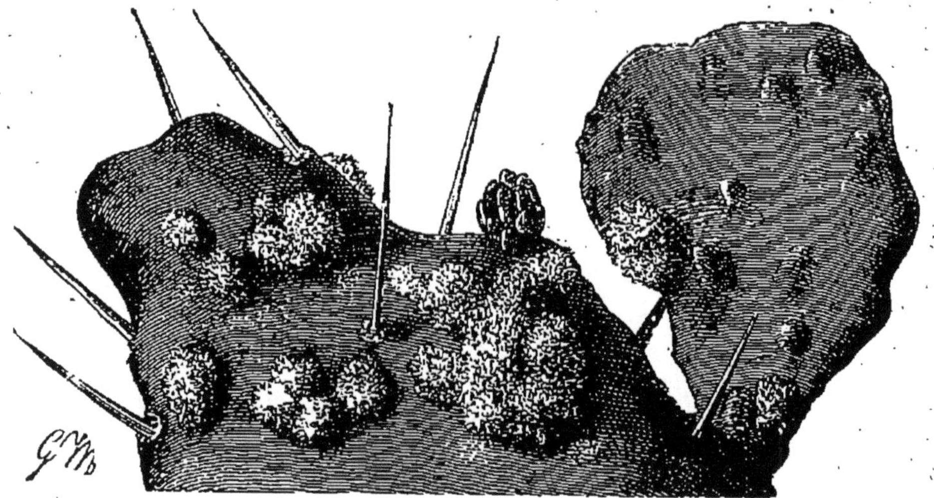

Fig. 27. — Cochenilles sur les raquettes du nopal.

Le *Carteria lacca* fournit la gomme laque et une matière colorante qui donne des teintures rouges très résistantes. On faisait déjà usage, dans l'antiquité, du *kermes vermilio* qui a servi pendant longtemps à teindre les fez ou calottes des Grecs et des Turcs. La Cochenille *(Coccus cacti)*, d'où l'on extrait le carmin, est connue depuis le XIVe siècle. Elle vit sur les raquettes des cactus (fig. 27). Au Mexique, on en fait un commerce important.

[1] Voyez Künckel d'Herculais, *Les Sauterelles, les Acridiens et leurs invasions* (Paris, J.-B. Baillière et fils) Association française, Congrès d'Oran, 1888.

DISTRIBUTION GÉOGRAPHIQUE. — Le débutant en entomologie a peine à se faire une idée de la quantité des petits êtres dont il entreprend l'étude. Si, dans le principe, il recueille indistinctement les Insectes de tous les ordres et s'il se propose d'accorder à chacun le degré d'attention qu'il mérite, il sera bientôt obligé de réduire ses prétentions et de limiter le cercle de ses recherches.

En raison de leur petite taille, beaucoup de ces animaux ont, encore aujourd'hui, échappé aux investigations des naturalistes voyageurs ; cependant, le nombre des espèces connues est estimé actuellement en chiffres ronds, à 376.000. A eux seuls, les Coléoptères figurent, dans ce dénombrement, pour 100.000 espèces, et les Lépidoptères pour 20.000. L'amateur d'Insectes entreprendra-t-il l'étude approfondie de tous ces petits êtres ? Sa vie n'y suffirait pas. D'autant que, dans la plupart des cas, il n'a que des loisirs très courts à consacrer à des travaux si attrayants ?

De là, la nécessité de se restreindre. Aussi, l'entomologiste se bornera-t-il habituellement à acquérir des connaissances générales sur les différents ordres, pour s'attacher à l'étude de l'un d'eux en particulier. Bien des fois, la collection, faute de place, d'argent ou de relations, se réduit à une faune limitée : Coléoptères, Lépidoptères, Hémiptères d'Europe, de France même. C'est d'ailleurs, à notre avis, le meilleur moyen de rassembler des matériaux homogènes formant un ensemble défini, et il nous semble qu'une collection bien garnie, réunie dans ces conditions, est plus profitable qu'une autre renfermant seulement des types disséminés d'Insectes provenant du monde entier, et dans laquelle il existe fatalement de nombreuses lacunes.

En résumé, nous pensons qu'avant de nous lancer dans les *exotiques*, il nous faut connaître ce qui nous entoure, et il y a là de quoi occuper nos loisirs.

L'apparition des Insectes à l'état adulte est en corrélation avec les saisons et les climats. Dans nos régions tempérées, presque tous disparaissent l'hiver, non pas qu'ils meurent, car beaucoup hibernent, mais ils cherchent un refuge sous les mousses, les feuilles sèches, les écorces des arbres, parfois en terre, pour reparaître au printemps.

Dans la zone torride, ils sont abondants pendant la saison des pluies, et rares pendant la période de sécheresse.

Les faunes ne sauraient être nettement limitées : ainsi, tels Insectes, que l'on trouve en Europe, se rencontrent en Algérie.

On admet, en général, que toute faune locale, qui comprend 60 pour 100 des espèces européennes, fait partie de la faune de l'Europe : c'est ainsi que celle-ci comprend aujourd'hui l'Algérie, le Maroc, Madère, les Canaries, le Delta du Nil, la Palestine, la Syrie, l'Asie Mineure, l'Arménie, enfin tout le nord de l'Asie, jusqu'au fleuve Amour.

Certains entomologistes comprennent dans la faune française, la Belgique, le Luxembourg, la Hollande et les provinces Rhénanes, mais il est généralement admis que la Corse n'en fait point partie.

CLASSIFICATION. — Pendant longtemps, alors que quelques érudits seulement se préoccupaient des choses de la nature, il a suffi de donner aux rares Insectes connus des noms particuliers. Si l'on avait continué de procéder ainsi, il serait aujourd'hui impossible de s'orienter au milieu de l'infinité des dénominations spéciales. Pour éviter l'écueil, on a rassemblé, en petits groupes, les êtres qui semblent avoir des liens de parenté ; on a classé ou classifié.

L'*espèce* est le point de départ de la classification. Buffon l'a définie : « une succession constante d'individus semblables et qui se reproduisent ».

Les espèces qui se ressemblent sont réunies en un groupe, qu'on a appelé *genre*, et qui, quelquefois, se divise en *sous-genres*.

Les genres qui ont le plus d'affinité entre eux forment des *familles*, se subdivisant elles-mêmes en *tribus*, lesquelles renferment un certain nombre de genres.

Enfin, les familles dont les caractères primordiaux sont communs forment un *ordre*, ressortissant lui-même à une *classe* du règne animal.

D'après cela, pour désigner les Hannetons, on devrait dire : animal de la classe des Insectes, de l'ordre des Coléoptères, de la famille de Scarabéides, de la tribu des Mélolonthiens, du genre *Melolontha*, de l'espèce *vulgaris*. Dans la pratique, on se contente de dire : *Melolontha vulgaris*, le nom du genre devenant en quelque sorte le nom patronymique de l'Insecte et le nom de l'espèce son nom de baptême.

Le tableau suivant indique la classification généralement adoptée pour les Insectes.

		ORDRES
Broyeurs, quatre ailes. .	Supérieures, cornées ; inférieures, pliées transversalement ; métamorphoses complètes.	COLÉOPTÈRES.
	Supérieures, parcheminées ; inférieures, pliées en éventail ; métamorphoses incomplètes.	ORTHOPTÈRES.
	Membraneuses et réticulées ; métamorphoses incomplètes.	NÉVROPTÈRES.
Lécheurs, quatre ailes. .	Membraneuses, transparentes ; métamorphoses complètes.	HYMÉNOPTÈRES.
Suceurs. ┌ quatre ailes. .	Membraneuses et couvertes d'écailles ; métamorphoses complètes.	LÉPIDOPTÈRES.
	De consistances diverses ; métamorphoses incomplètes.	HÉMIPTÈRES.
└ deux ailes.. .	Membraneuses ; les inférieures rudimentaires et transformées en balanciers ; métamorphoses complètes.	DIPTÈRES.

A côté de ces ordres principaux, on en admet d'autres, considérés comme ordres secondaires ou comme sous-ordres ; ce sont les *Strepsiptères*, qui ont été rangés tantôt avec les Coléoptères, tantôt avec les Névroptères ; les *Thysanoptères*, proches parents des Orthoptères et des Névroptères ; les *Thysanoures*, qui se rapprochent des Orthoptères ; les *Aphaniptères*, sortes de Diptères qui, comme la Puce, sont organisés pour le saut et n'ont que des ailes rudimentaires ; enfin les *Anoploures* qui représentent tous les Poux de la création.

III

CHASSE ET RÉCOLTE DES INSECTES

Ustensiles, pièges et procédés de chasse pour les différents ordres
d'Insectes.

CHASSE ET RÉCOLTE DES INSECTES. — L'amateur d'Insectes
se promenant sur les grands chemins fait, en somme, de mai-
gres captures. Ses premières récoltes sont fructueuses, il
est vrai. Pour le débutant tout est nouveau, et si quelque
bête aux reflets métalliques tombe entre ses mains, il a fait
une trouvaille. Mais bientôt la désillusion commence, ce
sont toujours les mêmes êtres qui font les frais de la journée
et c'est seulement par exception que quelque belle espèce vient
enrichir la collection.

L'entomologiste doit partir de ce double principe : on ne
rencontre par les chemins que les espèces réputées communes ;
il faut bien connaitre les mœurs et les habitudes des Insectes
pour les capturer. Les Insectes, considérés comme rares, ne
le sont réellement que parce qu'on ignore leur habitat ou qu'on
ne peut y atteindre. Nous ne voulons pas dire par là que telle
espèce ne se reproduit pas plus aisément que telle autre ;
certaines pullulent, alors que d'autres forment des colonies

plus restreintes; mais nous ne pensons pas qu'aucun Insecte soit rare d'une façon absolue: dès qu'on connaît les habitudes d'une espèce, on parvient à la prendre, sinon en abondance, au moins dans de notables proportions.

Pour faire une chasse fructueuse, il faut être bien outillé; mais, comme l'outillage diffère suivant la catégorie d'Insectes que l'on se propose de poursuivre et en raison des localités que l'on va explorer, il faut partir avec un plan bien arrêté, sous peine d'emporter avec soi un arsenal qui paralyserait tous les mouvements

Dans cet ordre d'idées, il nous faut étudier séparément les méthodes générales de chasse, applicables aux Insectes des différents ordres.

Chasse des Coléoptères. — Le but de la chasse étant de prendre pour conserver, il faut tout d'abord se procurer des magasins portatifs, permettant d'emprisonner le gibier, de le faire périr promptement et de le transporter, sans détérioration. Pour cela, le chasseur se munit de flacons à large tubulure, fermés par un bouchon de liège. Une ficelle, passée à travers le bouchon, facilitera l'ouverture, comme dans les tabatières dites à *queue de rat*. Deux de ces flacons sont suffisants, l'un pour les Insectes de grande taille, l'autre pour ceux de moindre corpulence. Dans le premier, on verse jusqu'à moitié de la sciure de bois, facilement perméable, dont on a retiré, par des tamisages successifs, et les fines poussières et les morceaux trop gros. Dans le second flacon, des chiffons de papier buvard sont suffisants, pour empêcher les petits Insectes de s'endommager.

Quelques gouttes de benzine, qu'on renouvelle de temps à autre, maintiennent une atmosphère asphyxiante dans laquelle périssent très rapidement les Insectes.

Ces flacons que nous emportons, il s'agit de les remplir. Beaucoup de Coléoptères se retirent, pendant le jour, sous les pierres et sous les mousses; soulever les unes, arracher les autres sont les opérations que l'on exécute avec ses dix doigts. D'autres se cachent sous les feuilles mortes, sous les fagots, sous les détritus laissés par les inondations au bord des cours d'eau, sous les varechs abandonnés sur les plages.

On se procure ces Insectes, souvent petits et parfois peu communs, en tamisant les feuilles ou les détritus, en battant les fagots avec une canne.

On opère au-dessus d'une nappe blanche, étendue à terre, et sur laquelle tombent pêle-mêle des Insectes de tous ordres, des larves, des Araignées, des Escargots. Il ne reste plus qu'à choisir et à ramasser. C'est encore au-dessus de la *nappe que l'on frappe les buissons*, pour en faire tomber de nombreux Insectes, qui se dissimulent sous les feuilles ou dans les replis des écorces et qui resteraient inaperçus sans ce procédé. Dans ce dernier cas, on remplace avantageusement la nappe par un parapluie à manche brisé, se repliant à angle droit, et dont l'intérieur est doublé en étoffe blanche ; on le tient d'une main sous les buissons, tandis que, de l'autre, on frappe les branches avec une canne.

On tamise les feuilles sèches et les détritus dans un filet à larges mailles, ayant la forme d'une bourse, fermée par une coulisse à l'un de ses bouts, et portant une boucle en ficelle à l'autre. Afin de maintenir le sac ouvert, il est bon d'y fixer deux ou trois cerceaux en baleine, espacés de 15 centimètres environ. Les feuilles ou les détritus, introduits dans le sac, sont secoués au-dessus de la nappe, étendue à terre.

Pour les Insectes vivant dans les excréments, l'outillage est rudimentaire : des pinces brucelles, un peu de courage, des gants pour les délicats, beaucoup d'eau après l'opération pour les autres. Il n'y a qu'à se baisser pour récolter, et on est surpris de ce que renferme une bouse de vache bien à point.

Les Coléoptères qui vivent dans les matières en décomposition sont faciles à capturer, mais, là encore, il faut de la force de caractère, pour affronter les odeurs répugnantes qu'exhalent les cadavres d'oiseaux ou de mammifères, où grouillent des Staphylins, des Silphes, des Nécrophores et tant d'autres espèces. Le réceptacle une fois retourné à l'aide d'une baguette, on peut en saisir les habitants, à la condition de faire vite; car c'est un sauve qui peut général; les uns cherchant à prendre leur volée, les autres tendant à se dissimuler sous la terre. Celle-ci est toujours perforée au-dessous du cadavre, lorsqu'il a séjourné quelque temps sur le sol.

Le plus simple encore est de tendre des pièges. Une casserole vernissée ou un bocal à parois lisses font tous les frais de l'installation. L'engin est enfoncé en terre, de façon que ses bords se trouvent au ras du sol; une taupe, une souris, une tête de volaille, un morceau de viande, au choix du trappeur, sont déposés au fond. Le couvercle consiste en une pierre plate, assez lourde pour que les chats ou d'autres carnassiers, alléchés par l'appât, ne viennent pas le soustraire. Il ne faut pas pourtant que le vase soit hermétiquement bouché, mais quelques petits trous suffisent pour livrer passage aux Insectes sarcophages. N'est-ce pas une preuve de la finesse de leur odorat qui peut seul les guider, puisque l'appât échappe à la vue ?

Les champignons servent de pâture à de nombreuses espèces. Il suffit d'émietter sur un mouchoir ou sur une nappe ces cryptogames, pour saisir au passage les Coléoptères qui s'en échappent.

Dans les fourmilières, vivent de nombreuses colonies de Coléoptères très petits. Ils sont l'objet de soins tout particuliers de la part des Fourmis; c'est le menu bétail, la basse-cour de ces ingénieux Hyménoptères. Ce cheptel d'un nouveau genre est habilement exploité, sa vie est d'ailleurs toujours respectée; ses produits seuls sont recueillis et utilisés, au mieux des intérêts de la communauté.

Pour se procurer ces Coléoptères minuscules, on fait usage d'un tamis d'une forme particulière. Sur un fond rond ou carré en toile métallique, s'élève un cylindre de moleskine, dont la surface vernie est tournée en dedans. Une coulisse reçoit, à la partie supérieure, un cordon qui permet de fermer l'engin. En résumé, notre instrument n'est qu'un sac à fond de toile métallique.

Dans le sac, on introduit, par pelletées, la fourmilière tout entière et on tamise. Les mailles de la toile métallique doivent être assez étroites pour retenir, au moins en partie, les brindilles, les Fourmis et les larves, mais assez larges pour livrer passage aux *Claviger*, hôtes habituels des fourmilières.

Le filet est l'engin par excellence ; il en faut deux s'adaptant à volonté au même manche, l'un pour *faucher* les herbes basses, l'autre pour *pêcher* dans les mares, les fossés et les flaques d'eau. La forme est la même : ils ne diffèrent que par le tissu.

Le filet à faucher ou *fauchoir* doit être solide : on le fabrique en toile ou en forte cretonne ; c'est un sac de 60 centimètres environ de profondeur et d'une ouverture appropriée aux dimensions de la monture. Cette monture est une tringle de fer en forme de cercle et pourvue d'une ou de plusieurs articulations. La tringle recourbée s'engage dans une coulisse ménagée dans l'étoffe. Cette structure particulière permet de replier l'instrument qui devient ainsi, avant et après la chasse, d'un transport plus facile (fig. 28).

Quelques amateurs préfèrent comme monture un cercle en fer méplat, muni d'une gorge percée de trous à travers lesquels passe le fil servant à assujettir le filet. Cette disposition préserve, il est vrai, de l'usure le bord de la poche, mais l'agencement en est trop compliqué.

Quoi qu'il en soit, la monture s'adapte à un manche long de 1 mètre à 1^m,20 et terminé par une douille carrée. Cette douille est surmontée d'un cylindre fileté. C'est là que se place la monture que vient maintenir un écrou à oreilles.

Pour se servir utilement du fauchoir, il faut un tour de main. Il ne s'agit pas, en effet, d'y aller en endormi et de promener nonchalamment sur les herbes des prairies votre sac à malice. Il faut sabrer ou plutôt faucher herbes et plantes basses, d'un mouvement énergique et hardi, avec la gueule ouverte de votre filet, comme si vous vouliez y engouffrer le vent. Pour bien faire, il est nécessaire de tenir la hampe à pleine poignée, à peu près vers le milieu : on manie ainsi le fauchoir plus gaillardement. Cette attaque brusque et sans mollesse a pour effet de jeter les Insectes au fond du sac. Pendant les périodes de repos, ramenez la poche le long du manche et pressez-la dans la main, en saisissant, à la fois, manche et filet, près de la ferrure. Vous empêcherez ainsi les Insectes de s'envoler. Lorsqu'on veut examiner ce qui est au

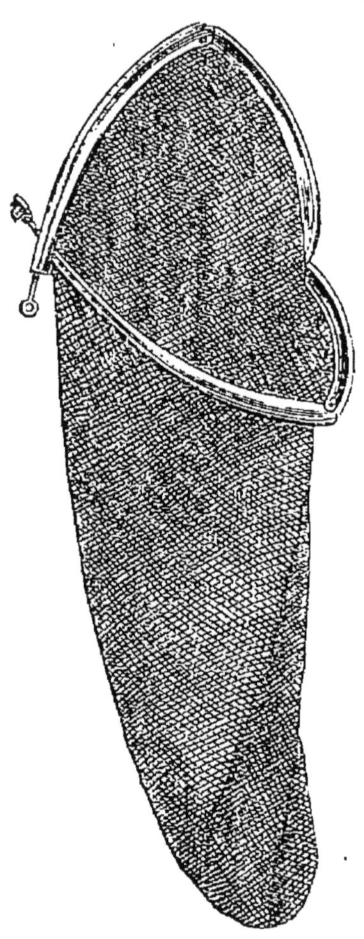

Fig. 28. — Fauchoir.

fond du sac, il est bon de s'asseoir, de ramener la poche sur les genoux et de l'explorer en la développant petit à petit ; ou bien encore on renverse le contenu sur une nappe, et l'on choisit dans le tas.

On peut employer le filet pour battre les buissons ; on le place la gueule ouverte horizontalement au-dessous des branches que l'on frappe avec une canne ou une baguette. Il est préférable, toutefois, d'employer pour cette chasse le parapluie à manche brisé dont nous avons déjà parlé ; la large surface de ce parapluie assure une plus ample récolte. Si la douille est terminée en pointe, il devient aisé de la ficher en terre, afin de ramasser plus aisément les bestioles entassées au fond du cratère.

Pour explorer les mares, les fossés et les flaques d'eau, le fauchoir est remplacé, sur sa monture, par le filet à pêcher ou *troubleau*; c'est une poche en canevas, suffisamment lâche pour laisser écouler l'eau, tout en retenant les Insectes. La forme de ce filet est exactement la même que celle du fauchoir, et il s'adapte à la même monture. C'est pour opérer ce changement que la monture en fer rond est surtout plus commode que celle en fer méplat, car, si on ne veut pas coudre et découdre sans cesse les poches, opération peu commode en rase campagne, il faut avoir deux montures. Le fer rond, au contraire, s'engage facilement dans la coulisse des sacs.

Pour faire tomber les Insectes qui vivent sur les branches et sur les feuilles des arbres, on frappe le tronc avec une *mailloche*, qui imprime au sommet des secousses assez énergiques pour provoquer la chute des hôtes de ces demeures aériennes. La mailloche (fig. 29, A) est un rondin de bois, fortement emmanché, dont le pourtour est garni d'une plaque de caoutchouc, puis d'un revêtement de peau de buffle. Cet instrument est encombrant et son utilité est très contestable. Entre nous, quelques coups de pied, solidement administrés au bon endroit, font aussi bien l'affaire. Beaucoup d'Insectes vivent dans les écorces, dans la pourriture des vieux arbres, dans des terriers : il faut les en extraire. On a construit pour cela les outils en fer, pourvus d'un manche et connus sous le nom d'*écorçoirs*. La figure 29, B, représente le plus simple ; d'autres, plus compliqués, peuvent servir en même temps de pioche. Pour rendre ces derniers plus faciles à transporter, on en a articulé la lame qui se replie sur le manche.

Les fumigations de tabac sont employées avec succès, pour faire déguerpir les Insectes des galeries profondes dans lesquelles ils sont enfoncés. Quelques bouffées sont presque tou-

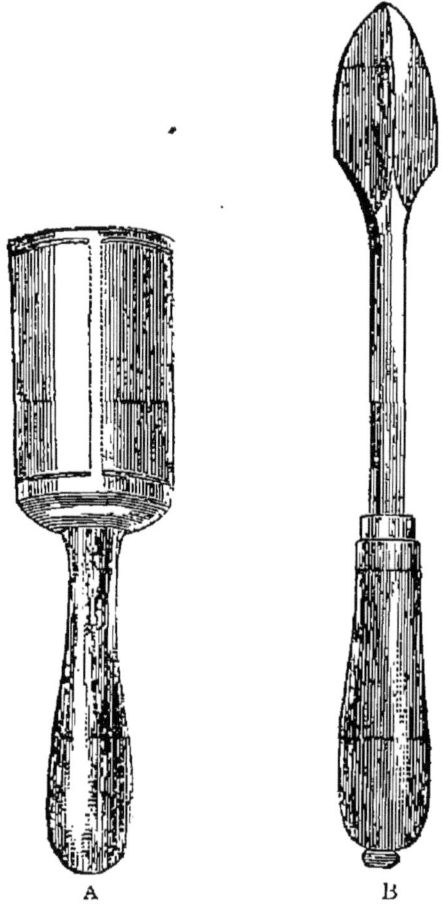

Fig. 29. — A, mailloche ; B, écorçoir destiné à soulever les écorces ou à fouiller la terre.

jours insuffisantes, et pour que l'insufflation produise l'effet attendu, elle doit être continue et de longue durée. Tant qu'un outil spécial n'a pas été inventé, le fumeur, à ce métier, a toujours brûlé ses pipes et souvent perdu son temps. La pipe métallique, à deux tubulures, imaginée par

MM. Grouvelle, est heureusement venue seconder les efforts des chasseurs d'Insectes.

La pipe étant bourrée, allumée, recouverte de son opercule, soufflez fortement par ce tube flexible qui vient aboutir à l'une des tubulures ; la combustion s'établit, la fumée se dégage, abondante et épaisse. Elle est poussée avec violence à travers un second tuyau, semblable au premier, ajusté à la tubulure opposée, et dont l'extrémité a été introduite dans la caverne à explorer. Les Insectes, fuyant l'asphyxie, ne tardent pas à se montrer.

Beaucoup d'Insectes se laissent tomber à la moindre apparence du danger ; de ce nombre sont les *Buprestes ;* on ne saurait donc trop recommander de placer au-dessous d'eux, pour les recevoir dans leur chute, un filet ou une nappe.

La chasse des Insectes cavernicoles nécessite des précautions particulières : mesures d'hygiène pour éviter les refroidissements, mesures de prudence pour ne pas se rompre les os. Des bougies, des allumettes, de bons vêtements sont les engins les plus essentiels, à moins que des cordes à nœuds ou des échelles de corde ne deviennent nécessaires. Dans ces régions souterraines et humides, il faut visiter les matières organiques, qui y sont souvent amoncelées, retourner les pierres, explorer les parois. Les pièges y réussissent souvent, pour capturer les espèces carnassières ; ils consistent en un peu de fumier, en une tête de mouton décharnée, quelques ossements à demi dénudés ; et ces appâts, placés au fond de profondes galeries, attirent les habitants qu'il est souvent fort difficile de se procurer autrement.

Chasse des Orthoptères. — Les Orthoptères se prennent comme les Coléoptères. Les procédés de chasse sont, dans la plupart des cas, exactement les mêmes. A quelques-uns, pourtant, qui recherchent l'obscurité ou qui vivent dans des galeries souterraines, on peut tendre des pièges. Ainsi, les Forficules viennent se réfugier dans des cornets de papier fixés aux plantes, l'ouverture en bas ; on a chance de les attirer, en plaçant un fruit bien mûr sous un pot renversé ; on capture les Courtilières, en enterrant un vase, contenant un peu d'eau, de façon que les bords n'atteignent pas le niveau du sol ; un morceau de viande crue peut servir d'appât. Les Grillons se prennent, en quelque sorte, à la ligne, en introduisant un brin d'herbe dans le trou qui leur sert de refuge. Il ne faut pas négliger d'explorer les fourmilières.

Chasse des Névroptères. — On prend les Libellules, principalement le matin et le soir, avec le filet que tout le monde connaît sous le nom de filet à Papillons. C'est une poche de gaze, montée sur un cerceau en fil de fer, ajusté au bout

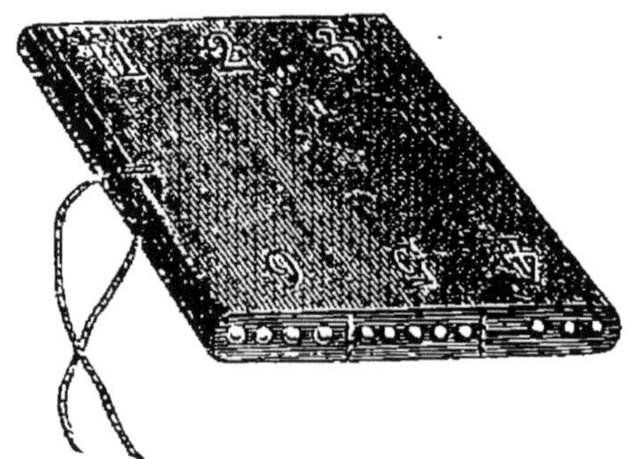

Fig. 30. — Pelotte de chasse.

d'une canne légère. L'instrument de chasse est peu encombrant ; on n'en saurait dire autant de la boîte à fond de liège dans laquelle on doit piquer, séance tenante, de crainte d'avaries, les Névroptères capturés. On ne peut, en effet, songer à les mettre dans des flacons. Cette boîte en fer blanc, est longue de 29 centimètres, large de 17 ; elle peut se porter en sautoir, au moyen d'une courroie.

Les grandes Libellules, piquées les ailes étendues, auraient bientôt rempli la boîte. Pour gagner de la place, on les couche sur le flanc, l'épingle traversant le thorax, non plus de haut en bas, mais d'un côté à l'autre, entre les ailes et les pattes.

Les ailes sont maintenues appliquées sur le fond de la boîte avec une bande de papier, fixée par deux épingles. Les épingles sont des meubles indispensables aussi bien au chasseur de Névroptères qu'au chasseur de Papillons, et celles qu'il emporte en chasse doivent être rangées avec méthode, par numéro de grosseur. De là, la nécessité d'une pelotte (fig. 30), que l'on fixe au vêtement avec une épingle ordinaire. Rien n'est plus facile que de se fabriquer une pelotte perfectionnée. Pour éviter le numérotage, on emploiera une étoffe rayée, dont chaque raie correspondra à un numéro d'épingles. A part les tâtonnements du début, l'habitude sera bientôt prise.

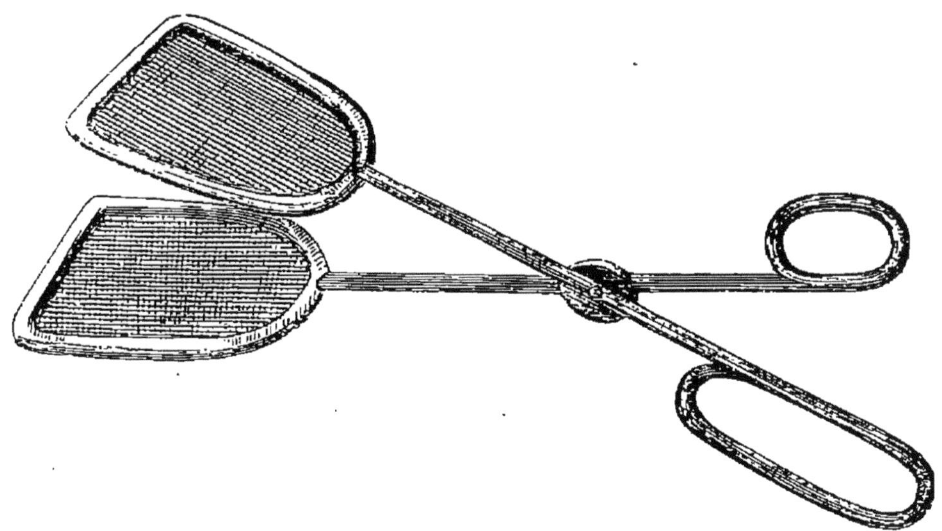

Fig. 31. — Pince à raquettes.

Chasse des Hyménoptères. — Les Hyménoptères se chassent au filet de gaze et au filet fauchoir ; mais pour éviter des piqûres, souvent fort douloureuses, on a imaginé, pour saisir ces Insectes au moment où ils bourdonnent près des fleurs, une pince dite *pince à raquettes* (fig. 31). C'est une sorte de fer à papillotes. Les raquettes terminales ont, d'ordinaire, 10 centimètres sur 14; elles sont formées par du tulle vert, cousu sur la monture en fer.

La pince à raquettes est utile pour s'emparer des Fouisseurs dont les nids se trouvent dans les terrains sablonneux; il faut alors guetter leur entrée et leur sortie. L'écorçoir, en ce cas, rend plus d'un service et permet d'extraire ces espèces de leurs terriers; les fumigations, d'un autre côté, font sortir des vieux murs les plus récalcitrants.

Chasse des Lépidoptères. — On se procure les Papillons de deux manières : 1° en les capturant directement; 2° en les élevant. C'est tout un art que d'élever les Papillons; c'est aussi une œuvre de patience, mais les efforts sont récompensés; la fraîcheur des sujets que l'on obtient de la sorte fait oublier toutes les peines.

La chasse aux Papillons proprement dite, celle du moins des espèces diurnes, consiste à courir les champs et les bois, muni du filet de gaze. Godart nous indique comment on s'empare d'un Papillon.

« Pour attraper un diurne qui est posé, il faut s'en approcher avec précaution et surtout lui dérober l'ombre du filet. S'il est à terre, on pose dessus cet instrument, puis on lève la gaze pour aider l'Insecte à monter. S'il est sur une plante, sur un tronc d'arbre ou contre un mur raboteux, on le prend en remontant et on retourne de suite la gaze, pour que la poche se ferme.

« Quand l'animal est captif, on le cerne dans un des coins du filet, puis on lui presse doucement les côtés de la poitrine avec le pouce et l'index. Après cela, on le pique sur le corselet, de manière que la pointe de l'épingle sorte entre la deuxième paire de pattes. »

Pour les Papillons de nuit ou crépusculaires, qui restent immobiles tout le jour sur les feuilles ou sur le tronc des arbres, on fait usage de la mailloche; ici encore, elle ne remplit pas toujours son but, car les Insectes projetés peuvent sortir de leur torpeur et s'envoler, avant de tomber à terre, sur la nappe que l'on a eu soin d'étendre.

La chasse à la lanterne et à la miellée donne de meilleurs résultats.

La chasse à la lanterne se fait de nuit; elle consiste à étendre, dans une clairière, une nappe sur laquelle on pose une ou plusieurs lanternes allumées; les Papillons, attirés par la lumière, viennent voltiger autour ou bien se poser sur la nappe, et il est facile de s'en emparer, soit à l'aide du filet, soit directement avec les pinces.

La chasse à la miellée n'exige pas un gros outillage. Après avoir fait choix d'un emplacement convenable, sur la lisière d'un bois ou dans une clairière, on délaie, dans un peu d'eau, du miel ou de la mélasse, puis, à l'aide d'un pinceau, on enduit de la préparation les troncs des arbres jusqu'à hauteur d'homme. On peut alors se retirer et faire de temps en temps des tournées, pour visiter avec la lanterne les troncs badigeonnés. On y trouve une foule de Noctuelles et de Géomètres qui, occupées à savourer le nectar, se laissent aisément piquer sur place.

A défaut d'arbres, on plante en terre, de place en place, des piquets que l'on enduit comme il a été dit.

Quelques entomologistes font usage de pommes tapées, coupées en deux et imbibées de quelques gouttes d'éther nitreux. Ainsi préparées, ces pommes qui, lorsque la dose d'éther n'est pas trop abondante, répandent une forte odeur de reinette, sont suspendues, par des ficelles, aux branches des arbres et des buissons. L'odeur empyreumatique, qu'exhalent ces appâts, attire les Papillons de nuit que l'on capture au moyen des procédés déjà indiqués.

De Peyerimhoff préconise une autre méthode un peu plus compliquée quant à la préparation. Il prend des pommes d'espèce quelconque et, suivant leur taille, les coupe en deux ou en quatre. Ces morceaux sont immédiatement enfilés en chapelets de 15 centimètres environ. Les chapelets sont ensuite déposés dans des bocaux, de façon que les fils émergent à l'extérieur. Les pommes sont alors saupoudrées de sucre. Vingt-quatre heures après, on répand une nouvelle couche de sucre en poudre et on laisse digérer, dans le sirop qui se forme, pendant une douzaine de jours. Après ce délai, on retire les chapelets par les fils qui pendent en dehors des vases, on les suspend à l'ombre, à l'abri des mouches, on laisse égoutter et sécher pendant une huitaine de jours. A ce moment, ils ont pris une teinte chocolat clair, et restent visqueux à leur surface; on peut alors les conserver dans des boites en fer-blanc, jusqu'à ce qu'on ait à les utiliser. Quant au sirop, bouché dans des flacons, il peut servir indéfiniment ou bien être employé pour enduire les troncs d'arbres, comme dans la chasse à la miellée. Si les Coléoptères peuvent, sans inconvénient, être presque tous jetés dans les flacons, il n'en est plus de même de la plupart des Lépidoptères, dont les fines écailles se détachent au moindre frottement. Cependant, le chasseur de Papillons doit emporter avec lui un flacon à large goulot, bien bouché (fig. 32). Au fond du flacon, il placera un petit morceau de cyanure de potassium enveloppé d'amadou d'abord, de ouate ensuite; au-dessus et pour l'isoler, il disposera un fond artificiel, collé aux parois du vase et percé de trous d'épingles, permettant aux émanations du cyanure de former, dans l'espace libre, une atmosphère asphyxiante; ce fond peut être en fort papier ou en parchemin.

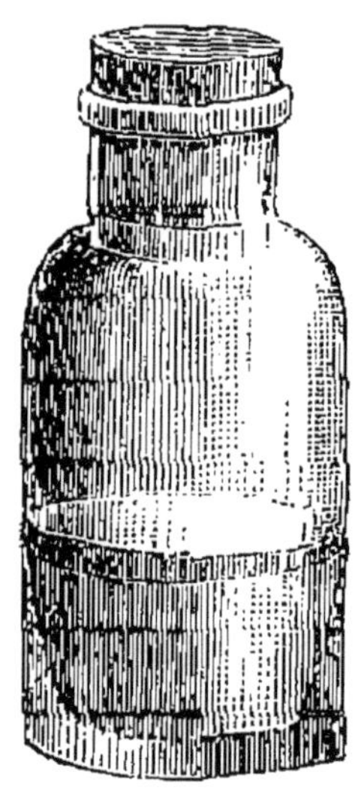

FIG. 32. — Flacon à cyanure.

Les flacons à cyanure doivent être préparés à l'avance, car leur effet n'est pas immédiat; il faut laisser le flacon

débouché, pendant quelques jours, pour favoriser les premières émanations.

Dans ce flacon, on jette les Microlépidoptères et même
les Papillons de plus forte taille, qui y périssent en quelques
minutes, et qu'il est ensuite plus aisé de piquer sans endommager les ailes.

Au flacon de cyanure se joint la boîte de chasse en fer-
blanc décrite précédemment. La pince à raquettes sert à
saisir les Papillons au repos, dans les endroits où les filets ne
sauraient les atteindre, comme par exemple dans les fourrés,
sur les troncs d'arbres, etc.

Le fauchoir, que nous connaissons déjà, sert à récolter
les Chenilles vivant sur les plantes basses; la mailloche, à
faire tomber celles qui hantent les feuilles des arbres; l'écorçoir, à recueillir celles qui se cachent sous les écorces, au
pied des arbres, etc.

FIG. 33. — Boîte à chenilles.

La boîte à Chenilles est en fer-blanc, généralement de
forme ovale (fig. 33). Les parois sont percées de petits
trous, et sur le couvercle se trouve une ouverture, rebordée
à l'intérieur, et permettant d'introduire les Chenilles, sans
qu'elles puissent ressortir. Cette boîte se met dans la poche.
Ajoutons au bagage une pince brucelles à pointes fines et à

ressort très flexible, destinée à saisir, sans les endommager, les Insectes fragiles ou de petite taille.

L'élevage des Chenilles est un art. Il ne suffit pas de rassembler ces larves et de leur livrer, au hasard, des feuilles ou de jeunes pousses; il faut posséder des connaissances botaniques très sérieuses, connaître la plante sur laquelle vit chaque espèce et l'en alimenter. Si l'éducation n'est pas nécessairement individuelle, elle doit avoir lieu par colonies de même espèce.

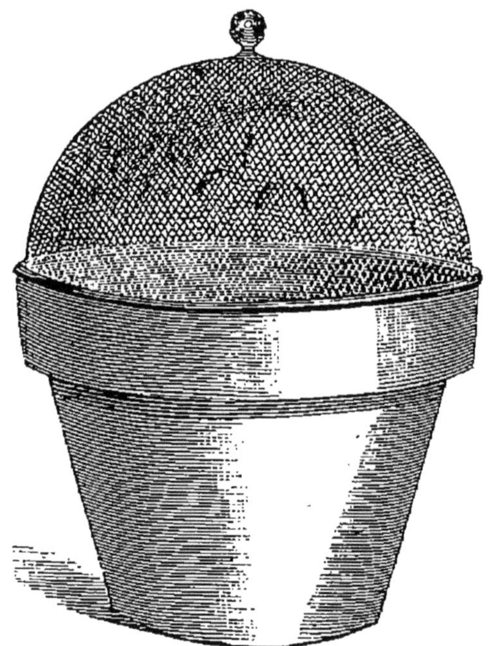

FIG. 34. — Pot à chenilles fermé par un couvre-plat.

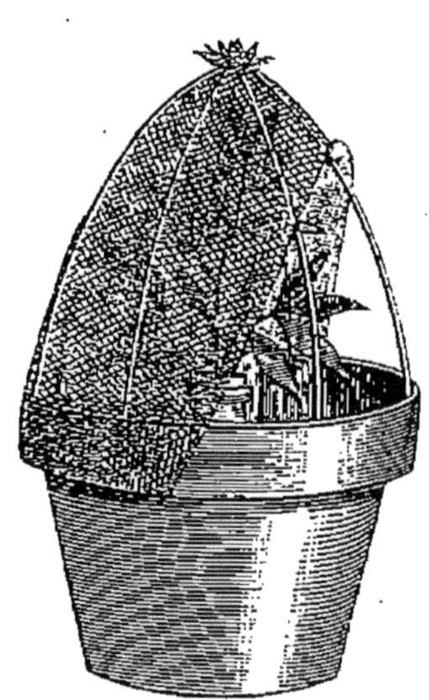

FIG. 35. — Pot à chenilles avec rameau plongé dans l'eau et armature de fils de fer recouverte de gaze.

L'élevage peut se faire dans des pots à fleurs, au fond desquels on dépose, jusqu'à mi-hauteur, de la terre meuble, telle que la terre de bruyère ou la terre de jardin, mêlée de sable. Le pot est recouvert au moyen d'un couvre-plat en toile métallique (fig. 34); les aliments sont déposés sur la terre, légèrement humide. Le système que représente la figure 35 est plus perfectionné. Un flacon rempli d'eau est enterré; c'est là qu'on dépose les branches, destinées à la nourriture des élèves. Il faut se garder de transporter les Chenilles des feuilles fanées sur les branches fraîches; il faut les y laisser aller seules, sous peine de les abîmer. Une trop grande sécheresse nuit, et de fréquentes aspersions au pulvérisateur remplaceront la rosée du matin. Le dessus du pot est recouvert d'une fine étoffe de gaze, convenablement étayée, et que l'on peut relever sur le côté, pour permettre l'échange des plantes et pour les nettoyages (fig. 35). Les conditions d'élevage seront plus favorables encore, si l'on peut cultiver en pot les plantes servant à nourrir les chenilles.

Chasse des Hémiptères. — Les procédés de chasse sont à peu près les mêmes pour les Hémiptères que pour les Coléoptères. Toutefois, dans la récolte de ces Insectes, il faut se méfier des piqûres, parfois assez vives, de certains d'entre eux. Beaucoup sont fragiles, et il faut éviter d'en mettre un trop grand nombre dans le même flacon.

Les Aphis se placent par espèce dans des tubes en verre; les Cochenilles et les Kermès peuvent être jetés dans de l'alcool.

Chasse des Diptères. — Le filet à Papillons est l'engin principal, mais on peut aussi se procurer les Diptères par l'élevage des larves.

On fait périr les adultes dans le flacon à cyanure ou bien avec quelques gouttes d'éther; la benzine les gâte. On doit les piquer, immédiatement après la capture.

IV

COLÉOPTÈRES

Description. — Mœurs. — Habitat.

CICINDÉLIDES. — Les *Cicindélides* sont des Coléoptères
carnassiers que leurs pattes longues et grêles rendent très
agiles. Tantôt ils affectent la forme linéaire de *Collyris longicollis*, espèce des Indes (fig. 36), tantôt ils sont trapus,
comme *Manticora maxillosa* de l'Afrique australe (fig. 37).
Leur coloration passe du noir intense au blanc d'ivoire, et
parmi les tons intermédiaires, le vert, le bleu, le rouge cuivreux à l'éclat métallique restent dominants.

La famille des Cicindélides, dont les espèces sont répandues sur toutes les parties du globe, n'est représentée, en
France, que par le genre *Cicindela* L. La faune européenne n'y ajoute qu'une espèce du genre *Tetracha*.

Les Cicindèles françaises se reconnaissent facilement à
leur facies :

Antennes filiformes, six palpes, cinq articles aux tarses,
yeux gros, fortes mandibules dentelées, corselet plus étroit
que les élytres, formes élancées, coloration verte, bronzée,
bleue ou noirâtre, reflets cuivreux, élytres portant presque
toujours des points ou des bandes sinueuses, blanches ou jaunâtres.

On rencontre des Cicindèles, du printemps à l'automne,
courant sur les chemins, dans les clairières, sur les plages,
aux heures les plus chaudes de la journée. Leur marche sac-
cadée est très vive, leur vol est rapide, mais court. A moins

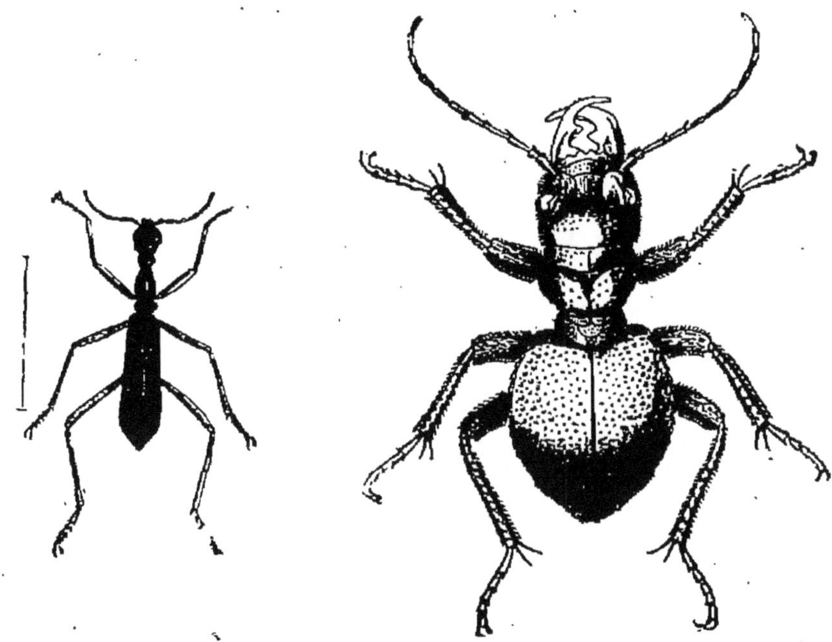

FIG. 36. — Le Collyre au long cou,   FIG. 37. — La Manticore maxillée,
    Collyris longicollis.   *Manticora maxillosa*.

d'être très agile, on ne peut guère s'en emparer qu'à l'aide du
filet, et encore faut-il une certaine adresse, car, après trois
ou quatre essors, elles se laissent tomber dans les herbes où
elles deviennent presque introuvables.

Parmi les espèces communes, *Cicindela campestris* L.
(12 à 15 millimètres) a les élytres d'un vert mat, avec six
points blancs plus ou moins nets sur chacune.

C. hybrida L. de même taille que la précédente, peut-
être un peu plus grosse, a les élytres bronzées, tournant au
brun, parfois au vert ou au noir. Trois taches jaunâtres
ornent chaque élytre.

C. sylvatica L. (fig. 38) (15 à 18 millimètres) a le labre noir, ce qui la distingue nettement des précédentes. Ses élytres veloutées, d'un brun bronzé, portent chacune une bande sinueuse entre deux points blancs. Cette espèce est assez rare et reste localisée dans les bois sablonneux, principalement sur la terre de bruyère, dans le voisinage des sapinières.

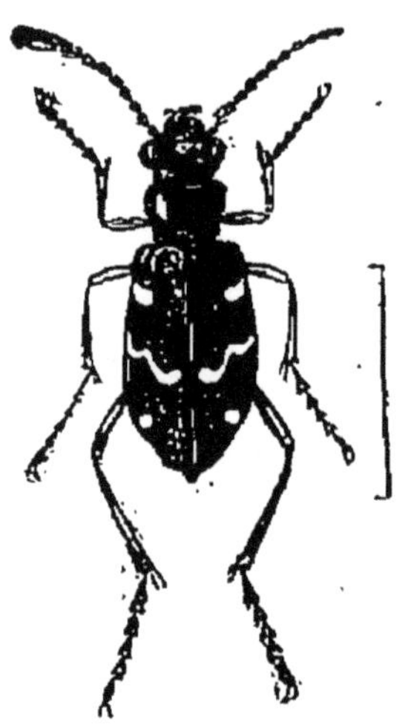

Fig. 38. — La Cicindèle silvatique, *Cicindela sylvatica* L.

C. littoralis F. est commune sur les bords de la mer et on la trouve depuis Biarritz jusqu'en Bretagne, ainsi que sur les bords de la Méditerranée.

C. germanica L. beaucoup plus petite (9 à 12 millimètres), a les élytres vertes, bleues ou noires, suivant les races, avec un point jaunâtre à l'épaule, un autre à l'extrémité et une tache latérale. Cet Insecte, qui vole près de terre et rarement, habite les chaumes, les prés secs, les clairières pendant l'été.

Citons encore :

C. maritima Dj. hôte des dunes de la Manche et de l'Océan ; *C. flexuosa* F., bel Insecte des bords de l'Océan et de la Méditerrannée ; *C. circumdata*, Dj., des bords de la Méditerrannée ; *C. litterata* Sulz., petite espèce commune dans la vallée du Rhône, mais rare dans le bassin de la Seine.

CARABIDES. — Les *Carabides* sont carnassiers, comme les Cicindélides ; comme eux aussi, ils ont six palpes, cinq articles à tous les tarses, mais leurs pattes sont plus robustes. Les ailes membraneuses leur font souvent défaut ; les espèces qui en sont pourvues volent peu et rarement pendant le jour.

On trouve les Carabides le long des chemins, sous les pierres, sous les feuilles mortes, sous les mousses, dans les fissures du sol, au bord des eaux, dans le sable et jusque sous les flots de la mer.

Si, sur le bord des eaux courantes, en piétinant le sable avec persistance, vous voyez sortir un Insecte agile, au corps ovale et convexe, gros comme un petit pois, d'une coloration jaunâtre, avec une tâche d'un beau vert métallique sur la tête, une autre sur le corselet et des fasciés transversales de même couleur sur les élytres, vous êtes en présence d'une colonie de l'*Omophron limbatum* F. ; s'il en sort un, il y en a plusieurs, et vous pourrez faire chasse fructueuse.

Les *Notiophilus* sont de petits Insectes à grosse tête enchâssée dans le corselet, à corps déprimé. Les élytres portent sur toute leur longueur, près de la suture, une bande lisse, tandis que les côtés sont couverts de stries. Ces Coléoptères, très agiles, vivent sous les pierres et sous les feuilles mortes, dans les endroits humides. Le *N. biguttatus* F. est commun ; sa taille est de 5 millimètres, son corps est vert bronzé en dessous ; les élytres, très brillantes, sont brunes avec une tache pâle à l'extrémité.

Fig. 39. — L'Élaphre des rivages, *Elaphrus riparius* L.

Les *Élaphres* vivent sur les bords des rivières, dans les marais, courant sur la vase et se réfugiant, en cas de danger, sous les feuilles, les détritus ou dans les fissures du sol (fig. 39). Les élytres d'*Elaphrus riparius* portent quatre rangées de fossettes, bordées de vert, avec un point brillant au milieu. Le corps, vert bronzé en desssus, est vert cuivreux en dessous ; les tibias sont noirs, ce qui le distingue d'*E. cupreus* Duft., aux tibias fauves et aux élytres d'un brun bronzé. Ces deux Insectes, longs de 6 à 9 millimètres, sont assez communs.

Blethisa multipunctata L., espèce voisine, est plus rare ; on la capture, par places, dans les marécages, en arrachant les herbes et en piétinant le sol.

Les *Cychrus* se cachent dans les bois, sous les pierres et sous les mousses ; ils se nourissent de mollusques terrestres. Une tête allongée, un étroit corselet en forme de cœur, un corps convexe, des élytres larges et soudées ensemble donnent à ces Insectes un facies particulier qui ne permet pas de les confondre avec les Carabes.

Les *Procerus* de l'Europe orientale et méridionale, du Caucase et de l'Asie, sont les géants des Coléoptères carnassiers. La figure 40 représente *P. scabrosus*, belle espèce aux élytres chagrinées, de Turquie et de Crimée. Viennent ensuite les *Procrustes*, que certains auteurs réunissent aux Carabes, dont ils se distinguent par leur labre divisé en trois lobes.

P. coriaceus L. (33 à 35 millimètres), Insecte noir, aux élytres chagrinées, portant chacune trois rangées de points peu distincts, court, au printemps et à l'automne, dans les champs et dans les vignes, se réfugiant d'ordinaire sous les pierres, les fagots et les mottes de terre.

Le plus connu de tous les Carabes est sans contredit *Carabus auratus* L., la *Jardinière* ou la *Couturière*, comme on l'appelle vulgairement ; c'est à ce titre que nous lui donnons la première place ; il nous servira à reconnaître ses congénères. Cette bestiole, qu'il faut se garder de détruire, court avec rapidité, de mars en juin, dans les champs et dans les jardins, surtout le matin et le soir. Elle a, comme les espèces voisines, sur ses élytres d'un vert bronzé, trois côtes saillantes, dont les intervalles sont finement rugueux. Plus rare et habitant des bois, caché sous les mousses, *C. auronitens* F. ressemble au précédent, mais, s'en distin-

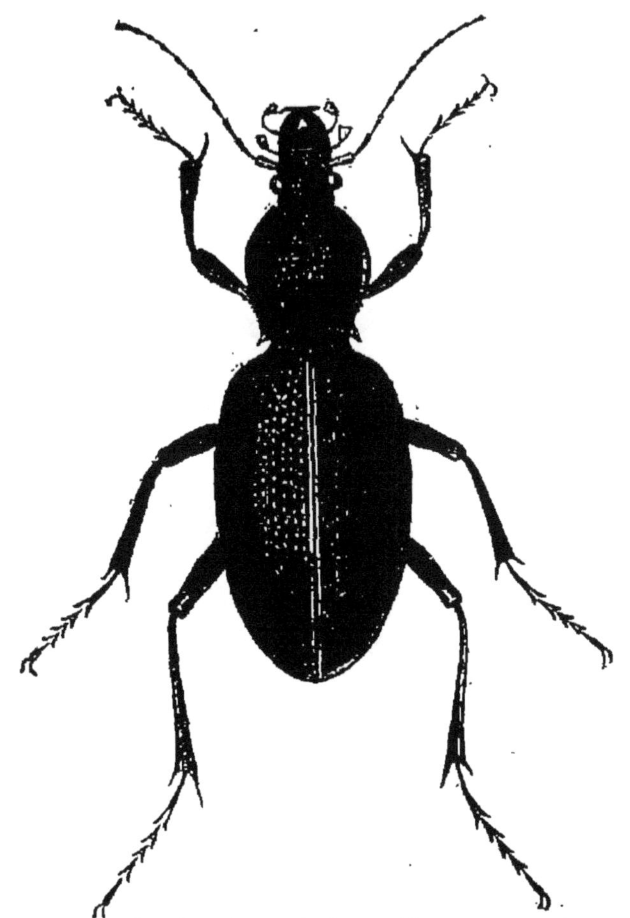

FIG. 40. — Le Procère raboteux, *Procerus scabrosus.*

gue par sa tête et son corselet cuivreux, ainsi que par la suture et les trois côtes noires de ses élytres. A la même catégorie de Carabes, à côtes saillantes sur les élytres, appartiennent *C. punctato-auratus* Germ. et *C. nitens* L.

Chez d'autres espèces, les élytres sont garnies de protubérances en forme de chapelet, disposées en lignes parallèles; tels sont *C. catenulatus* Scop. (23 millimètres), d'un noir bleuâtre ; *C. monilis* F. (20 à 28 millimètres), dont les trois variétés sont noire, verte et violette.

De fines côtelures, très serrées, marquent les élytres noires bordées de pourpre ou de bleu de *C. purpurascens.*

Le Midi possède de beaux Carabes, aux couleurs métalliques, tels que : *C. hispanus* F., au corselet bleu, avec les élytres cuivreuses et chagrinées ; *C. splendens* F., aux

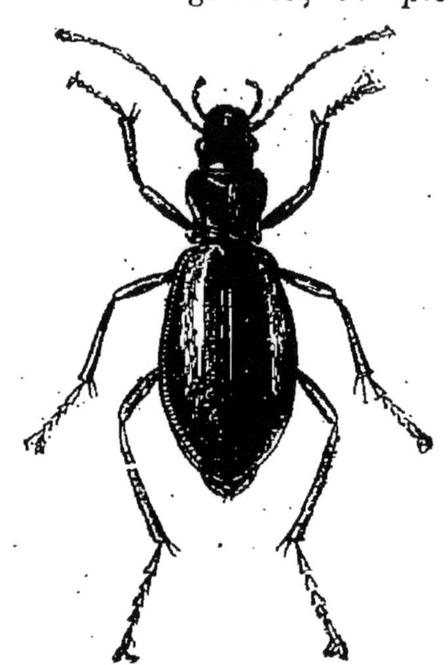

FIG. 41. — Le Carabe rutilant, *Carabus rutilans.*

étytres lisses et dorées ; *C. rutilans* Dj. (fig. 41), d'un rouge cuivreux avec de gros points enfoncés sur les élytres. Ces magnifiques Coléoptères sont propres aux Cévennes et aux Pyrénées.

Les espèces des montagnes : *C. depressus* Bon., des Alpes, *C. Pyræneus* Dj., des Pyrénées, ont une forme aplatie, tandis que *C. convexus* F., qui n'a pas le même habitat, rappelle les *Cychrus* par sa forme trapue.

C. nodulosus, d'Alsace et de Lorraine, d'Allemagne et de Russie, a les élytres noires, couvertes de bosselures et de dépressions très prononcées. Cet Insecte, peu commun, vit sur les berges des ruisseaux.

Les *Calosomes*, grands mangeurs de chenilles, sont recherchés des collectionneurs à cause de leurs brillantes couleurs. *C. sycophanta* L., à la tête et au corselet bleus, aux élytres vertes, ne le cède en rien aux Coléoptères exotiques les plus richement parés. La capture du premier Sycophante est un événement pour le jeune entomologiste. C'est qu'ils ne sont ni communs, ni faciles à atteindre, ces beaux Calosomes; courant sur les branches des chênes, à la recherche des chenilles processionnaires, ils se dérobent au filet du chasseur. Dévoilant leur présence par leur éclatante livrée, ils deviennent facilement la proie des oiseaux insectivores. Épuisés par les plaisirs de l'amour, ils périssent rapidement, de sorte que, dans les bois qu'ils fréquentent, on trouve sur le sol de nombreux débris, mais de Calosomes point. Quelquefois cependant, lorsqu'ils se sont laissés choir, on les surprend au pied d'un arbre ou bien le long du tronc, en train de remonter; mais, le meilleur moyen de se les procurer consiste à secouer violemment les arbres, hantés par les chenilles processionnaires.

Beaucoup plus petit, *C. inquisitor* L., d'un brun bronzé, est plus commun aux environs de Paris que l'espèce précédente et se rencontre dans les mêmes conditions.

Les *Nebria* vivent au bord des eaux et dans les montagnes, jusqu'à la région des neiges. *N. complanata* L. (17 à 19 millimètres) (fig. 42, A) bel insecte que l'on trouve au bord de la mer, depuis la Méditerranée jusqu'à l'embouchure de la Loire, sous les détritus et sous les pierres, est d'un blanc jaunâtre, avec les élytres marquées de petites lignes noirâtres qui, quelquefois, sont assez confluentes pour former deux grandes bandes. La tête est grosse, le corps peu convexe. *N. brevicollis* F. (11 à 19 millimètres) (fig. 42, B), d'un noir luisant, aux élytres très fortement ponctuées, est commune sous les pierres et les détritus, souvent en compagnie de *Leistus spinibarbis* F. (8 à 9 millimètres), dont les antennes et les pattes sont fauves, tandis que le dessus du corps est d'un beau bleu.

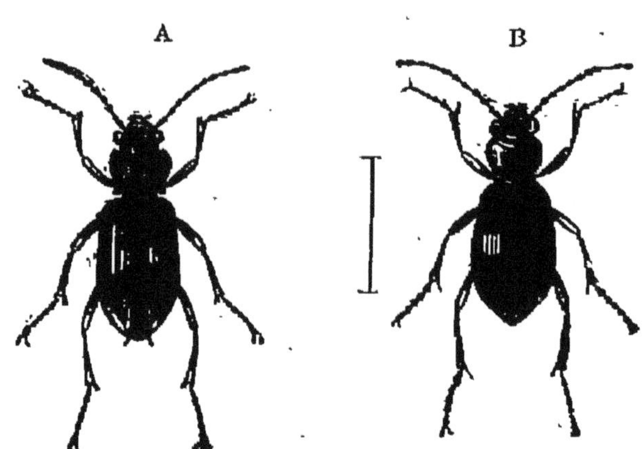

Fig. 42. — A, La Nébrie des sables, *Nebria complanata* L; B, la Nébrie à cou court, *Nebria brevicollis*.

Les *Mormolyces* sont bien curieux par la forme aplatie de leur corps : leurs larges élytres, dont les expansions laté-

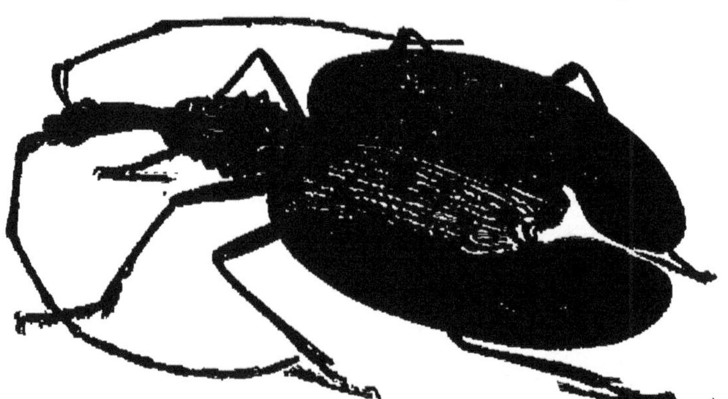

Fig. 43. — Le Mormolycé feuille, *Mormolyce phyllodes*.

rales débordent en arrière et sur les côtés, donnent à l'animal l'aspect d'une feuille morte. Ces Insectes, propres aux îles de Java et de Sumatra, ainsi qu'à la presqu'île de Malacca, vivent au bord des marais, sous les arbres abattus.

La plus belle espèce, qui longtemps resta la seule connue, est *M. phyllodes*, de Java, que nous représentons (fig. 43).

Les *Scarites* sont de robustes Coléoptères chasseurs qui affectionnent les plages sablonneuses de la Méditerranée. Certains d'entre eux se creusent des terriers où ils restent à l'affût pendant le jour, ne sortant que le soir et pendant la nuit ; d'autres courent en plein soleil. *S. gigas* F., (fig. 44), atteignant quelquefois 40 millimètres, a la tête grosse, les mandibules fortes, le thorax rétréci en arrière, attaché à l'abdomen par un étroit pédoncule.

Les *Brachines* vivent en société sous les pierres ; leurs élytres, bien plus larges que le corselet, sont vertes ou bleues, tandis que ce dernier est rouge. On appelle ces petits Insectes *Bombardiers*, à cause de la crépitation qu'ils font entendre, lorsqu'on les inquiète. Ils rejettent alors,

Fig. 44. — Le Scarite géant, *Scarites gigas* F.

par l'anus, une vapeur corrosive, formant comme une fumée, accompagnée d'une explosion semblable à celle d'une arme à feu en miniature ; ces détonations se répètent plusieurs fois de suite, jusqu'à ce que la provision de vapeur, sécrétée par des glandes abdominales, soit épuisée. L'*Aptinus displosor* (Dufour) plus grand que les *Brachinus*, noir, à élytres cannelées, à corselet rouge, habite les montagnes des Pyrénées et détone de la même manière que les Bombardiers.

Les petites espèces qui suivent, se trouvent dans les endroits humides et marécageux, sous les pierres, les herbes sèches, les détritus provenant des inondations ; c'est là qu'on capture *Drypta emarginata* F., *Odacantha melanura* L., les nombreux *Anchomenus* courant sur la vase, les *Chloenius* à la riche vestiture, dont quelques-uns sont bleus ou noirs, mais qui, pour la plupart, ont des élytres d'un beau vert velouté, bordées d'un jaune vif. C'est aussi au bord des eaux que court la pléiade des *Bembidium* auxquels Jacquelin Du Val consacre les lignes suivantes : « Les couleurs des *Bembidium* sont très variées et souvent fort belles. Doués d'une agilité surprenante, ils se plaisent dans les lieux les plus propres à leurs goûts carnassiers ; les uns habitent les bords humides des rivières ou des ruisseaux ; les autres préfèrent les marais et les eaux stagnantes, aimant à se cacher sous les détritus et les feuilles mortes ; ceux-ci poursuivent leur proie sur le sable et trouvent un abri sous les cailloux ; ceux-là viennent jusque dans nos champs et nos jardins, nous faire admirer la rapidité de leur course. Quelques-uns se glissent même sous les écorces, ou se promènent dans le feuillage, et plusieurs n'habitent qu'au bord des eaux salées et ne s'éloignent jamais des rivages battus par les flots de la mer. Ils volent ordinairement le soir ; certaines espèces toutefois, prennent leur essor au milieu du jour. »

Les caves, les celliers, les recoins frais et obscurs donnent asile aux *Prystonichus* et aux *Sphodrus*, Insectes noirs, dont une des espèces, *Sphodrus leucophthalmus* L. est assez commune en France.

Les nombreuses espèces de *Feronia* habitent sous les pierres et les feuilles mortes ; certaines recherchent les endroits humides. Beaucoup sont noires, d'autres sont parées de couleurs métalliques, et parmi ces dernières, il faut citer *Feronia cuprea* L., d'un vert cuivreux brillant, qui appartient au sous-genre *Pœcilus*, et qui court le long des chemins. On rencontre fréquemment, parmi les espèces noires, *Abax striola* F., *Omaseus vulgaris* L., etc.

Le genre *Amara* est également riche en espèces qui se promènent sur les routes avec agilité, se cachant parfois dans les herbes des bas-côtés ou sous les cailloux ; beaucoup sont brunes ou métalliques, quelques-unes sont noires ; *A .trivialis* (Gyll) est d'un vert cuivreux. Ces Insectes se reconnaissent aisément à leur forme elliptique, le corselet étant aussi large que les élytres.

Contrairement aux habitudes carnassières des Carabides, les *Zabres* et notamment *Zabrus gibbus* F. sont accusés de ravager les céréales. Les larves rongeraient les racines, tandis que les adultes s'attaqueraient aux épis.

Les *Harpales* sont très communs; ils parcourent les champs et les chemins; on les trouve dans les jardins et, le soir, ils viennent souvent s'abattre autour des lumières, jusque dans les appartements. Les uns sont noirs, bruns, bleus; d'autres, comme *Harpalus œneus* F. sont verts ou bronzés, avec les pattes et les antennes rousses; *H. distinguendus* (Duft) est de même couleur, mais ses pattes et ses antennes sont noires.

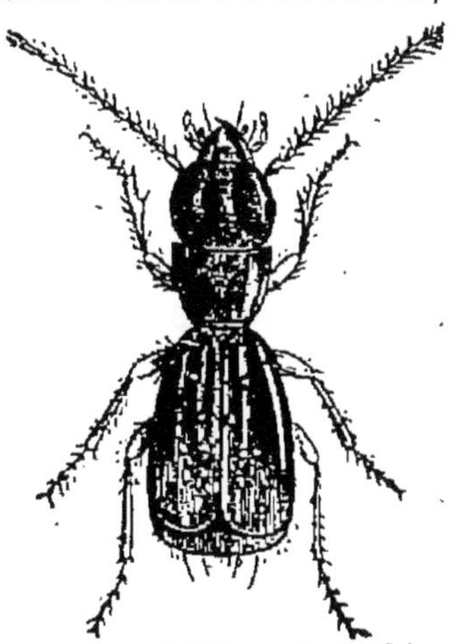

Les petits Coléoptères jaune pâle, longs de deux millimètres, connus sous le nom d'*Œpus*, ont une existence bien singulière; une partie de leur vie se passe sous les eaux de la mer, et, chaque jour, ils ne restent à découvert que quelques heures qu'ils utilisent pour courir sur le sable.

Fig. 45. — L'Œpus de Robin, *Œpus Robini* Lab.

Œpus marinus a été capturé à Noirmoutiers, *Œ. Robini* (Lab.) à Dieppe et à Brest (fig. 45); *Perileptus areolatus* (Creutz), de mœurs semblables, se trouve dans le midi de la France.

Les *Trechus*, également de petite taille et de coloration rougeâtre, recherchent le bord des eaux courantes, les marécages, les hautes montagnes, et, si on y rattache les *Anophthalmus*, ils sont aussi les hôtes des cavernes. Certaines espèces peuvent, comme les *Œpus*, rester longtemps recouvertes par les eaux de la mer.

Les *Trechus* cavernicoles n'ont que des yeux rudimentaires, des téguments pâles ; ils sont dépourvus d'ailes et leurs élytres sont soudées ; leurs pattes et leurs antennes atteignent de grandes dimensions. On a déjà trouvé, sous les pierres et le long des parois des grottes explorées dans différents pays, une trentaine d'espèces de ces êtres bizarres, et il n'est pas douteux que leur nombre s'accroisse encore. Les cavernes des Pyrénées et celles de l'Ariège ont fourni plusieurs de ces espèces, ainsi que des *Aphœnops*, qui s'en rapprochent beaucoup.

DYTISCIDES. — Les Dytiscides sont des Coléoptères carnassiers dont le corps ovale, sans saillies, est approprié à la vie aquatique ; leurs pattes postérieures, et, souvent même, les intermédiaires, sont disposées pour la natation ; tous les tarses ont cinq articles ; les ailes, cachées sous les élytres, ne servent à ces Insectes que le soir, lorsque leur voracité ayant tout épuisé autour d'eux, ils sont forcés de rechercher des eaux plus riches en aliments. L'hiver, beaucoup d'entre eux s'enfoncent dans la vase ; les autres se réfugient sous les herbes et les mousses. Les larves sont carnassières comme les adultes.

Insectes de grande taille, les *Dytiques*, qui ne sauraient s'accomoder du peu d'air emmagasiné dans l'eau, viennent s'approvisionner à la surface ; on les voit remonter lentement, le corps incliné, la tête en bas. Allégé par une disposition particulière du rectum, formant un récipient d'air analogue à la vessie natatoire des poissons, l'abdomen s'élève un peu au-dessus de l'eau, les élytres se soulèvent et se rabattent aussitôt, emprisonnant une double bulle d'air, que, d'une vigoureuse poussée de leurs pattes postérieures, aplaties comme des avirons, ils emportent au fond de l'eau, pour alimenter leurs stigmates. Ce manège se renouvelle fréquemment.

La principale nourriture des Dytiques, à l'état adulte, comme dans le premier âge, consiste en larves de Diptères et de Névroptères, en tétards, en mollusques d'eau douce et en petits poissons ; ils saisissent leur proie avec leurs pattes antérieures et la portent à leurs mandibules.

Les mâles ont aux pattes antérieures de larges ventouses qui leur servent à s'accrocher au dos de la femelle pendant l'accouplement. Les élytres des mâles sont lisses, mais celles des femelles sont profondément sillonnées par des dépressions longitudinales.

La métamorphose a lieu dans la terre humide, aux abords des mares ou sur les berges des ruisseaux où la larve se retire au moment de la nymphose.

FIG. 46. — Le Dytique très élargi, *Dytiscus latissimus* L.

Dytiscus marginalis L. (30 à 35 millimètres), vert olive, avec le corselet cerclé de jaune et les élytres bordées de la même couleur, est commun dans les mares et les étangs ; *D. circumflexus* F. s'en distingue par son écusson jaune ; mais la plus belle espèce européenne est sans contredit *D. latissimus* L. (40 millimètres) (fig. 46), avec ses élytres épanouies et tranchantes sur les bords ; on l'a pris en Lorraine et en Champagne.

Cybister Rœseli F. rappelle par sa taille les grands Dytiques, dont il a à peu près la coloration.

Acilius sulcatus L. ne mesure plus que 16 millimètres et ses élytres sont roussâtres avec des points noirs.

Les espèces contenues dans les genres *Agabus, Colym-betes, Ilybius, Noterus,* sont de dimensions beaucoup moindres ; leur coloration est noire, brune ou bien jaune maculée de noir.

Les *Hydroporus,* tous de petite taille, sont peu délicats au sujet de l'habitat ; on les trouve aussi bien dans les sources thermales que dans les eaux glacées ; le jaune, le noir et les teintes rougeâtres de leurs téguments se marient agréablement pour former de jolis dessins.

A côté d'eux, les *Hyphydrus,* au corps ovalaire, ont pour type *H. ovatus* L., espèce très commune, au corps rougeâtre.

Les *Haliplus,* également convexes, jaunes ou bruns, ont de gros points enfoncés sur le corps et les élytres striées. Ils abandonnent souvent l'eau pour grimper sur les plantes aquatiques ou voltiger à l'entour.

Le genre *Pelobius* ne renferme qu'une seule espèce européenne, *P. Hermanni* F., d'un roux mat, avec une grande tache noire sur chaque élytre. Très abondant dans certaines mares, cet Insecte, long de 10 millimètres, fait souvent entendre un cri strident, produit par le frottement de son abdomen contre ses élytres,

GYRINIDES. — « Les *Gyrins,* dit Maurice Girard, sont des carnassiers des eaux dont les mœurs et l'organisation offrent de notables différences d'avec les Dytiques. Ils préfèrent les eaux claires un peu agitées aux eaux stagnantes et vaseuses. Tout le monde a remarqué ces petits insectes noirs, à reflet bronzé, traçant les plus capricieux méandres, tournoyant sans cesse et s'entrecroisant sans jamais se heurter, ce qui leur a valu le nom vulgaire de *tourniquets*. On dirait, au soleil, de brillantes étoiles se détachant sur l'azur liquide. Quand ils plongent brusquement, ils entraînent avec eux une mince bulle d'air qui adhère au ventre et simule un globule de mercure ou d'argent. Les Gyrins poursuivent sans relâche les Insectes qui, comme eux, vivent à la surface de l'eau, ceux qui viennent du fond pour respirer, enfin les Insectes aériens qui y tombent. Une organisation admirable de l'organe de la vision leur permet de chasser dans l'air et dans l'eau et d'échapper aux dangers qui les menacent dans l'un ou l'autre fluide. L'œil composé est séparé en deux moitiés par la partie latérale de la tête, et les courbures des cornéules doivent être fort différentes dans ces deux portions, en raison des indices de réfraction si divers dans l'air et dans l'eau. En effet, l'œil supérieur du Gyrin, lui montre les Insectes qui sont sur l'eau et le bec de l'hirondelle à qui il échappe par un plongeon rapide ; l'œil inférieur lui permet d'apercevoir les larves qui nagent sans défense ou le poisson féroce à éviter. La vue perçante des Gyrins et leurs agiles mouvements rendent leur capture peu aisée ; il faut jeter brusquement le filet de toile au milieu de la troupe tournoyante, et l'on n'en ramène qu'un petit nombre. »

Fig. 47. — Le Gyrin nageur, *Gyrinus natator* L.

Gyrinus natator L. (6 millimètres) (fig. 47) est le plus commun. Le rebord de ses élytres et l'extrémité de son abdomen sont roux, se détachant sur le reste du corps noir brillant à reflets bleuâtres.

HYDROPHILIDES. — Si les larves des *Hydrophilides* sont carnassières comme celles des Dytiques, les adultes se contentent d'une alimentation végétale.

Dans cette famille qui contient des Insectes d'aspect et de

mœurs très différents, les unes nagent aisément, d'autres se promènent à la renverse au-dessous de la surface de l'eau, comme des Mouches marchant sur un plafond ; plusieurs s'accrochent aux pierres submergées ou bien rampent sur la vase ; il en est, enfin, qui se logent dans les excréments, dans les détritus végétaux ou dans les champignons. La tribu des Hydrophiliens comprend les géants de la famille et aussi des espèces de taille très restreinte.

Hydrophilus piceus L. (45 millimètres) vit dans les eaux stagnantes, s'envole quelquefois pour se transporter d'une mare dans une autre, et il lui arrive, peut-être trahi par ses forces, de se laisser choir dans des terrains parfaitement secs. C'est ainsi que nous avons capturé un *Hydrophilus piceus* à Paris, sur un trottoir, près de la gare de Sceaux, et un autre à Saumur, sur la place du Marché.

Ce grand Coléoptère, que l'on conserve aisément dans les aquariums, a les élytres luisantes, d'un brun verdâtre, avec trois lignes longitudinales marquées de petits points. Moins bons nageurs que les Dytiques, les Hydrophiles deviennent souvent leur proie, quoique de plus grande taille. Lorsqu'ils s'enfoncent dans l'eau, le dessous de leur corps semble argenté ; c'est qu'ils viennent de s'approvisionner d'air à la surface, et ils ne le font pas à la manière des Dytiques. L'Hydrophyle s'avance vers la surface de l'eau la tête la première, les antennes formant une boucle, comme un petit godet dans lequel pénètre l'air, puis, dans le mouvement de bascule que fait l'Insecte pour retourner au fond de l'eau, la bulle glisse peu à peu le long du tissu feutré recouvrant l'abdomen et arrive aux stigmates.

La façon dont il dispose son nid n'est pas moins curieuse. La figure 48 montre une femelle accrochée à la coque qu'elle vient de filer. C'est sous une feuille que l'industrieux Insecte, dont les glandes abdominales sécrètent une sorte de soie, construit un cocon moelleux, dans lequel il dépose ses œufs ;

Fig. 48. — L'Hydrophile brun, *Hydrophilus piceus* L.

une espèce de cheminée, émergeant au-dessus de l'eau, forme une chambre à air pour la couvée et permet au frêle esquif, balloté par le vent, de s'accrocher aux corps flottants qui lui servent d'abri. En trois heures, la cellule est construite et remorquée par la mère jusque dans quelque coin tranquille, puis est abandonnée sur l'onde. Une quinzaine de jours plus tard, les œufs éclosent et, un peu après, les jeunes larves commencent à obéir à cet instinct carnassier qui les a fait appeler par Réaumur *Vers assassins*.

Larves, Têtards, Mollusques sont impitoyablement massacrés pour assouvir un insatiable appétit. Plus goulu que brave, le féroce chasseur se fait humble au moment du danger. Par un procédé difficile à expliquer, la larve, inquiétée, devient flasque, elle ne donne plus signe de vie et paraît insensible à tout attouchement. Simple ruse de guerre, imaginée pour induire en erreur ceux de ses ennemis qui ne recherchent que la proie vivante ; souvent ils s'y laissent prendre et, trompés par l'apparence, ils passent avec dédain à côté de cette misérable dépouille. Si par hasard la supercherie est découverte, vite la larve lance un liquide noirâtre, qui trouble l'eau aux alentours et la dissimule aux regards de l'agresseur.

C'est en terre que s'opère la métamorphose de ces Insectes.

Hydroüs caraboïdes L. (10 à 15 millimètres) est un diminutif du grand Hydrophile brun. Il a le corps d'un noir brillant avec des stries ponctuées le long des élytres.

Plus petits encore sont les *Hydrobius*, mauvais nageurs qui se promènent parfois à terre, aux environs des mares.

A l'exemple de plusieurs Araignées, la femelle d'*Helochares lividus* Forst., espèce des environs de Paris, porte, entre ses pattes postérieures, appliqué contre son ventre, le cocon soyeux qui contient ses œufs.

Les Insectes de la tribu des *Héléphoriens* ne nagent pas ; ils marchent dans l'eau, s'accrochent aux pierres ou aux plantes aquatiques et s'envolent parfois d'un marais à un autre. Ils sont reconnaissables à leur corselet profondément sillonné ou creusé de fossettes et à leurs élytres fortement striées. Ils sont de petite taille, et leur coloration est généralement verdâtre ou bronzée. On trouve des *Helephorus* dans les eaux glacées. Il en existe aussi près de Paris. Les *Ochtebius* recherchent les eaux courantes et s'accrochent quelquefois les uns aux autres, pour mieux résister, sans doute, à la violence des courants ; plusieurs espèces, cependant, ne dédaignent pas les eaux saumâtres. Quant aux *Hydrœna*, ils ne se rencontrent que dans l'eau douce.

Les Sphéridiens, de forme généralement plus ovalaire, ne sont pas aquatiques ; ils habitent les bouses, qu'ils fouillent en tout sens. *Sphœridium scaraboïdes* (5 à 6 millimètres) est d'un noir brillant avec une tache rouge à l'épaule et une lunule jaune à l'extrémité de l'élytre. Les *Cercyon*, plus petits, ont le même genre de vie.

Staphylinides. — Les *Staphylins* appartiennent à la catégorie des Insectes qui semblent avoir pour mission de débarrasser le sol de toutes les immondices et matières putrescibles qui pourraient altérer la pureté de l'atmosphère. Leur aspect ne rappelle en rien celui des autres Coléoptères, et on se croirait plutôt en présence de quelque variété de *Perce-Oreille* dépourvue de ses pinces caudales. La tête est forte et attachée au corselet par un mince pédoncule ; l'abdomen est déprimé, très long par rapport à sa largeur, et à bords presque parallèles : il dépasse notablement les élytres écourtées, réduites à peu près à des moignons, coupées carrément au sommet, et recouvrant des ailes membraneuses plusieurs fois repliées. Beaucoup d'espèces, quand on les inquiète, ouvrent leurs fortes mandibules et redressent, d'un air menaçant, l'extrémité de leur abdomen formant alors comme une queue recourbée au-dessus du dos.

Presque toujours, ils répandent une forte odeur musquée.

Les fumiers, les excréments, les cadavres, les détritus de toutes sortes donnent asile à un grand nombre de Staphylins, d'autres fréquentent les champignons; on en trouve sous les mousses, sous les écorces, sous les pierres, jusque dans la corolle des fleurs ; d'autres encore courent sur le sable des grèves; il en est, enfin, qui vivent en amis dans les termitières, les fourmilières, les nids de Bourdons, tandis que d'autres s'y introduisent dans un but de rapine. Ainsi, *Quedius dilatatus* F., espèce très rare, vit en bonne intelligence avec les Bourdons, qui ne se recommandent pas pourtant par l'aménité de leur caractère.

Souvent les Staphylins volent le soir; les petites espèces sont nombreuses, et quand il vous entre un *Moucheron* dans l'œil, neuf fois sur dix c'est un Staphylin et presque toujours un *Oxytelus*.

La capture de *Staphylinus hirtus* L. (20 millimètres) cause une véritable joie au jeune entomologiste ; c'est un bel Insecte, couvert d'une pubescence dorée et cendrée qui lui donne l'aspect d'un Bourdon; n'était qu'il s'abat sur les fumiers et sur les bouses, on aurait quelque appréhension à le saisir ; *S. maxillosus* L. (13 millimètres) est noir avec une bande grise sur les élytres, et l'abdomen est tacheté de gris ; *S. cæsareus* (15 à 20 millimètres) a les élytres rousses ; elles sont bleues chez *S. cyaneus* Payk. (15 à 20 millimètres); enfin, *S. olens* Muller (18 à 27 millimètres) est entièrement d'un noir mat; c'est cet Insecte, si commun dans les jardins et dans le voisinage des fumiers, qu'on appelle vulgairement *Diable*.

Un grand nombre de *Quedius* et de *Philonthus* vivent dans les champignons. Entre autres: *Quedius lateralis* Grav., *Philonthus cyanipennis* Er. aux belles élytres bleu d'acier ; ajoutons-y *Oxyporus rufus* L. (fig. 49), Insecte roux avec l'extrémité de l'abdomen noire.

Les *Stenus* et les *Pœderus* habitent le bord des eaux ; on

voit fréquemment courir sur le sable *Pœderus riparius* L.
(7 à 9 millimètres), petit Staphylin cylindrique roux, avec
la tête et l'extrémité de l'abdomen noirs, les élytres bleues.
P. ruficollis Grav. (7 millimètres) est entièrement bleu,
avec le corselet rougeâtre ; *Micralymma brevipenne* Gyll.,
Coléoptère des côtes septentrionales de la France, reste sub-
mergé pendant tout le temps de la haute mer, ne vivant à
découvert qu'à marée basse ; *Diglossa mersa* Haliday a des
mœurs analogues.

Les *Anthidium* se tiennent sur les fleurs ; c'est en partie
aussi le genre de vie des *Omalium* dont une espèce, *O. rufipes* Fourc., se prend dans les maisons.

Fig. 49. — L'Oxypore roux,
Oxyporus rufus L.

Fig. 50. — La Loméchuse paradoxe,
Lomechusa paradoxa.

On trouve les *Homalota* dans les fumiers et les champignons, les *Aleochara* sur les cadavres à demi desséchés, les
Tachyporus sous les feuilles sèches et les mousses.

Les *Myrmedonia* se rencontrent dans le voisinage et à
l'intérieur des nids de la Fourmi rouge et de la Fourmi
noire de nos bois.

Il existe entre les *Lomechusa* (fig. 50) et les Fourmis
qu'elles fréquentent une réciprocité de services assez singulière : le Staphylin ne peut pas manger seul ; d'autre part, la
Fourmi est friande de ses déjections. Qu'arrive-t-il? l'accord
se fait, les Loméchuses s'installent chez les Fourmis. Celles-
ci, au moindre appel, s'empressent de dégorger leur liqueur

miellée dans la bouche du Staphylin. Bientôt après, la Fourmi se présente à l'extrémité opposée du Staphylin qui, par juste esprit de réciprocité, relève complaisamment son abdomen et permet à sa nourrice de lécher les sucs qui en découlent. Les *Lomechusa* ne seraient-ils que de vulgaires alambics servant à distiller l'hydromel ?

Psélaphides. — Ces petits Insectes, de 2 à 4 millimètres, se réfugient sous la mousse et les écorces, aux environs des fumiers et au bord des eaux ; beaucoup sont les hôtes des Fourmis de différentes espèces. *Pselaphus Heisei* Herbst. vit sur le sable des grèves ; les *Briaxis* sous les feuilles mortes ; les *Claviger* dans les fourmilières où ils sont l'objet de soins aussi empressés que les *Lomechusa*.

Silphides. — Les *Nécrophores*, les plus gros Coléoptères de ce groupe, sont doués d'un odorat si merveilleux qu'il leur signale, à de grandes distances, les cadavres dont ils se repaissent. Les Nécrophores sont de véritables fossoyeurs ; ils enfouissent avec soin, tant pour s'en nourrir que pour ménager à leur progéniture les aliments qui lui conviennent, les cadavres des Oiseaux, des petits Mammifères et des Batraciens. Dès que la nouvelle s'est répandue avec l'odeur, un petit groupe de Nécrophores, quelquefois d'espèces différentes, vient procéder à l'enfouissement. Le sol est creusé, tout autour et en dessous, si bien que le cadavre s'enfonce peu à peu dans la terre et en est bientôt recouvert. Les femelles pondent leurs œufs à l'intérieur et les larves, à leur éclosion, trouvent en abondance les viandes faisandées dont elles sont friandes.

Parmi les espèces françaises, *Necrophorus germanicus* L. (32 millimètres) et *N. humator* F. (20 millimètres) sont noirs, le second se distinguant du premier par la massue des antennes rousse. Les autres espèces ont les élytres d'un roux vif, avec des bandes dentelées noires ; *N. vespillo* L. et *N. vestigator* Hersch ont le corselet couvert d'une pubescence dorée, mais le premier a les jambes postérieures recourbées et le second les a droites ; *N. fossor* Er. et *N. sepultor* Charp. ont le corselet lisse, mais les jambes postérieures droites ; *N. mortuorum* F. vit dans les champignons ; nous représentons *N. ruspator* Er. (fig. 51), autre espèce française.

Les *Silphes* doivent leur nom vulgaire de *Boucliers* à leur forme ovale et aplatie. Beaucoup se nourrissent, comme les Nécrophores, de matières animales en décomposition ; cependant, quelques espèces ont, au moins à l'état de larves, une alimentation végétale.

Fig. 51. — Le Nécrophore fureteur, *N. ruspator* Er.

Silpha littoralis L., grande espèce noire, se trouve sur les cadavres des gros animaux.

S. thoracica L., aux élytres noires et au corselet velouté, couleur de rouille, vit sur les champignons et sur les cadavres desséchés.

S. quadripunctata L., jaune pâle en dessus, avec quatre points noirs sur les élytres, se nourrit de Chenilles ; enfin, *S. obscura* L. s'attaque parfois aux cultures de betteraves. Suivent, dans le même groupe, de petits Insectes dont les mœurs sont à signaler ; ainsi, on trouve les *Catopsimorphus* dans les fourmilières, les *Choleva* dans les terriers de lapins, les *Adelops* et les *Pholeuon* dans les cavernes. Quant à *Leptinus testaceus*, qui vit d'ordinaire sous les fagots ou sous les feuilles mortes, il se rencontre quelquefois accroché aux poils des Musaraignes qui fréquentent les mêmes endroits.

HISTÉRIDES. — Les *Histérides* vivent sur les cadavres et dans les matières stercoraires, les champignons et les autres végétaux en décomposition. Tous sont d'un noir brillant, quelques-uns seulement ornés de taches rouges.

DERMESTIDES. — Les *Dermestides* complètent l'œuvre des Silphides en détruisant les tendons et la peau des cadavres desséchés ; souvent les Insectes de ces deux groupes travaillent de concert. Restant dans ce rôle, les Dermestes seraient comptés parmi les animaux utiles à l'Homme ; malheureusement, si quelques-uns se contentent de dépecer les charognes, le plus grand nombre s'acharne après les fourrures, les vêtements de laine, le crin, les viandes salées, le fromage et, en général, toutes les substances de nature ou de provenance animales. Les ravages de ces Insectes redoutés sont souvent considérables dans les magasins et dans les collections d'histoire naturelle.

D. lardarius L. (7 millimètres) est noir, avec une large bande grise ornée de trois points noirs sur les élytres, dont la moitié basilaire est rousse. *D. murinus* L. (6 à 8 millimètres), d'un gris souris en dessus, est blanc argenté en dessous. Cette coloration est due à une fine pubescence, car le fond des téguments est noir.

Attagenus pellio L. (5 millimètres), trop commun dans nos maisons, est noir avec deux points blancs sur chaque élytre.

Anthrenus museorum L. (3 millimètres), hôte des collections entomologiques qu'il détruirait promptement si l'on n'y prenait garde, est complètement ovalaire. Lorsque ses pattes et ses antennes sont repliées sous le corps, il ressemble, par sa forme, à un grain de chènevis. Sa coloration présente des dessins harmonieux, les écailles qui recouvrent son corps noir forment un fond de jaune roussâtre, sous lequel se détache une bande transversale grise, accompagnée, sur les élytres, de quelques points de la même couleur. La larve, hérissée de poils bruns assez longs, porte des aigrettes de poils sur les côtés et à l'extrémité de l'abdomen. C'est particulièrement cette larve qui ravage les collections, car les Insectes adultes de ce genre vivent sur les fleurs et on ne les trouve dans les boîtes d'entomologie qu'à l'époque de leur éclosion ou bien s'ils n'en ont pu sortir.

BYRRHIDES. — Dans le groupe des Byrrhides, *Nosodendron fasciculare* Ol. est un curieux Insecte assez rare, de forme ovalaire, noir avec le dessus du corps parsemé de houppes de poils hérissés ; on ne le trouve que sur les plaies des arbres et, particulièrement, sur celles des ormes, des aulnes et des marronniers.

Les *Byrrhus*, dont les plus gros ressemblent par leur forme à de vieux noyaux de cerises, ont les membres contractiles. Pour mieux dire, les différentes parties de leurs pattes se replient les unes sur les autres et le tout s'applique contre l'abdomen, de telle sorte que, dès que l'Insecte perçoit le danger, il se contracte, et on se trouve en présence d'une pilule ovalaire.

On trouve les Byrrhus sous les pierres et sous les mousses, marchant à terre, ou quelquefois perchés sur les graminées.

LUCANIDES. — Que dire du grand Cerf-volant ? Tout le monde le connaît ; on sait que ses énormes mandibules, ses pinces, pour employer l'expression consacrée, sont l'apanage des mâles et que les femelles les ont, bien que développées, réduites aux proportions normales. On sait aussi que les femelles creusent des galeries dans les troncs avariés des vieux chênes, pour y déposer leurs œufs ; les larves rongent les bois et les racines, puis se transforment dans une coque confectionnée avec des débris vermoulus agglutinés.

Les antennes de Lucanides sont de dix articles, coudées et pectinées, mais les articles formant les dents du peigne restent immobiles.

Ces Insectes vivent de feuilles et des sucs qui suintent à travers les crevasses des arbres. Plusieurs espèces exotiques ont des couleurs métalliques et, les mâles portent des expansions cornées, qui en font de très beaux Insectes. Sous nos climats tempérés, outre *Dorcus parallelipipedus* L.

(30 millimètres), d'un noir mat, commun dans le terreau des arbres pourris, *Platycerus caraboïdes* L. (18 millimètres) d'un beau bleu brillant, verdâtre ou violacé, se capture souvent au vol ou bien marchant dans les sentiers des bois.

Chez les *Passales*, Coléoptères exotiques, les antennes sont simplement coudées ; ce sont des Insectes noirs, de grande ou de moyenne taille, propres aux régions chaudes de l'Amérique, de l'Afrique, de l'Asie et de l'Australie ; nous représentons *Passalus interruptus* L. (fig. 52).

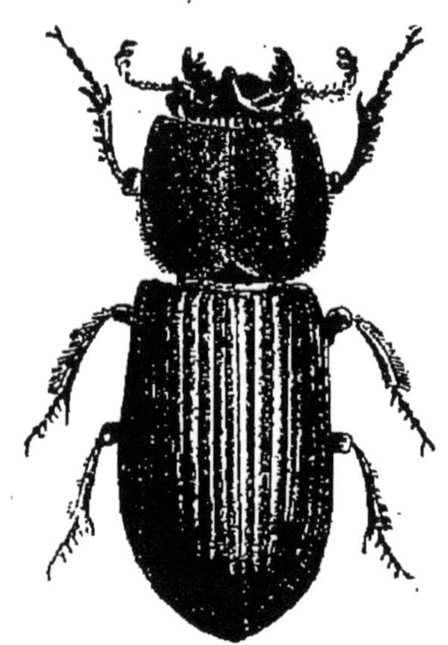

Fig. 52. — Le Passale interrompu, *Passalus interruptus* L.

SCARABÉIDES. — Cette grande famille renferme des Coléoptères de mœurs et de coloration très différentes, mais se ressemblant tous à leurs premiers états. Les larves sont toujours de gros vers mous, blancs ou jaunâtres, recourbés en demi-cercle, munis d'une tête cornée, dont les fortes mandibules s'attaquent souvent aux racines des plantes. Dans ce dernier cas, les larves, surtout celles qui vivent plusieurs années, sont d'autant plus redoutables que, sillonnant le sol de leurs galeries, il n'est pas possible de suivre leurs agissements : on ne reconnaît leur présence que quand le mal est fait.

Les adultes ont des antennes courtes, dont les derniers articles sont des lamelles mobiles, s'écartant et se resserrant comme les feuillets d'un livre. Les différences sexuelles sont souvent bien marquées et comme chez les Lucanides, les mâles sont parfois ornés d'expansions cornées de très grande dimension; c'est particulièrement sur le corselet que se développent ces grandes cornes qui donnent un aspect si bizarre à certaines espèces exotiques. La coloration est habituellement appropriée au régime : pour les espèces vivant dans les matières végétales en décomposition, le noir et le brun dominent; on retrouve encore ces teintes sombres dans les espèces crépusculaires, mais lorsque ces Insectes sont appelés, par les nécessités de la vie, à voler au grand soleil, à fréquenter les fleurs, leur livrée emprunte à la gamme des couleurs les nuances les plus vives; les tons métalliques, l'or,

l'argent sont alors répandus à profusion sur les téguments lisses ou écailleux de ces brillants Insectes.

Au point de vue de la taille, la diversité n'est pas moins grande. Ici c'est une population de géants représentée par les gros Scarabées de la côte d'Afrique et de l'Amérique tropicale; là, c'est une tribu de nains, composée d'êtres à peine plus gros qu'un grain de millet.

Nous avons eu déjà l'occasion de citer la curieuse industrie de l'*Ateuchus sacer*, enfermant ses œufs dans des boulettes de fiente, qu'il

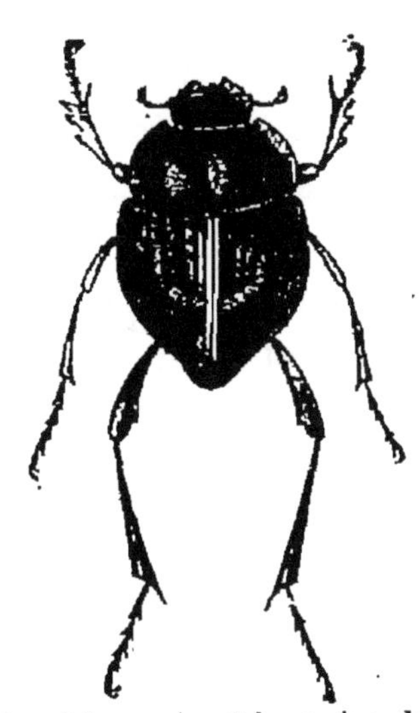

FIG. 53. — Le Sisyphe de Schœffer, *Sisyphus Schœfferi* L.

enfouit dans le sol. Beaucoup d'autres Scarabéides usent du même procédé. Ils ont été désignés par le nom de *Pilulaires;* de ce nombre sont les *Sisyphes. Sisyphus Schœfferi* L. (7 à 12 millimètres, fig. 53), noir mat, a les pattes postérieures très allongées ; il habite l'Europe méridionale où il est assez commun. A côté viennent se ranger d'autres espèces du centre et du midi de la France, les *Gymnopleurus*, qui, noirs chez nous, sont ornés de couleurs métalliques dans d'autres parties de l'ancien monde.

Les *Copris* se creusent des terriers au-dessous des bouses ou des crottins qu'ils abandonnent rarement ; *C. lunaris* L. (15 à 25 millimètres) est d'un noir luisant, avec les élytres fortement striées. Il porte sur la tête une corne recourbée, beaucoup plus développée chez les mâles que chez les femelles.

Parmi les nombreuses espèces d'*Onthophagus*, *A. taurus* L. (7 à 12 millimètres) est entièrement noir. Le mâle a sur la tête deux longues cornes recourbées, réduites à des tubercules chez la femelle ; *O. vacca* L., de même taille, a le corselet vert bronzé et les élytres jaunes, tachetées de vert foncé, avec deux cornes grêles sur la tête des mâles, représentées par de simples carènes sur celle de la femelle.

Les *Aphodius* volent fréquemment le jour et surtout au coucher du soleil, à la recheche des bouses et des crottins qui en contiennent souvent de grandes quantités. Il en est de noirs et rouges : Exemple, *A. fimetarius* L. (6 millimètres) à corselet noir luisant et à élytres rouge brique ; d'autres sont noirs et jaunes : Exemple, *A. merdarius* F. à corselet noir et à élytres jaunes avec la suture noire, les pattes de même couleur ; d'autres sont noirs ou bruns : Exemple, *A. fossor* L. (14 millimètres) ; d'autres enfin portent sur les élytres des taches rouges sur fond noir ou bien des taches noires sur fond jaune.

Lorsque, le soir, les *Geotrupes* font entendre le bourdonnement de leur vol lourd et indécis, c'est, dit-on, signe de beau temps. Parmi les espèces communes de ces gros *Bousiers* citons *G. stercorarius* L. (15 à 25 millimètres) dont les élytres striées sont noires, bleues ou d'un vert bronzé,

tandis que le dessous est d'un bleu verdâtre métallique.
« Quand la femelle se prépare à la ponte, dit Mulsant[1] (ce
qui, pour le plus grand nombre, a lieu en automne), elle
creuse un trou quelquefois de 40 centimètres de profondeur,
et même plus. On dirait qu'en descendant aussi bas dans le
sol, elle prévoit que les jours de la larve, dont la naissance
aura lieu, pourraient être menacés par la bêche du jardinier
ou la charrue du laboureur, si elle rapprochait davantage
de la terre la demeure qu'elle lui prépare. Les mandibules
cornées, qui font à peu près l'office d'un groin de porc, ses
pattes, les antérieures surtout, fortes, tranchantes et dentelées, sont *les instruments que lui a donnés la nature pour*
parvenir à son but. Avec leur aide, l'espèce de puits qu'elle
entreprend est bientôt achevé. Il est probable qu'elle y
monte et descend plusieurs fois pour percer la paroi de
cette galerie verticale et lui donner une dureté analogue à
celle du pisé. Ces préparatifs terminés, elle construit dans
le fond, et le plus souvent avec de la terre, une sorte de nid
ou de coque ovoïde, ouverte d'un côté. Dans ce berceau ar-
tistement uni à sa paroi interne, elle colle un œuf blanchâtre,
de la grosseur d'un grain de froment; puis elle entraîne et
et entasse, au-dessus de la niche qui a reçu son dépôt, les
matières stercoraires placées à sa portée, de manière à en
former une espèce de saucisson de 10 à 12 centimètres de
longueur. On en trouve quelquefois deux, rarement trois, sous
une même bouse. » *G. vernalis* L. est plus petit que *G. stercorarius;* ses élytres sont bien moins fortement striées et
paraissent presque lisses, sous leur belle couleur bleu foncé.
G. typhœus L. (13 à 20 millimètres, fig. 54), pour lequel
Mulsant a créé le genre *Minotaurus*, a les élytres à stries
ponctuées; le corselet du mâle est orné en avant de trois
cornes horizontales dont celle du milieu, plus courte que les

---

[1] Mulsant, *Coléoptères de France.*

deux autres, est un peu relevée. Ces appendices sont rudimentaires chez les femelles.

Certains amateurs d'Insectes prétendent que le moyen le
plus sûr de se procurer *Bolboceras mobilicormis*, animal
assez rare et volant seulement le
soir, consiste à ouvrir l'estomac
des crapauds et des engoulevents
qui en seraient très friands; Émile
Blanchard ne partage pas cette
opinion : « Quelques personnes,
dit-il[1], ont prétendu que les crapauds et les grenouilles recher-
chaient cet Insecte pour en faire
leur nourriture ; elles assuraient
qu'il était facile de l'obtenir en

Fig. 54. — *Geotrupes
typhœus* L.

éventrant des crapauds et des grenouilles. Nous avons
tenté nous-même, en vain, cette expérience, et divers entomologistes qui l'ont également tentée n'ont obtenu aucun
résultat. »

Quoi qu'il en soit, *Bolboceras mobilicornis* est un singulier Coléoptère dont le mâle porte sur la tête une corne longue et grêle, mobile, par le fait d'une articulation membraneuse, chose unique dans l'histoire des Coléoptères.

Quelques *Trox* ont la propriété de se rouler en boule
lorsqu'ils se sentent menacés; il n'en est pas ainsi de ceux de
nos contrées, quoiqu'ils fassent volontiers le mort, en dissimu-
lant leurs pattes sous leur corps. Ce sont des Insectes noirs
ou bruns, souvents recouverts d'une poussière, qui provient
des terrains sablonneux qu'ils fréquentent. Cette poussière
leur donne une teinte grisâtre sur laquelle se détachent les
tubercules saillants dont leurs élytres rugueuses sont recouvertes.

----

[1] E. Blanchard, *Histoire des Insectes.*

Les *Oryctes* sont de grande taille. Les mâles ont toujours la tête ornée d'une grosse corne. Leur coloration, d'un brun marron, est appropriée à leur genre de vie quasi souterraine, car, si par les belles soirées de juin et de juillet, on les voit

Fig. 55. — L'Oryctes rhinocéros, *Oryctes nasicornis*.

prendre leur essor, on les trouve le plus souvent dans la tannée ou dans le terreau des couches à melon. *O. nasicornis* L. (27 à 36 millimètres) des environs de Paris (fig. 55) et *O. gryphus* Ill. du Midi sont les seuls représentants de ce genre dans la faune française.

Nous touchons au groupe des *Hannetons* grands et petits. Des premiers nous ne parlerons que pour citer *Polyphilla fullo* L., le *Hanneton foulon*, Coléoptère de forte taille, dont le corselet et les élytres sont recouverts de nombreuses marbrures blanches sur fond roux. On prend ce bel Insecte, qui vole le soir avec un fort bourdonnement, dans le midi de la France et aux environs de Lyon sur les cerisiers dont il mange les feuilles; en dehors de ces localités, on ne le rencontre plus que par places, dans les régions septentrionales.

Les *Anoxia*, d'un marron foncé, recouvertes d'un duvet uniforme sur les élytres, mais formant des bandes sur le corselet, ressemblent à des Hannetons communs, privés de leur pygidium allongé. Il en est de même aussi des *Rhizotrogus*, plus petits, et d'une coloration fauve plus claire, à l'exception de *R. ater* Herbst, qui est noir.

Il existe en Corse une espèce remarquable, *Pachypus cornutus* Ol., dont la femelle, aptère et semblable à une grosse puce poilue, vit en terre et sort peu.

Dans la section des petits Hannetons, se trouvent de charmantes bestioles utilisées parfois pour la parure, *Hoplia farinosa* L. et *Hoplia cœrulea* Drury (8 à 10 millimètres) sont du nombre. La première, commune sur les fleurs des églantiers, des ronces et sur les ombellifères, est recouverte d'écailles d'un vert nacré jaunâtre en dessus et d'un vert argentin en dessous; la seconde, commune dans les prairies, sur les saules, dans le midi et le centre de là France, est d'un bleu d'azur en dessus, argentée en dessous. Ce revêtement, formé par des écailles, disparaît presque complètement chez les femelles, qui sont plus rares que les mâles, celles-là brunes à reflets violets.

Les *Homaloplia*, les *Triodonta*, les *Anisoplia* ont des livrées moins riches, dans lesquelles dominent les différentes teintes de brun tirant plus ou moins sur le rouge. Le *Han-*

neton de la Saint-Jean, que l'on rencontre si fréquemment sur les fleurs des jardins, et qui se reconnaît à son corselet vert, poilu, et à ses élytres rousses, répond au nom scientifique de *Phyllopertha horticola* L.

Les *Anomala*, qui rongent les feuilles des arbrisseaux et abondent souvent dans les saulées, sont de beaux Insectes verts ou bleuâtres.

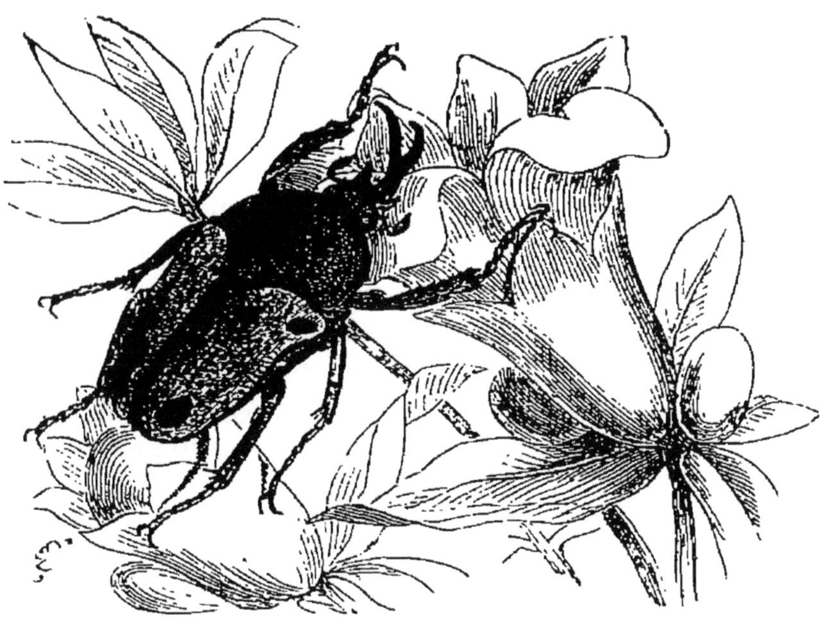

Fig. 56. — Le Goliath à nez fourchu, *Cerathorina Smithi*.

En dehors de la faune européenne, nous trouvons, aux Antilles, les *Rutèles* aux couleurs variées; au Pérou et en Colombie, les magnifiques *Chrysophora* au manteau vert doré. Le Mexique, les Antilles et la Guyane nous donnent ces étranges *Scarabées* aux élytres olivâtres tachées de noir, dont le corselet se prolonge en une grande corne aussi longue que le corps, tandis que la tête, semblablement ornée, forme comme la seconde branche d'une cisaille formidable. Les côtes occidentales de l'Afrique nous fournissent ces gros

Goliaths au corps trapu, habillés de velours blanc, dont les déchirures laissent voir une tonalité noire, chamois ou violette, suivant l'espèce.

Nous représentons (fig. 56) *Ceráthorina Smithi*, belle espèce africaine, d'un vert bronzé, avec deux taches noires sur le fond jaunâtre de chaque élytre, et l'abdomen rouge. Ce Coléoptère, de taille encore très respectable, est cependant plus petit que les Goliaths, lesquels dépassent souvent 10 centimètres.

Les plus belles *Cétoines* nous viennent d'outre-mer; cependant, ce groupe remarquable est encore dignement représenté en Europe. On y trouve d'abord, parmi les espèces moyennes, *Cetonia stictica* L. (10 à 11 millimètres), noire, mouchetée de blanc, avec de longs poils clairsemés, très abondante sur les chardons; *C. hirtella* L. (10 à 13 millimètres), d'un brun noirâtre, recouverte de poils jaunes très fournis, et portant six ou sept petites taches blanches sur les élytres. Au nombre des espèces plus grosses et dépourvues de poils, figurent : *C. speciosissima* Scop. (20 à 23 millimètres), que l'on capture, quoique assez rarement, à Fontainebleau, sur les chênes et les ormes; elle est d'un vert métallique très brillant. *C. aurata* L. (16 à 22 millimètres) (fig. 57), vert doré ou rouge cuivreux, relevé sur les élytres par des petites taches blanchâtres, semblables à des déchirures; *C. marmorata* F., bronzée en dessus, verte en dessous; *C. Morio* F. (14 à 20 millimètres), noir mat; *C. opaca* F., un peu plus grande et d'un noir bleuté. Ces deux espèces, du midi de la France, font, à ce qu'on dit, des dégâts dans les ruches.

Les larves de Cétoine vivent dans le terreau des arbres vermoulus, dans les fourmilières et quelquefois aussi dans les nids des Abeilles sauvages.

Osmoderma eremita Scop. (30 millimètres) habite les saules pourris, quelquefois les arbres d'une autre essence;

elle est d'un brun luisant et exhale une odeur qui rappelle celle du cuir de Russie.

Le corps des *Gnorimus* va en s'élargissant, contrairement à celui des Cétoines, qui se rétrécit en arrière. A part cela, les deux genres ont même coloration et, de loin, même aspect.

Fig. 57. — La Cétoine dorée et la Trichie fasciée, *Cetonia aurata* L. *Trichius fasciatus* L.

G. variabilis L. (18 à 20 millimètres), noir, aux élytres rugueuses, vit dans les troncs de châtaigniers; *G. nobilis* L., plus commun, a des élytres vertes qui présentent souvent des reflets cuivreux. Elles sont fortement rugueuses. Ce bel Insecte fréquente les fleurs de sureau.

Les *Trichius* (fig. 57) ont une robe de velours, harmonieusement coupée de jaune et de noir; la partie visible de l'abdomen, en arrière des élytres, est recouverte d'une épaisse fourrure de poils blancs.

Valgus hemipterus L. (8 à 10 millimètres) est cette petite Cétoine aux élytres courtes, d'un noir mal assuré, que l'on trouve si fréquemment dans les roses, et dont la femelle a l'abdomen terminé par une longue tarière.

BUPRESTIDES. — C'est encore loin de notre patrie qu'il faut aller chercher les espèces les plus brillantes de cette remarquable famille, dont les collectionneurs sont si friands.

Chez ces beaux Insectes, les antennes pectinées ou dentelées sont logées, au repos, sous les côtés du corselet. La tête est enfoncée dans le corselet, qui, lui-même, s'applique contre la base des élytres. Celles-ci recouvrent complètement l'abdomen, se rétrécissent en arrière et répondent ainsi à la forme généralement oblongue du corps.

Mauvais marcheurs, les Buprestides volent avec vivacité, se reposant parfois sur les troncs d'arbre, et se laissent tomber, lorsqu'on veut les saisir.

Leur riche coloration et le vif éclat dont elle brille les font rechercher comme objets de parure par différents peuples.

Les larves issues d'œufs, pondus dans les écorces des arbres, creusent des galeries tortueuses, qui pénètrent dans l'aubier. C'est là que s'opère la métamorphose.

Les belles espèces du continent indien, appartenant au genre *Catoxantha*, ont l'abdomen blanc jaunâtre, avec une tache de même couleur sur chaque élytre. Le reste du corps est vert métallique ou pourpré. Nous représentons comme spécimen *Catoxantha bicolor* F. (fig. 58). Plus petits, les *Euchroma* du Brésil, de Colombie et du Mexique, justifient par leurs tons métalliques verts ou cuivreux le nom de *Richards*, donné à la généralité des Buprestes.

Parmi ceux de chez nous, les *Capnodis*, en particulier, dont la coloration est d'un noir mat, sont loin de mériter cette qualification pompeuse. Mais cette exception confirme la règle, car l'éclat métallique reparaît dans le sous-genre *Perotis*, pour se continuer sur les téguments bronzés des *Dicera* et des *Chalcophora*. *Ptosina novemmaculata* F.

et *Ancylochira flavomaculata* F. ont encore de belles élytres d'un noir verdâtre tachetées de jaune.

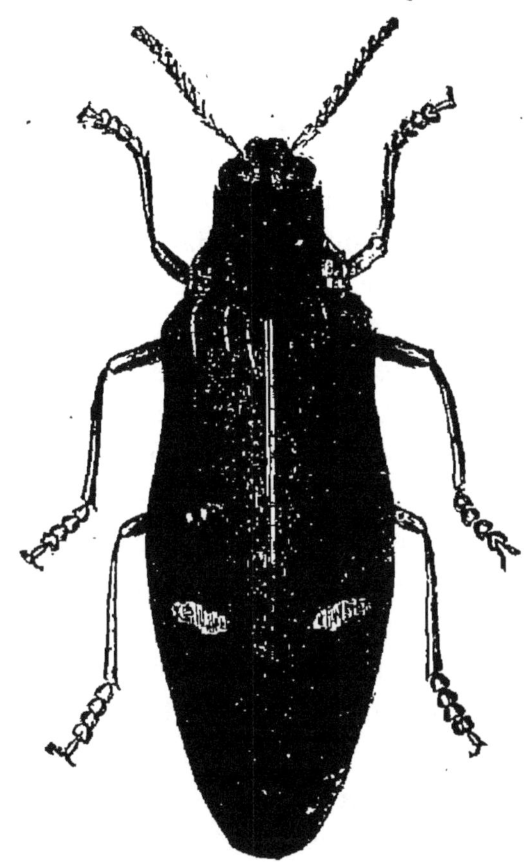

FIG. 58. — Le Catoxanthe bicolore, *Catoxantha bicolor* F.

Sur les fleurs d'aubépine, de pissenlit et de chrysanthèmes, on prend *Anthaxia nitidula* L., jolie petite espèce verte, de 5 à 6 millimètres, dont la femelle a les élytres et le corselet d'un rouge de feu ; sur les aubépines, les ormes et les pins, *A. manca* F. (7 millimètres), d'un brun métallique à côtés dorés; sur les chênes, *Chrysobothris chrysostigma* L. et *C. affinis* F.

Verts, bleus ou bronzés, les *Agrilus*, de forme presque linéaire, se trouvent sur les feuilles, sur le bois mort ou sous les écorces; le hêtre, le chêne et le bouleau leur donnent asile. Bien plus linéaires encore, les *Aphanisticus* vivent sur les joncs, dans les marécages.

Les *Trachys* sont de petites espèces dont les larves minent les feuilles de différents arbustes ; on trouve *T. minuta* L. sur les chênes, *T. pygmœa* F. sur les malvacées.

ELATÉRIDES. — Rappelant par leur corps allongé la forme des Buprestides, sans en avoir les brillantes couleurs, les Elatérides s'en distinguent par la faculté qu'ils ont de faire le *saut périlleux*. Leur prosternum se prolonge en arrière, par une sorte de languette qui, sous un effort musculaire de l'Insecte, peut s'engager dans une fossette du mésosternum ou bien en sortir. « Les Coléoptères dont il s'agit ont le corps trop allongé et les pattes trop courtes, pour pouvoir se retourner quand ils tombent sur le dos. Le corps retourné se cambre, dégageant la pointe sternale de sa fossette, et prend deux points d'appui, par la tête et par l'extrémité de l'abdomen ; alors, un brusque effort musculaire, qui a besoin de ces deux points d'appui pour se produire avec l'énergie nécessaire, fait entrer la pointe prosternale dans sa fossette, de sorte que le milieu du dos de l'animal, brusquement refoulé, vient heurter avec force le plan d'appui, et, par réaction, l'animal est lancé en l'air et recommence sa manœuvre jusqu'à ce qu'il retombe sur ses pattes. »

Les Élatérides, dont l'alimentation est végétale, sont habituellement diurnes et se tiennent sur les feuilles, les fleurs ou les écorces des plantes. Ils ne s'envolent qu'en plein soleil et se laissent tomber, lorsqu'on veut s'en emparer. Quelques-uns, cependant, sont crépusculaires ou nocturnes, et, en première ligne, il faut citer les grands *Pyrophores* américains qui, comme les *Vers luisants*, ont la propriété de devenir lumineux dans l'obscurité[1]. L'appareil phosphores-

---

[1] Voyez Raphael Dubois, *Les Elatérides lumineux*. — Gadeau de Kerville, *Les Animaux et les végétaux lumineux*, Paris, 1890, p. 133 (Bibliothèque scientifique contemporaine)

cent de ces curieux Insectes a fourni à Charles Robin et
à Al. Laboulbène le sujet d'une étude intéressante : il réside
dans deux grandes taches elliptiques, d'un jaune clair pendant
le jour, placées sur les côtés du cor-
selet, et aussi en une tache triangulaire, blanchâtre et transparente,
située en dessous, sur la membrane
qui unit au thorax le premier
anneau de l'abdomen.

L'éclat répandu est assez fort
pour permettre de lire à petite
distance. Vers le milieu du siècle
dernier, des morceaux de bois des
iles, contenant des larves ou des
nymphes de Pyrophores, se trou-
vaient dans un atelier du faubourg

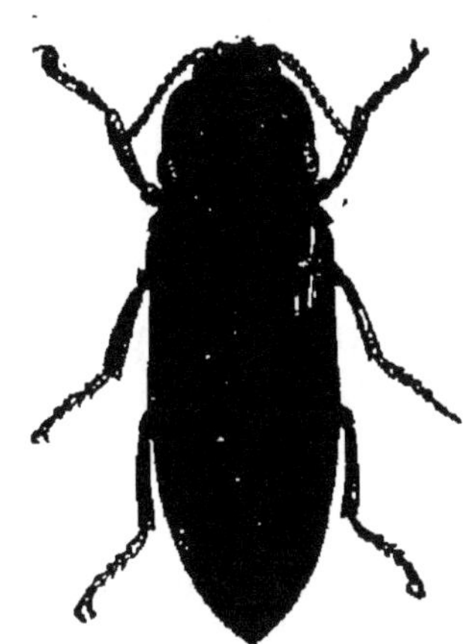

Fig. 59. — Le Cucujo,
Pyrophorus noctilucus.

Saint-Antoine. Après leur éclosion, les Insectes, en volant
pendant les premières heures de la nuit, illuminèrent, par
intervalles, les fenêtres des vastes pièces inhabitées à cette
heure. Il n'en fallait pas tant pour amener un rassemblement
de curieux. Grand émoi ! c'est à qui n'osera entrer pour
saisir les âmes errantes de ces revenants, dont les lueurs
présageaient quelque calamité. L'histoire est rapportée tout
au long dans une lettre d'un médecin du quartier, le docteur
Bondazoy, insérée en 1766 dans les *Mémoires de l'Aca-
démie des sciences.*

Les indigènes de la Guyane, de la Colombie et du Brésil
se servent depuis un temps immémorial de ces Insectes qui,
après le coucher du soleil, illuminent les broussailles de leurs
girandoles étincelantes. Ils les attirent en balançant en l'air
des charbons ardents. Les Indiens attachent les Pyrophores
au bout d'une petite baguette ou sur les orteils de leurs
pieds nus, et s'éclairent ainsi dans les ténèbres des bois.
Leurs femmes s'en forment des colliers et des pendants

d'oreilles ou en ornent leur noire chevelure. Les dames créoles ont imité, dans leur coquetterie, les filles sauvages. A la Havane, se trouve le *Pyrophorus noctilucus* L. Dès la fin d'avril, après les premières pluies, on le voit voler, au crépuscule, dans les lieux boisés et les plantations de cannes à sucre. Pendant le jour, il reste caché dans les creux d'arbres, les troncs pourris, sous les herbes fraîches, car il aime l'humidité, et on ravive sa phosphorescence, à l'éclat verdâtre, en le plongeant dans l'eau. Il porte, à la Havane, le nom de *Cucujo* ou *Cucuyo*, et cesse de paraître à la fin de juillet, mais on peut le conserver captif dans de petites cages de jonc ou de fil de fer jusqu'au mois de novembre, en le nourrissant avec des morceaux de canne à sucre et en ayant soin de le baigner deux fois par jour, afin de remplacer pour lui les rosées du matin et du soir. Les Pyrophores sont des bijoux vivants pour les dames; on les introduit, le soir, dans de petits sacs en tulle léger, qu'une habile femme de chambre attache, avec goût, sur les jupes; d'autres, entourés de plumes d'oiseaux-mouches et de diamants, sont piqués dans les cheveux avec la mantille, au moyen d'une longue aiguille qui passe, sans les blesser, entre leur tête et leur corselet.

Un des Élatérides de France les plus communs est, sans contredit, *Lacon murinus* L. (16 millimètres), dont le dessus du corps est marbré de gris, sur fond d'un brun noirâtre; le dessus de son abdomen presque orangé le fait aisément reconnaître, lorsqu'il se transporte, au vol, d'une herbe à une autre.

Ludius ferrugineus L. est une belle espèce couleur de rouille, peu commune et recherchée par les jeunes entomologistes.

Les *Corymbites* ont les antennes en scie ou bien véritablement pectinées, du moins les mâles; au premier groupe, appartiennent *C. latus* F. (11 à 15 millimètres), commun

sur les blés, bronzé, à pubescence grisâtre, et *C. cru-*
ciatus L., plus rare, avec les élytres jaunes, ornées du
dessin noir que représente la figure 60; au second *C. hœma-*
todes F. (10 à 12 millimètres), avec la tête et le corselet
noirs, semés d'un duvet rougeâtre, et les élytres d'un rouge
de sang; *C. castaneus* L. (10 millimètres),
dans lequel la pubescence et les tons rouges
du précédent sont remplacés par du jaun e
on le trouve sur les pommiers en fleurs et
sur les groseilliers.

FIG. 60.
Corymbites
cruciatus L.

Un de nos plus grands Élatérides est
Athoüs rufus de Géer (21 à 25 millimètres), Insecte entièrement roux, que l'on
capture sur les pins des Landes et de Provence. Les autres espèces de ce genre, beaucoup plus petites, sont les unes noires, les autres rousses.

Dans le genre *Elater*, la plupart des individus ont le corselet noir et les élytres d'un rouge vif; tels sont : *E. san-*
guineus L. (10 à 14 millimètres), *sanguinolentus* Schr.
(8 à 12 millimètres), *pomorum* Geoff. ; d'autres, comme
E. crocatus Geoff. (8 à 10 millimètres) et *E. balteatus* L.
(8 à 9 millimètres) ont les élytres jaunes ou rousses. Ces Insectes vivent, pour la plupart, dans les saules.

Les *Agriotes* ont des larves nuisibles, dont nous aurons
l'occasion de reparler.

Les *Cryptohypnus* représentent les pygmées de la famille ;
ces petits animaux, de 1 à 6 millimètres, ne sortent que le soir,
et vivent, pendant le jour, retirés dans les mousses ou sous les
pierres.

LAMPYRIDES. — Les *Lampyrides* font partie du groupe
de Coléoptères à téguments mous, désignés sous le nom de
Malacodermes.

Les *Lycus*, qui vivent sur les broussailles et sur les fleurs,
dans les régions chaudes des deux mondes, ont des élytres

minces, débordant souvent l'abdomen, et parfois très élargies chez les mâles.

Omalisus suturalis F. (5 millimètres) est un Insecte rouge, avec la suture des élytres noire, que l'on trouve communément sur les herbes et sur les fleurs. Il est très aplati.

Fig. 61. — Le Ver luisant, *Lampyris noctiluca* L., mâle et femelle.

L'Insecte qui égaie les promenades du soir, pendant la belle saison, le *Ver luisant*, est la femelle aptère de *Lampyris noctiluca* L. (fig. 61). Comme elle, mais à un degré moindre, la larve répand des lueurs phosphorescentes. Le mâle lui-même, volant seulement le soir, à la recherche des femelles, est lumineux, mais si faiblement qu'il faut l'observer avec attention pour s'en apercevoir. Mâles et femelles restent, pendant le jour, cachés dans les herbes des buissons.

Les larves se nourrissent de mollusques terrestres; on pense que les adultes sont phytophages.

L'appareil lumineux n'est pas situé dans les mêmes régions que celui des Pyrophores; il a son siège sous les trois derniers anneaux de l'abdomen.

On se procure aisément les mâles des Lampyres, en plaçant,

le soir, des femelles sur des nappes, que l'on vient examiner, de temps à autre. Les mâles, attirés par les lueurs qui se dégagent des femelles amoureuses, viennent faire leur cour et se laissent aisément capturer.

Les *Lucioles* sont les vers luisants du midi de l'Europe. Le soir, les mâles abandonnent leurs retraites pour sillonner les airs. Semblables à de petits météores, leurs trajectoires lumineuses se croisent en tous sens, jusqu'à ce que la fraîcheur de la nuit les ramène, vers onze heures, sur les feuilles des citronniers ou au milieu des broussailles qui leur servent de cachette. Les observations d'Emery prouvent que l'appareil lumineux des Lucioles est un instrument d'appel, que les femelles manient comme un télégraphe optique, envoyant, par intervalles, des éclats de lumière destinés à attirer les mâles.

Dévorer l'hôte pour accaparer son toit et s'y installer, comme en pays conquis, est le fait d'un molotru. C'est ainsi que procèdent les *Driles* en général, et *Drilus flavescens* en particulier. La larve s'attaque aux Colimaçons, les mange peu à peu, s'introduit dans leur coquille et s'y métamorphose.

Chez l'adulte, les différences sexuelles sont très considérables. Le mâle est un Insecte de 4 à 7 millimètres, noir et velu, avec les élytres jaunes ; la femelle, aptère, d'un brun jaunâtre, d'aspect larviforme, atteint 12 ou 15 millimètres.

Si l'on ne s'en fiait qu'aux apparences, on dirait, à voir cette quantité de *Téléphores* qui couvrent les fleurs, les épis, et les moindres brins d'herbes, que ces Insectes ne se délectent que du suc des plantes ; il n'en est rien cependant. Les Téléphores sont très carnassiers et ce qu'ils recherchent sur les végétaux, ce sont les autres Insectes ; ils y font un grand carnage de Diptères, et leur appétit est parfois si impérieux qu'il leur arrive de se manger entre eux. Aussi n'est-ce point sans appréhension que le mâle recherche la femelle. Il sait qu'il peut lui en coûter la vie.

Les *Malachius*, très carnassiers suivant les uns, se nourrissant des parties tendres des fleurs suivant les autres, sont parés de brillantes couleurs. Irrités, ils gonflent et poussent en dehors de petites caroncules, d'un rouge très vif, situées sur les côtés du corselet et de l'abdomen.

M. æneus L. (6 à 7 millimètres) a les élytres rouges, avec une large bande verte le long de la suture. *M. bipustulatus* L. (6 à 7 millimètres) a les élytres vertes, avec une tache jaune rougeâtre à l'extrémité.

On prend les *Malachius* sur les herbes, les céréales, les haies, etc.

CLÉRIDES. — Les *Clérides*, avec leurs antennes en massue, sont d'élégants Coléoptères, souvent très brillamment parés. Leurs larves sont carnassières, mais le régime des adultes, qui se trouvent sur les fleurs, n'est pas encore bien connu.

Les *Thanasimus* qui, dans leur premier état, se nourrissent de larves lignivores, se trouvent sur les bois morts.

Fig. 62. — Le Clairon formicaire, *Thanasimus formicarius* L.

T. mutillarius F. (8 à 10 millimètres) a, sur un fond noir, la base des élytres rouges, puis deux bandes transversales blanchâtres ; *T. formicarius* L. (7 millimètres) a la même coloration que le précédent, mais s'en distingue par sa taille plus petite et son corselet rouge (fig. 62).

Les *Clairons* se rencontrent sur les fleurs ; leurs larves s'introduisent dans les ruches et les nids des Hyménoptères mellifères, sans y causer le moindre dommage, au dire de M. Hamet; elles se contenteraient du miel avarié et des corps des Abeilles mortes.

Clerus alvearius F. et *C. apiarius* F. (12 à 15 millimètres) sont deux espèces faciles à confondre à première vue, en ce sens que leurs téguments, recouverts de poils sont d'un beau bleu foncé, sillonné de bandes rouges ; la première, cependant, a autour de l'écusson une tache carrée bleue qui n'existe pas chez la seconde.

Nous avons raconté l'histoire de *Necrobia ruficollis* F. (voyez fig. 24). Une autre espèce du genre *Necrobia*, plus connu aujourd'hui sous le nom de *Corynetes*, vit sur les fleurs ou habite nos maisons. Nous voulons parler de *Corynetes cœruleus* de Geer, (4 à 5 millimètres) dont la larve fréquente les pelleteries, pour y faire, pense-t-on, la chasse aux larves des Dermestes et des Anthrènes.

C'est encore dans les habitations ou dans les magasins que se rencontrent les espèces suivantes : *Lymexælon navale* L., Insecte fusiforme, grand destructeur de bois de construction ; *Ptinus fur* L. et *Ptinus latro* F., fort nuisibles aux collections d'histoire naturelle ; ils vivent de matières animales desséchées ; *Gibbium scotias* F., curieux Insecte globuleux et aptère, recherchant les coins obscurs et malpropres ; la légion des *Anobium*, parmi lesquels la *Vrillette*, qui perfore de mille trous les boiseries et dont les coups rythmés viennent, suivant les dispositions de l'esprit, égayer ou attrister nos insomnies. Aussi l'appelle-t-on tantôt *Horloge de l'amour*, tantôt *Horloge de la mort*.

La petite Vrillette, que l'on trouve trop souvent, en tout ou en partie, englobée dans la mie du pain, est encore un *Anobium*.

Près des Anobiides, on range *Apate capucina* L. (5 à 12 millimètres) au corselet noir, bombé, couvert d'aspérités, aux élytres d'un beau rouge. Cet Insecte est commun sur les troncs d'arbres. La puissance de ses mandibules est considérable, et lorsque les bois, qui renferment ces petits animaux, ont été recouverts, par la main de l'homme, d'une enveloppe métallique, l'Insecte parvient souvent, après son éclosion, à percer cette enveloppe métallique, pour sortir de sa prison ; c'est ainsi qu'on a vu des toitures en plomb et des caractères d'imprimerie perforés, à n'en pas douter, par l'*Apate capu-cina*.

TÉNÉBRIONIDES. — La sombre livrée des *Ténébrionides* en justifie le nom.

Les *Tentyria*, aux formes élégantes, habitent les bords de la Méditerranée et les côtes de l'Océan, aux environs d'Arcachon.

Les *Pimelia*, plus trapues, ayant l'apparence d'animaux lourds et indolents, bien qu'ils soient agiles, recherchent les lieux les plus secs et les plus arides ; on en trouve deux espèces dans le midi de la France *(P. Payraudi* Sol et *P. bipunctata* F.) ; les autres sont propres à l'Europe méridaionle, à l'Asie et à l'Afrique. Elles semblent se nourrir de fientes d'oiseaux, seuls aliments qu'elles puissent se procurer dans des endroits, parfois, dépourvus de toute végétation.

Les *Elenophorus* et les *Akis* à la conformation bizarre, surtout chez les derniers, se retirent sous les pierres et dans les ruines. *Elenophorus collaris* L. (15 à 20 millimètres) du midi de la France, est noir mat ; *Akis punctata* Thunb, de même taille, et appartenant aux mêmes localités, est d'un noir très luisant. Nous représentons *Akis algerica* (fig. 63).

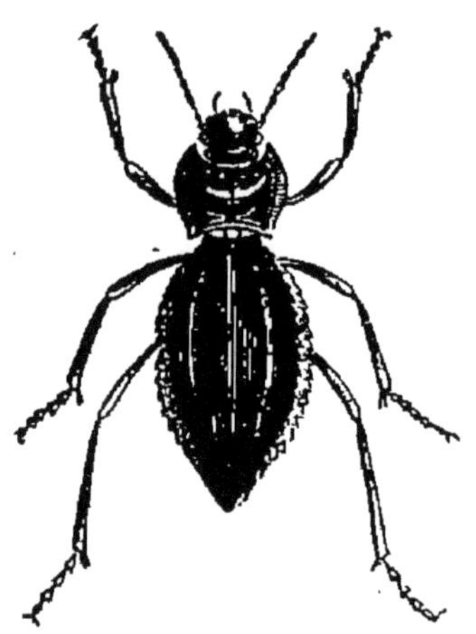

FIG. 63. — L'Akis algérien, *Akis algerica*.

Asida grisea Ol. (12 à 14 millimètres) vit dans les lieux arides. Elle est brun noir, avec le corselet et les élytres fortement granulés. On la prend communément à Fontainebleau. Souvent recouverte de terre et de poussière, elle paraît, presque toujours, entièrement grise.

Les *Blaps*, grands Insectes noirs, habitent les caves, les celliers, les magasins obscurs ; une espèce du Midi, *B. gi-*

gas L. atteint parfois 35 millimètres; *B. mortisaga* Ol., commune parmi nous, n'a que 25 millimètres.

Opatrum sabulosum L. (8 millimètres), qui, n'était sa forme plus franchement ovalaire, serait comme la réduction d'*Asida grisea*, est strié, granuleux, et souvent couvert de la poussière des chemins, sur lesquels on le rencontre.

Tranchant sur les couleurs sombres des espèces précédentes, *Diaperis boleti* L. (7 millimètres) est un charmant petit Insecte, fortement bombé, d'un noir luisant coupé de bandes d'un jaune orangé très vif; il habite les bolets, dans lesquels sa larve s'élève.

Les *Vers de farine*, dont les pêcheurs font un appât, et que recherchent les oiseleurs pour élever les rossignols, sont les larves des *Ténébrions*. A l'état parfait, ces Insectes, dont on trouve accidentellement les élytres dans le pain, comme nous l'avons vu déjà pour la Vrillette, sont des Coléoptères allongés, noirs ou bruns, qui recherchent les lieux obscurs. *Tenebrio molitor* L. (15 millimètres) est d'un brun noirâtre mat; *T. obscurus* F. (15 à 18 millimètres) est complètement noir; on trouve l'un et l'autre dans les boulangeries, les moulins, les greniers et les magasins où sont accumulés des farines ou du biscuit.

Les *Helops* sont des Ténébrionides, aux téguments fragiles, aux couleurs foncées mais brillantes, qui se cachent, le jour, sous les écorces et sous les mousses.

Les *Cistèles* se trouvent sur les fleurs; leurs larves vivent dans les vieux bois. *Cistela ceramboïdes* L. (10 millimètres) a les antennes fortement dentées en scie, les élytres fauves, recouvertes d'une pubescence soyeuse. *C. sulfurea* L. (7 à 9 millimètres) commune sur les fleurs en certains endroits, est d'un beau jaune de soufre. Parmi les Coléoptères, les *Mordelles* forment un type bien reconnaissable à leur tête infléchie, à leur corps bombé en dessus, à leur abdomen en pointe. Leurs élytres sont recouvertes de poils soyeux, qui forment souvent des taches blanchâtres ou jaunâtres. Les adultes, très agiles, fréquentent les fleurs et notamment les Ombellifères, sur lesquelles on les trouve parfois en abondance.

Un Insecte aux téguments noirs, aux élytres rousses, recouvertes d'une pubescence longue et brillante, est *Lagria hirta* L. (5 à 7 millimètres) assez commune sur les broussailles. C'est aussi sur les buissons que l'on prend les *Pyrochroa*, dont les antennes sont pectinées. Deux espèces de France sont à signaler : *P. coccinea* L. (12 à 15 millimètres) qui a la tête et l'écusson noirs, les élytres rouge de sang; *P. rubens* Schr. (10 à 12 millimètres) entièrement rouge, mais d'une teinte plus terne.

Fig. 64. — *Notoxus monoceros* L.

Parmi les *Anthicus*, tous de petite taille et de forme élégante, il en est dont le corselet présente une disposition singulière. Il se termine par une corne horizontale qui s'avance au-dessus de la tête. Ces Insectes, qui vivent sur les fleurs, ont reçu le nom de *Notoxus*. Nous représentons *N. monoceros* L. aux élytres jaunes tachées de noir (fig. 64).

N. Cornutus F., plus petit, a la même coloration, avec un dessin différent.

Les métamorphoses des Coléoptères vésicants, formant aujourd'hui la tribu des *Cantharidiens*, ont longtemps échappé à l'investigation des savants. La plupart des Insectes qui composent cette tribu sont pourtant connus depuis les temps reculés et reçoivent des applications dans le traitement des maladies de l'homme et des animaux domestiques.

Les *Méloés*, Insectes trapus, obèses, d'assez grande taille, grimpent sur les herbes ou marchent sur les gazons. Les œufs donnent naissance à de petites larves, nommées *trion gulins*, semblables à des poux. Ces larves, douées d'une certaine agilité, se hissent sur les fleurs, de préférence sur celles de la famille des Composées. On en trouve en nombre sur les fleurs de pissenlit ou de seneçon ; là, blotties dans la corolle, elles attendent qu'un Hyménoptère mellifère vienne, en quelque sorte, leur tendre les bras et les emporter dans son nid ; elles se cramponnent à ses pattes, à ses ailes, ou à ses poils, choisissent un endroit convenable, sur le dos ou dans les jointures pour effectuer commodément leur voyage aérien, et les voilà parties. Quelquefois elles se trompent et s'attachent à un Diptère. Dans ce cas, leur mort est certaine. C'est sans doute dans le but de parer à cette mortalité, fréquente dans le jeune âge, que les Méloés pondent si abondamment. Newport évalue à quatre mille le nombre des œufs, déposés en terre par chaque femelle. Arrivé dans le nid qui doit lui servir de berceau, le Triongulin surveille la ponte de son hôte, s'attache à un œuf, en perce la coquille et dévore le contenu ; cet aliment épuisé, le Triongulin se transforme en une *seconde larve*, de forme toute différente recourbée comme les larves des Scarabéides et aveugle ; ces secondes larves se nourrissent de miel, puis passent à l'état de *pseudo-nymphes*. Cette période, pendant laquelle l'animal reste immobile et ne prend pas de nourriture, dure près d'un an. A la pseudo-nymphe succède une *troisième larve*, et à partir de ce moment, la métamorphose reprend son cours normal, c'est-à-dire que cette troisième larve devient nymphe, puis Insecte parfait.

C'est au printemps et à l'automne que l'on trouve les Méloés dans les prairies. Leurs élytres sont beaucoup plus courtes que l'abdomen qui, chez les femelles, prend souvent un développement considérable ; la tête, inclinée, est nettement séparée du corselet par un cou étroit, le corselet est court, l'écusson caché ; les antennes sont épaisses, les ailes membraneuses n'existent pas. Lorsqu'on saisit les Méloés, une liqueur jaune et odorante s'échappe des articulations des pattes.

M. *proscarabœus* L. (15 à 22 millimètres) (voyez fig. 25), est d'un noir bleuâtre ; la teinte bleue est plus accentuée chez *M. violaceus* (16 à 20 millimètres). *M. variegatus* (15 à 22 millimètres) a de beaux tons bleus et cuivreux sur l'abdomen.

Cerocoma Schæfferi L. (10 millimètres), de forme allongée, a les antennes et les pattes jaunes, la tête et le corselet noirs, les élytres d'un beau vert. Ce petit animal fréquente les fleurs ; on le prend souvent en juin, sur les pâquerettes.

La coloration des *Mylabres* est très variable : elle comprend toujours du noir ou du bleu foncé, du jaune ou du rouge, mais la manière dont sont disposées les bandes ou les taches n'a aucune fixité, de sorte que, dans la même espèce, on trouve des types très différents.

Ces Insectes vésicants appartiennent surtout à la faune du Midi. Ils se posent sur les fleurs et sur les herbes.

Nous figurons *Mylabris variabilis* Pal. (fig. 65). Il nous semble superflu de consacrer un dessin à *Cantharis vesicatoria* L., dont on voit des bocaux remplis aux devantures de chaque pharmacie.

Fig. 65.— La Mylabre variable, *Mylabris variabilis* Pal.

Ce beau Coléoptère vert doré, dont les métamorphoses sont analogues à celles des Méloés, dévore, à l'état adulte, avec une prodigieuse voracité, les feuilles des frênes et des lilas.

Les *Sitaris* sont méridionales et se métamorphosent, à la manière des Méloés, dans les nids des Abeilles maçonnes. Cependant, ici, il n'y a plus transport du Triongulin, la femelle de *Sitaris* pondant directement à l'entrée ou à l'intérieur du nid qu'elle a choisi. Les adultes ne vivent que peu de temps et sans prendre de nourriture ; on les trouve souvent en abondance sur les talus ensoleillés ou le long des vieux murs de terre, percés des nids des *Anthophores* et des *Osmies*. C'est là qu'on se procure *Sitaris muralis* Forst. (8 à 9 millimètres), noir, avec la base des élytres jaunes.

A voir les cuisses postérieures renflées des *Œdémères* mâles, on se croirait en présence d'Insectes sauteurs; il n'en est rien. Tandis que leurs larves, aveugles, vivent dans le bois pourri, les adultes voltigent sur les Ombellifères.

Ces bestioles, souvent brillantes, de forme élancée et aux élytres côtelées, sont vertes, jaunes, bleues. Fréquemment ces teintes renforcées se rapprochent du noir.

CURCULIONIDES. — Sous le nom de *Curculionides*, on a réuni un grand nombre de Coléoptères, appelés communément *Charançons*, qui vivent aux dépens des végétaux. Il est peu de plantes qui soient exemptes des attaques de leurs larves. Celles-ci sont d'ailleurs secondées, quoique faiblement, dans leur œuvre de destruction, par l'animal adulte. Les racines, les tiges, les feuilles, les fleurs, les fruits sont exposés à leurs atteintes. Les graines sèches sont intérieurement rongées, au point de ne conserver que l'enveloppe. Il est presque superflu de dire que ces redoutables Insectes causent de grands dommages à l'agriculteur.

Le facies de ces animaux les fait aisément reconnaître. La tête est prolongée par un bec ou *rostre*, parfois démesurément long. Les antennes, droites ou coudées, sont habituellement terminées en massue; le corselet est plus étroit que les élytres, dont la consistance acquiert, chez certains individus, une dureté extraordinaire; les tarses ont quatre articles. Les ailes membraneuses font souvent défaut et, lorsqu'elles existent, l'Insecte en fait rarement usage. Il en est aussi dont les élytres sont soudées.

La coloration est des plus variées : les uns sont vêtus de deuil et portent de sombres manteaux, les autres sont couverts de poils serrés ou d'écailles ténues qui relèvent, par des dessins bizarres, la monotonie d'une tonalité trop uniforme. Ceux-ci ont pour livrée une fine pubescence à nuances claires, ceux-là empruntent aux métaux leur plus vif éclat. Il en est enfin qui soutiennent la comparaison avec les plus riches parures.

Certains Charançons sécrètent une fine poussière qui, sur l'Insecte vivant, se reproduit après qu'on l'a enlevée, c'est ce qui a amené la coutume barbare de piquer vivantes certaines espèces, défraîchies au moment où on les capture, et qui, pendant leur longue agonie, se refont une robe de poussière. La légion des Curculionides est innombrable ; plus de dix mille espèces on été décrites ; nous nous contenterons de citer quelques types.

Les *Bruchus* vivent aux dépens des plantes de la famille des légumineuses ; ils ont le rostre très court, et leurs élytres, tronquées, laissent dépasser l'extrémité de l'abdomen. Des poils blancs, disposés par places sur leurs téguments noirs, forment, en s'harmonisant avec eux, des dessins gris. Chez plusieurs espèces, la pubescence est jaune. On trouve les différentes espèces du genre *Bruchus* dans les pois, les fèves et les lentilles.

Anthribus albinus L. (6 à 8 millimètres), beaucoup plus gros que les *Bruchus*, a, comme eux, le rostre court ; il est brun roussâtre et pubescent ; le dessous du corps et toute la partie de l'abdomen visible en arrière des élytres sont couverts d'un fin duvet blanc. On le trouve sur le châtaignier, l'orme, le saule, le bouleau.

Un peu plus grand, d'aspect à peu près semblable, *Platyrhinus latirostris* F. est noir, feutré de gris et de brun.

La liste des arbres qu'attaquent les *Rhynchites* est volumineuse ; parmi les arbres forestiers : le hêtre, le charme, le bouleau, l'aulne, le peuplier, le tremble ; parmi les arbres fruitiers : le prunier, l'abricotier, le pommier, le poirier ; en y ajoutant la vigne, nous n'aurons pas tout dit.

Les *Rynchites*, au bec allongé, aux couleurs métalliques bleues, vertes, pourpres, cuivreuses, causent de grands dé-- gâts aux arbres fruitiers et aux vignobles. Le cou devient, parfois, démesurément long chez certaines espèces exotiques, ainsi que le montre la figure 66, représentant un *Rhyn- chites* de Java.

Les *Apions*, beaucoup plus petits, suppléent à la taille par la quantité. Leurs nombreuses espèces s'attaquent à beaucoup de plantes : le trèfle, la luzerne, l'oseille, les len- tilles, les roses trémières, les arbres fruitiers, etc.

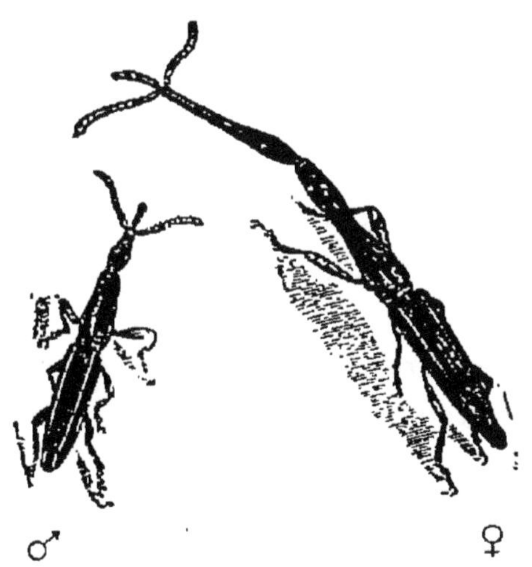

Fɪɢ. 66. — L'Apodère au long
cou, *Apoderus longicollis*.

Fɪɢ. 67. — Le Brenthe anchorago,
Brenthus anchorago.

A côté des Apions vient se placer un genre exotique que nous représentons (fig. 67) en raison de son originalité.

Les *Brachycerus*, de même que les espèces suivantes, ont les antennes coudées; ce sont des Insectes trapus, mar- chant lentement. Ils sont propres à la région méditerra- néenne où ils fréquentent les endroit sablonneux.

Le genre *Curculio* est représenté par *C. imperialis* du Brésil et par d'autres espèces non moins brillantes.

Les *Cneorhinus* se trouvent sur les chênes, les noisetiers, les bruyères, certains dans les dunes ; les *Brachyderes* sur les pins, les *Tanymecus* sur les orties.

Les *Polydrosus*, aux écailles d'un vert tendre, fréquentent les buissons. Sur les saules vivent les *Chlorophanus*, d'un vert jaunâtre. Il sécrètent une sorte de pollen jaune qui les recouvre. Leurs élytres sont terminées en pointe.

Les *Cleonus*, dont les téguments sont assez durs pour émousser la pointe des épingles, n'ont pas d'ailes membraneuses ; on les trouve à terre, marchant lourdement, ou grimpant le long des murs, ou bien au pied des plantes. Ce sont de grands Charançons, de couleur grisâtre, plus ou moins claire, bariolée de dessins variés.

Lepyrus colon F. (9 à 10 millimètres) est un joli Insecte fauve avec une tache claire au milieu de chaque élytre ; il vit sur les saules.

Les *Hylobius* et les *Pissodes* s'attaquent aux pins et aux sapins.

Les *Molytes* et les *Phytonomus* sont communs partout, du moins certaines espèces, telles que *Molytes coronatus* Latr., *Phytonomus punctatus* F.

Coniatus tamarisci F. et *C. chrysochlora* Lac., sont de charmants petits Insectes verts et cuivreux de la région méridionale, et confinés sur les bords de la mer.

Les *Otiorhynchus* (fig. 68), bruns, noirs ou gris, très nombreux en espèces, sortent surtout la nuit. On les trouve sous les pierres, sur les murs, le long des chemins. Ils sont nuisibles aux arbres fruitiers, à la vigne, aux fraisiers et à beaucoup d'autres plantes. Notons en passant les *Troglorynchus*, Charançons des cavernes.

Les *Lixus* et les *Larinus* ont la propriété de sécréter ce revêtement pulvérulent, dont nous avons déjà parlé. Les premiers, allongés, avec les élytres terminées en pointe et formant, parfois, comme une queue fourchue, vivent à l'état larvaire dans l'intérieur des tiges des plantes, dont ils rongent la moelle. On s'empare des adultes sur les chardons, sur les fèves, sur les mauves, sur le saule marsault en août et en septembre. Les *Larinus*, épais ou ovalaires, se tiennent ordinairement sur les Carduacées.

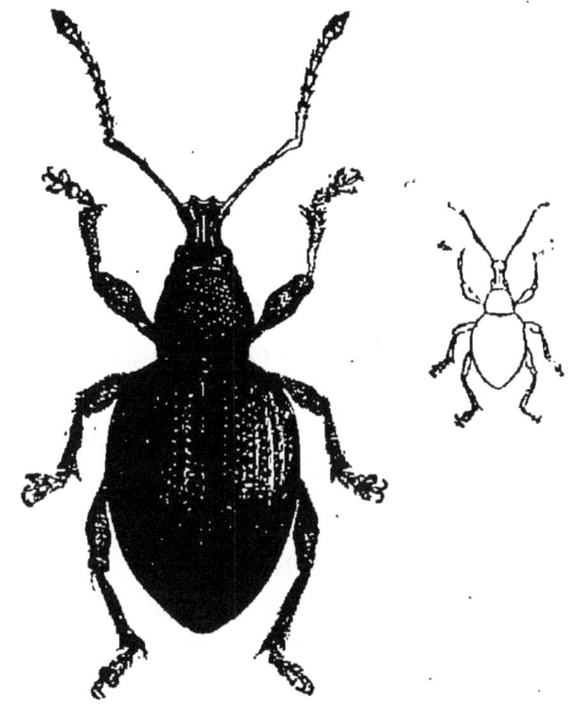

FIG. 68. — L'Otiorhynque noir, *Otiorhynchus niger* F.

Les *Erirhinus* fréquentent les saules et les plantes aquatiques. Les fleurs, les bourgeons et les feuilles sont les aliments favoris des *Anthonomus*, nuisibles aux poiriers et aux pommiers.

Les *Orchestes*, qui vivent sur le chêne, l'orme, le hêtre, l'aulne, sont, de petits Charançons sauteurs. Citons en passant *Orchestes alni* L., noir en dessous, jaune en dessus, avec deux taches noires sur chaque élytre.

Les *Balaninus*, au long bec mince et arqué, possèdent de jolies espèces. La larve de *B. nucum* L. est le ver des noisettes ; l'adulte (10 à 12 millimètres) est d'un jaune verdâtre, teinté de gris; d'autres s'attaquent aux cerises, aux prunelles, aux glands des chênes; il en est qui habitent les saules; c'est là aussi, de même que sur les peupliers et les aulnes, que l'on capture *Cryptorhyncus Lapathi* L. (6 millimètres), noir, avec une bande grise à la base des élytres et une tache de même couleur vers leur extrémité.

Les *Baridius* attaquent les choux, les colzas et autres Crucifères.

Les *Acalles* se cachent sous les mousses et sous les écorces.

Les *Ceutorhyncus*, très nombreux, au corps ovalaire, de teinte uniforme ou bien tachés de blanc plus ou moins terne, recherchent les fleurs et les feuilles de beaucoup de plantes, en particulier des Crucifères.

Les *Cionus*, de taille minime, plus ovalaires que les précédents, ont, comme type général de leur revêtement, des taches rondes sur un fond uni : ils vivent sur les plantes, quelquefois en grand nombre.

La *Calandre* du blé, trop connue pour qu'il soit utile d'en parler ici, contraste par sa petite taille avec ces énormes Calandres exotiques, telles que *Protocerius colossa* (fig. 69) ou *Ryncophorus Schach*, ennemis des palmiers, des bananiers et des cannes à sucre.

Les *Scolytides* sont ces destructeurs de bois dont les larves tracent, sous les écorces, les dessins réguliers que chacun a pu observer. Les *Hylastes, Hylurgus, Scolytus, Bostricus* et autres Coléoptères voisins sont, à ce titre, fort nuisibles à l'industrie forestière.

Cérambycides. — Appelés aussi *Longicornes* à cause de leurs longues antennes, les *Cérambycides* ont tous un régime végétal. Les larves des grandes espèces entament et perforent les bois les plus durs, celles de moindre taille se contentent des tiges herbacées. Les adultes, dont quelques-uns ne volent que le soir, dont d'autres, privés d'ailes, ne

jouissent pas des avantages de la locomotion aérienne, ont
des formes élégantes, auxquelles viennent souvent s'ajouter
des parures étincelantes.

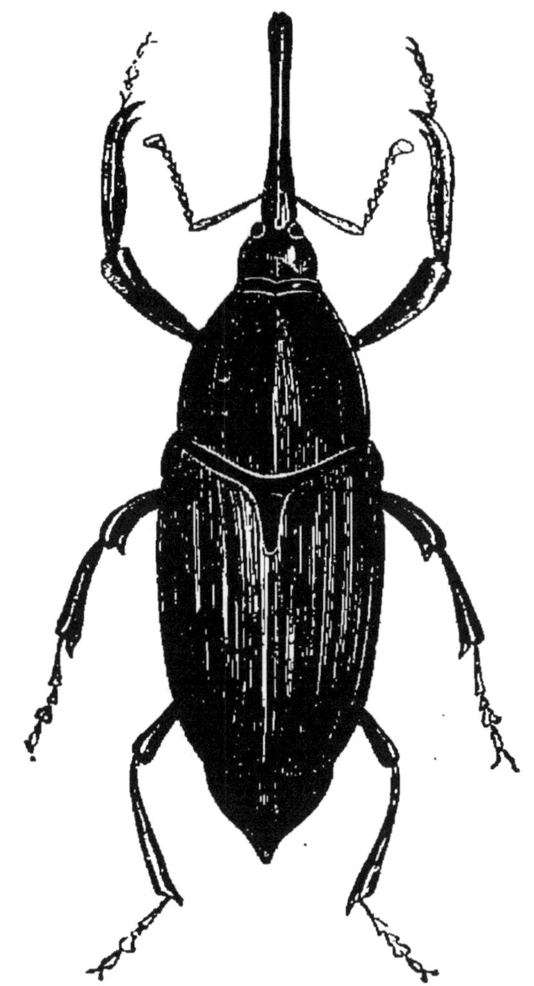

Fig. 69. — *Protocerius colossa.*

Il peut sembler extraordinaire que, pour commencer l'étude
des Longicornes, nous représentions un Insecte aux antennes
courtes ; si nous l'avons fait, c'est que rien n'est absolu dans
les classifications, et que, si les Cérambycides ont en majorité de longues antennes, il en est qui en portent de relati-

vement courtes ; d'ailleurs, le genre qui nous occupe *(Hypocephalus)* a été l'objet de controverses sans nombre. Après avoir ballotté cet Insecte d'une famille dans une autre, on s'est décidé à le rattacher aux Cérambycides

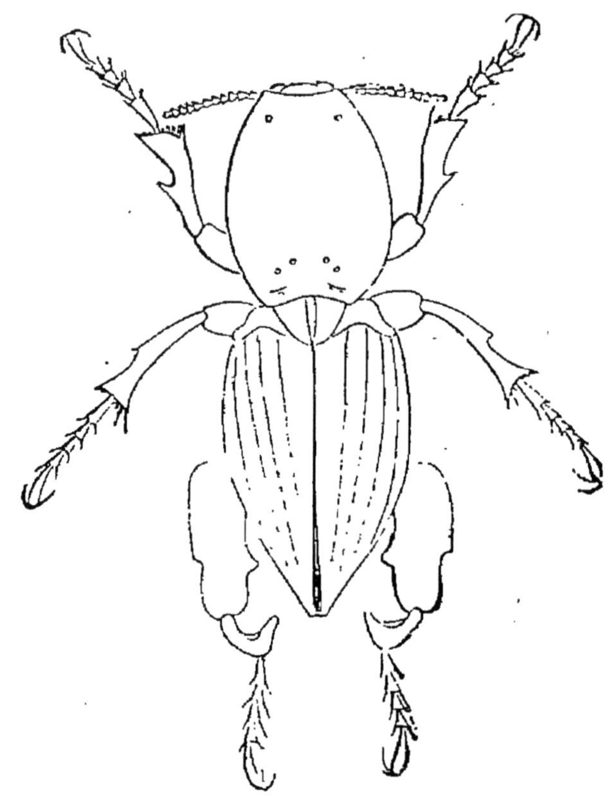

FIG. 70. — L'Hypocéphale armé, *Hypocephalus armatus.*

Hypocephalus armatus (Desmarest) a le Brésil pour patrie (fig. 70) ; il est brun foncé, avec des points enfoncés sur la tête et le corselet. Le premier individu de cette espèce, acheté pour le Muséum de Paris fut, au dire de M. Émile Blanchard, payé trois cent cinq francs.

C'est le soir que les *Prionus* sortent des vieux chênes ; on les voit voler au crépuscule.

Prionus coriarius L. (25 à 35 millimètres), rougeâtre en

dessous est, en dessus. d'un brun noirâtre ; son corselet porte, de chaque côté, trois fortes épines.

Ergates faber L. (30 à 38 millimètres) (fig. 71), présente à peu près les mêmes teintes, plus pâles cependant chez le mâle qui, comme la plupart des Longicornes de ce sexe, a les

Fɪɢ. 71. — *Ergates faber* L.

antennes plus longues que celles de la femelle. Cette dernière porte une seule pointe sur le côté du corselet, tandis que le mâle en est dépourvu. Ces Insectes, dont les larves vivent à l'intérieur des pins, sont communs dans le département des Landes.

Souvent plus grand, toujours plus allongé, *Œgosoma scabricorne* (Scop.) est aussi d'un roux plus clair, ayant une épine à l'angle du corselet. C'est un Coléoptère du Midi que l'on prend sur les ormes, les hêtres, les tilleuls, les peupliers et les noyers.

Spondylis buprestoïdes L. est un Insecte des pins.

Les gros *Cerambyx*, les *Capricornes* tels que *C. heros* F. (30 à 50 millimètres), *C. velutinus* (Brullé) (40 à 50 millimètres) se prennent sur les chênes ; *C. cerdo* L., noir, chagriné et plus petit, est commun sur les pommiers et les poiriers.

Les *Purpuricenus* se font remarquer par les belles teintes rouges veloutées de leurs élytres, la tête, le corselet, les antennes et les pattes restant noirs. On les trouve sur les arbres fruitiers.

Rosalia alpina L. porte une robe de velours gris perle coupée de taches noires également veloutées ; elle vit sur les saules. Cette espèce, propre aux Alpes, aux Pyrénées et aux régions froides, se trouve aussi dans l'ouest de la France.

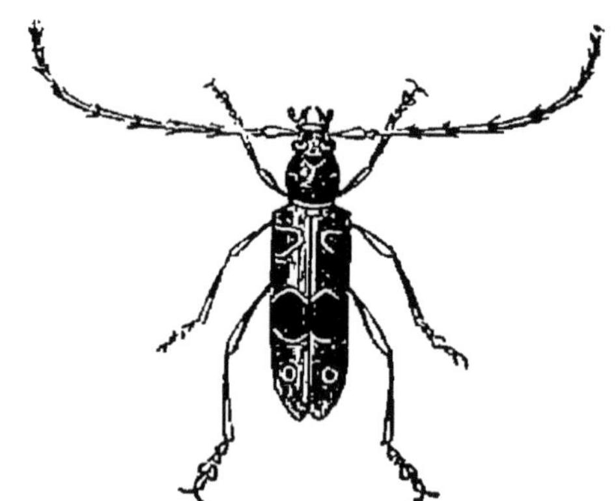

Fig. 72. — La Rosalie des Alpes, *Rosalia alpina* L.

Les saules et les osiers servent de berceau à un beau Capricorne vert brillant qui répand une odeur d'essence de roses ; c'est *Aromia moschata* L. (15 à 25 millimètres).

Les espèces du genre *Callidium*, les différentes sortes de *Clytus, Hylotrupes bajulus* L. se rencontrent fréquemment dans les chantiers ou même dans les maisons, sortant des bûchers, qui ont nourri leurs larves, et qui forment la provision de bois de chauffage de l'habitation.

Parmi ces Insectes si communs, on remarque : *Callidium sanguineum* L., d'un rouge qui rivalise avec celui des *Purpuricenus*, les *Clytus* aux téguments noirs bariolés de jaune clair ou de blanc, quelquefois ornés d'un duvet feutré, jaune olivâtre avec des taches noires.

Les *Necydalis* présentent, parmi les Longicornes, un type tout particulier. Ces Insectes, qui se développent dans les ormes et dans les chênes, peut-être aussi dans les essences à bois tendre, ont les élytres fauves, écourtées, comme celles des Staphylins, les ailes rousses, l'abdomen allongé, la tête et le corselet noirs, ce dernier recouvert d'une pubescence dorée.

Viennent ensuite les *Dorcadions*, que leurs élytres soudées et l'absence d'ailes membraneuses réduisent à l'état de piétons ; aussi la coloration de leur corps, d'un gris uniforme ou rayé de noir, s'harmonise-t-elle avec la poussière des routes sur lesquelles ils s'avancent d'une marche hésitante, cherchant souvent un asile sous les pierres.

Les grosses *Lamies* sont complètement noires. Au contraire, la coloration grise, ornée de dessins plus foncés, reprend dans les *Acanthoderes*, dans les *Astynomus*, dont les mâles ont les antennes démesurément longues, dans les *Leiopus* et les *Mesosa*, que l'on se procure en brisant les branches mortes tombées de la cime des arbres.

Les chardons et autres plantes de la même famille ou des familles voisines nourrissent les larves d'*Agapanthia*, dont les adultes voltigent sur les fleurs. Ce sont des Insectes pubescents dont les antennes sont parfois comme annelées, par suite d'une coloration alternativement claire et foncée.

A. cardui F. (12 millimètres) (fig. 73) a les antennes annelées de blanc et de noir, le corselet bronzé, traversé par trois lignes longitudinales jaunâtres, les élytres olivâtres, duveteuses, bordées de blanc.

FIG. 73. — L'Agapanthie du chardon, *Agapanthia cardui* F.

Les *Saperda*, ennemies des peupliers, des saules et des bouleaux, sont fauves et chagrinées, comme *S. carcharias* L. (22 à 25 millimètres); vertes à points noirs, comme *S. punctata*, L. (12 à 15 millimètres), qui vit sur les ormes ; jaunes, tachées de noir, comme *S. scalaris* L. (15 millimètres) qu'on rencontre sur les bouleaux et les cerisiers.

Rhamnusium salicis F. (15 à 20 millimètres) est tantôt rouge par tout le corps, tantôt à la partie antérieure seulement. Les élytres sont alors d'un beau bleu foncé. On prend cet Insecte sur les ormes, aussi sur les tilleuls, les saules et les peupliers.

Sur les fleurs des arbres fruitiers et sur les aubépines, on capture *Toxotus meridianus* L. (15 à 20 millimètres), entièrement fauve.

Rhagium mordax F. (15 à 20 millimètres) a des taches jaunes, se détachant sur le fond de ses élytres chagrinées. On le prend dans les bois de chênes, mais aussi sur les fleurs des ronces et des aubépines ; plusieurs de ses congénères s'attaquent aux pins et aux sapins.

Les *Pachyta* et les *Strangalia* sont habituellement noires avec les élytres jaunes tachées de noir ; les *Leptura*, qui ont fréquemment les mêmes teintes, sont parfois entièrement noires ou bien ornées de rouge sur les élytres.

Tous ces Insectes se prennent sur les fleurs.

Nous nous sommes attaché, ici, à signaler les espèces françaises les plus connues ou bien celles qui offrent quelque particularité. Notre cadre ne nous permettrait pas d'aborder l'étude des espèces exotiques, dont quelques-unes atteignent de très grandes dimensions et dont la peinture seule saurait reproduire la riche livrée.

Fig. 74. — La Strangalie éperonnée et sa larve,
Strangalia armata Herbst.

CHRYSOMÉLIDES. — L'alimentation des *Chrysomélides* soit à l'état de larve, soit à l'âge adulte, est végétale. Les adultes vivent généralement sur les fleurs et sur les feuilles, dont ils mangent le parenchyme. Quelques-uns ont les cuisses postérieures disposées pour le saut ; ils s'en servent très habilement ; d'autres ont des larves aquatiques et des nymphes renfermées dans des coques attachées sous l'eau aux tiges des plantes. A ce dernier type, se rapportent les genres *Donacia* et *Hœmonia*. Par leur forme allongée, les Donacies rappellent les Longicornes ; elles sont le plus souvent ornées de couleurs métalliques, vertes, bleues, bronzées, cuivreuses. On les trouve sur les roseaux et sur les plantes palustres ; elles s'envolent lorsqu'on veut les saisir, mais leur vol est court.

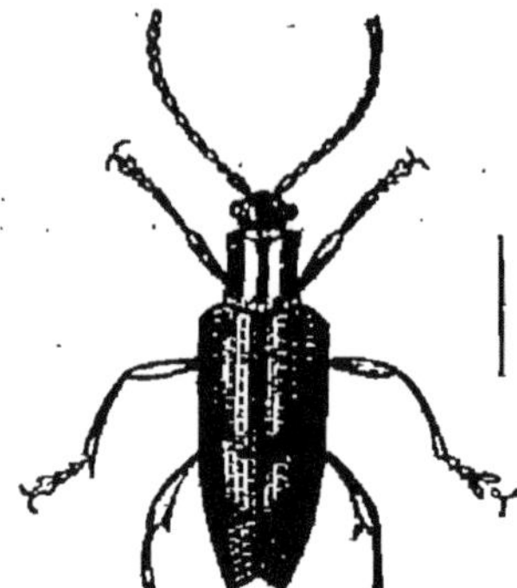

FIG. 75. — Donacie.

Les *Hœmonia* vivent accrochées aux tiges des plantes au-dessous du niveau de l'eau ; les unes sont propres aux eaux douces, les autres recherchent les eaux salées. Une fine pubescence recouvre leur corps aux couleurs ternes. Les coques nymphales sont attachées aux racines des plantes submergées, et on ne se procure guère l'Insecte lui-même qu'en arrachant le végétal qui le porte.

Les *Sagra*, Insectes exotiques aux brillantes couleurs métalliques, sont remarquables par leurs cuisses postérieures dont le renflement, très accusé, pourrait faire supposer qu'ils exécutent des bonds prodigieux ; ces animaux cependant ne sont pas sauteurs.

Le *Criocère du lis* est universellement connu ; les enfants s'amusent de la stridulation, sorte de cri plaintif, de ce petit Coléoptère rouge cocciné, aux pattes noires ; sa larve, comme beaucoup d'autres du même groupe, se fait de ses excréments, une armure protectrice, d'où son nom *Crioceris merdigera* L. (7 à 8 millimètres). Une espèce voisine, d'un rouge plus foncé, avec les pattes de même couleur, vit sur les muguets : c'est *C. brunnea* F.; *C. asparagi* L. se tient sur les asperges montées, qu'il dépouille entièrement de leurs feuilles. Il a le corselet rouge, les élytres bleu foncé bordées de rouge, avec quatre taches jaunes sur chacune d'elles ; la même plante nourrit *C. duodecimpunctata* L., d'un jaune rougeâtre, avec six points noirs sur chaque élytre.

Les *Clythra* pondent sur les branches des buissons. Les œufs y sont retenus par un enduit gluant, souvent même par un pédoncule : cet enduit qui tapisse chaque œuf est fait des excréments de la femelle. Elle étend régulièrement la couche d'ordures avec ses pattes de derrière. C'est dans un tuyau de même substance que vit la larve. Elle traîne partout avec elle son abri tubulaire. Là aussi a lieu la métamorphose. Le tube a été operculé par la larve au moment propice ; il forme ainsi une coque, dont l'adulte fait sauter le couvercle.

Dans le sous-genre *Labidostomis* prennent place les *Clythra* dont le corselet est vert bronzé ou bleuâtre et les élytres jaune très clair, relevé fréquemment d'un point noir à l'épaule.

Les Insectes du sous-genre *Lachnæa* sont plus foncés ; le corselet est d'un noir bleuâtre ou verdâtre ; les élytres sont testacées avec des points noirs. Les mâles de ces deux grou‑ pes ont, parfois, les pattes antérieures très longues.

Les *Clythra* proprement dites ont les élytres luisantes, couleur de terre de Sienne brûlée et maculées de noir ; enfin, les *Gynandrophthalma* ont les élytres noires, d'un bleu métallique ou bien verdâtres ou violacées. On prend ces différents Insectes sur les céréales ou le gazon, sur le noise‑ tier, le bouleau, le saule, le chêne, l'aubépine.

Beaucoup de larves de *Clythra* vivent dans les fourmilières ou dans leur voisinage.

Les *Gribouris* ont, comme *Clythra*, le corps cylindrique, mais plus court ; la tête est rentrée dans un corselet très développé ; les larves vivent aussi dans un fourreau formé de leurs excréments. Le genre *Cryptocephalus*, dans lequel sont rangés ces jolis Insectes, comprend des espèces noires ou bleues, à élytres jaunes ou rouges et tachées de points noirs ; d'autres sont d'un bleu ou d'un vert métalliques, comme C. *violaceus* L., C. *aureolus* (Suff.), C. *globicollis* (Suff.). On prend les Cryptocéphales sur les fleurs du pissenlit, du coquelicot, etc.

C'est ici, dans le genre *Bromius* que vient se loger

l'*Écrivain* ou *Eumolpe de la vigne (Bromius vitis* F.) et son voisin, *B. obscurus* L. à la livrée noire, s'attaquant de préférence au trèfle.

Les *Timarcha* sont des Insectes noirs ou bleus très foncés, marchant lourdement et dont les élytres sont soudées. On les trouve dans les herbes, le long des sentiers, et elles exsudent en abondance, lorsqu'on les saisit, une liqueur rougeâtre.

La légion des *Chrysomèles* brille du plus vif éclat métallique.

Parmi les espèces bronzées, on peut citer *Chrysomela Banksii* F., *C. staphylea* L. ; chez *C. Gœttingensis* L., c'est le violet qui domine, et le bleu foncé chez *C. hœmoptera* L. Des espèces moins brillantes sont d'un noir luisant, fortement ponctué, avec les élytres cerclées de rouge : Exemple, *C. sanguinolenta* L. ; *C. lurida* L. a les élytres testacées, comme les *Lina* du tremble et du peuplier, espèces si communes sur ces deux arbres ; *C. menthastri* (Suff.) est d'un vert émeraude ; *C. fastuosa* L., plus petite, a sur les côtés de forts reflets cuivreux ; *C. cerealis* L. est verte, avec quatre bandes bleues sur les élytres et deux sur le corselet.

Les *Oreina* aux couleurs brillantes, bleues, vertes ou cuivreuses, sont plus allongées. Les *Galéruques*, au contraire, ont les téguments plus mous et les élytres, pour la consistance, se rapprochent de celles des *Malacodermes;* dans un certain nombre d'espèces, l'abdomen des femelles prend un énorme développement qui leur donne un air de ressemblance avec les Méloés : Exemple, *Adimonia brevipennis* (Ill.) (5 à 10 millimètres), noir, dont les courtes élytres sont bordées de jaune, de même que le corselet. D'autres sont d'un jaune olivâtre, avec des bandes rembrunies, telles qu'*Adimonia capreæ* L., *Galeruca cratægi* (Forst.).

Agelastica alni L. est ce bel Insecte bleu, si commun sur les aulnes dont il dévore les feuilles. Son compagnon *A. halensis* L. a le corselet jaune et les élytres vert émeraude.

Les *Altises*, souvent parées de couleurs métalliques, sont
innombrables, et la grande quantité de ces petits animaux
les rend dangereux pour les cultures ; beaucoup sautent et
très bien. Elles s'attaquent à de nombreuses plantes des jardins, ainsi qu'aux crucifères cultivées dans les champs.

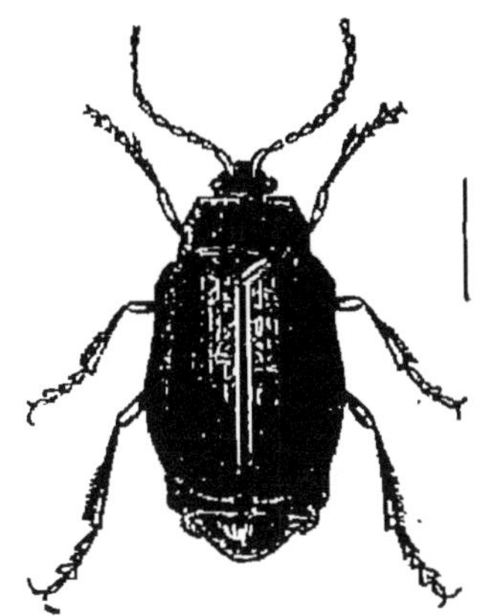

FIG. 76. — *Adimonia rustica.*

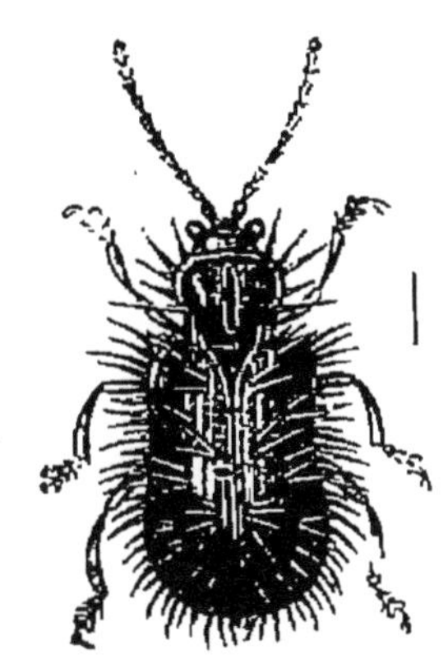

FIG. 77. — L'Hispe noire,
Hispa atra L.

Les *Hispes* ne sauraient être confondus avec aucun autre
Coléoptère, en raison des épines qui recouvrent leur corps ;
ce sont en quelques sorte des hérissons à six pattes.

L'une des espèces, *Hispa atra* L., est entièrement noire ;
l'autre, *H. testacea* L., rousse, avec les épines noires, appartient à la faune méridionale.

Les *Cassides*, avec leur corselet et leurs élytres dépassant les côtés du corps, ressemblent à des tortues minuscules.
Certaines espèces, entre autres *Polychalca variolosa* du
Brésil, sont employées à faire des boucles d'oreilles, des
épingles de cravate, des boutons de manchettes ; leurs formes
sont étranges et leur coloration agréable ; il en est dont le
corps relevé en cône forme comme une montagne escarpée.

Parmi les espèces européennes, plusieurs sont d'un vert
tendre en dessus, noires en dessous, souvent avec des bandes
dorées ou argentées, dont l'éclat disparait après la mort ;

d'autres sont rousses. Elles vivent sur les plantes, dont leurs larves se nourrissent.

Pour donner une idée des *Endomychides*, à peine représentés en Europe, nous figurons *Eumorphus marginatus* (fig. 78), bel insecte de Java, aux élytres dilatées, marquées de quatre taches claires.

FIG. 78. — L'Eumorphe marginé, *Eumorphus marginatus.*

Pour terminer cette rapide étude des Coléoptères, il ne nous reste plus qu'à dire quelques mots des *Bêtes à bon Dieu*.

La plupart des gens les respectent par tradition et sans trop savoir pourquoi; c'est un bien, car les larves de ces Insectes font une guerre acharnée aux Pucerons.

COCCINELLIDES. — L'étude des *Coccinelles* est assez ardue en raison des nombreux types provenant de croisements. Le tableau que fait Mulsant de leur coloration suffirait à faire connaître combien elle est variée, si la nature ne se chargeait de le compléter.

« Tantôt, dit le savant entomologiste, on dirait des gouttes de lait tombées sur un fond de corail; tantôt on croirait des taches de sang semées sur une cuirasse de jais; d'autres fois on penserait voir des points d'encre disposés avec plus ou moins de symétrie sur un manteau écarlate ou orpiment.

Là ces mouchetures sont simples, ici elles sont ocellées; mais quelquefois, chez les divers individus de la même espèce, quand des circonstances favorables ont permis à la matière noire de s'étendre, elles se lient et s'unissent de mille manières différentes. »

Au lieu d'insister sur la forme des *Coccinelles*, il nous semble préférable d'indiquer l'aspect et l'habitat de quelques-unes.

Hippodamia 13-punctata L. (5 millimètres) a le corselet noir, les élytres rouges avec six taches noires sur chacune, plus l'écusson noir, ce qui fait treize; elle vit sur les plantes aquatiques; c'est là aussi qu'on prend *Anisosticta 19-punctata* L. (2 millimètres et demi), jaune à taches noires (fig. 79).

Adalia bipunctata L. et *Coccinella septempunctata* L. comptent au nombre des plus communes. Sur les fleurs de pins, on prend *Anatis ocellata* L. aux élytres fauves, avec huit à neuf

Fig. 79. — La Coccinelle à 19 points, *Anisosticta 19-punctata* L.

points noirs cerclés de jaunâtre, et *Mysia oblongoguttata* L. dont les élytres fauves sont maculées de taches blanches.

Chilocorus renipustulatus (Scriba) et *C. bipustulatus* L. sont noir brillant avec des taches rouges. Ce dernier se trouve sur les genévriers.

Epilachna argus (Geoff.), qui vit sur la bruyère, est fauve et pubescente, avec onze points noirs.

Les *Coccidules*, enfin, vivent sur les plantes aquatiques.

V

ORTHOPTÈRES

Les *Orthoptères*, érigés en ordre par de Geer, en 1773, sont des Insectes à métamorphoses incomplètes ; la larve ne se distingue guère de l'adulte que par sa taille plus petite et par l'atrophie de ses ailes, dont le développement n'a lieu que progressivement, au fur et à mesure de la croissance. A cette différence près, elle a même forme et mêmes mœurs que l'Insecte adulte.

A l'état parfait, les ailes de la première paire, tout en restant souples, ont une certaine consistance. Elles recouvrent les ailes membraneuses qui sont plissées en dessous. Cependant, quelques espèces restent aptères, et d'autres n'ont que des ailes rudimentaires.

La bouche est conformée pour la mastication, les mandibules agissant comme une paire de ciseaux.

Audinet-Serville divise les Orthoptères en *coureurs* et en *sauteurs*.

Orthoptères coureurs

FORFICULIDES. — En indiquant le *Perce-Oreille* comme type de cette famille, nous éviterons toute description oiseuse.

Les antennes, filiformes, sont de 12 à 40 articles. Lorsque les organes du vol ont leur entier développement, ils comportent des élytres, à suture droite, analogues à celles des Staphylins, et, en dessous, des ailes membraneuses, repliées d'abord en éventail dans le sens de la longueur, puis transversalement.

Les pattes sont courtes, disposées pour la marche, les tarses ayant trois articles.

Les anneaux de l'abdomen sont habituellement au nombre de neuf, dont le dernier porte une forte pince, spéciale à cette famille, et généralement plus robuste chez le mâle que chez la femelle. Les espèces qui volent s'aident de cette pince pour déplier leurs ailes au moment de l'essor.

Les Forficulides recherchent les endroits obscurs ; on les trouve sous les débris de toute nature, sous les pierres, sous les écorces, et ils se blotissent souvent à l'intérieur des feuilles, enroulées en cornet par d'autres Insectes.

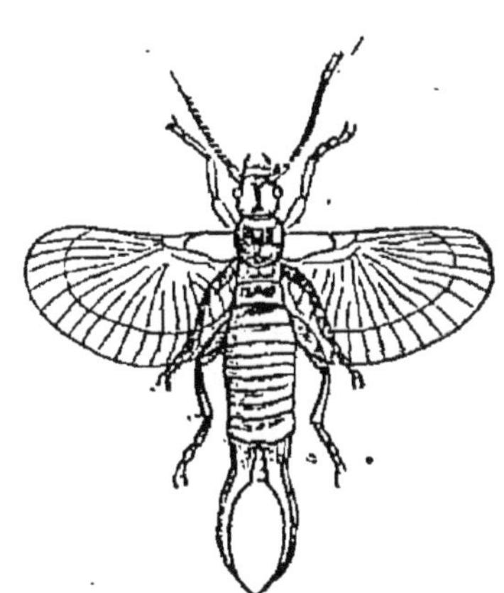

Fig. 80. — Le Perce-Oreille.

Ils ont grand appétit et quoique le fond de leur alimentation soit d'origine végétale, à l'occasion, ils ne dédaignent pas les cadavres. Il faut croire même qu'ils s'attaquent sans répugnance à la chair vive, puisque, en captivité, on les voit s'entre-dévorer.

Leurs œufs, lisses, de couleur blanche, sont déposés dans un lieu humide. Ils sont l'objet d'une vive sollicitude de la part de la femelle qui les surveille jusqu'à l'éclosion. L'éclosion faite, les jeunes larves, blanches et molles, sont, en quelque sorte, couvées par la mère, jusqu'à ce que les téguments qui les couvrent aient acquis leur coloration normale et se soient durcis à l'air.

Labidura gigantea F. est un grand Perce-Oreille qui vit sur les bords de la mer et sur les rives sablonneuses des cours d'eau ; il est propre à l'Europe et se trouve dans le midi de la France.

Est-il nécessaire d'ajouter que la dénomination de *Perce-Oreille* est de pure fantaisie et que, si jamais Forficule s'introduisit dans oreille humaine, ce fut ou par mégarde ou dans l'espoir mal fondé d'y trouver une hospitalité écossaise et un paisible sommeil.

Blattides. — Les *Blattides*, êtres silencieux, nauséabonds, capables, par leur seul contact, d'infecter ce qu'ils touchent, sont des Insectes terrestres, ennemis déclarés de la lumière. Ils vivent dans nos maisons, aussi dans les bois, rôdent de nuit seulement. Le jour, ils se tiennent cachés derrière les boiseries, dans les crevasses des murs, sous les pierres, les feuilles mortes, les mousses ; ils vivent de substances animales mortes, de pain, de farine. Les navires marchands ont empoisonné le monde de cette vermine.

Les six pattes des Blattides, portant cinq articles aux tarses, sont disposées pour la course : ils en usent habilement. Leurs antennes, sétacées, comportent un grand nombre d'articles. Leurs mandibules, garnies de quatre à six dents, sont très fortes.

Le corselet, aplati, semble un bouclier. Il couvre parfois en entier la tête inclinée de ces vilaines bêtes et souvent déborde latéralement leur corps. Dans les ailes de la première paire, celle de gauche recouvre, au repos, une partie de celle de droite ; les ailes de la seconde paire sont plissées en éventail.

L'abdomen, déprimé, est élargi vers le milieu et souvent assez volumineux.

Les Blattides de nos maisons pondent toute l'année ; chez les espèces des bois la reproduction a lieu en juin, en juillet et à l'automne.

Les œufs sont symétriquement rangés dans une enveloppe parcheminée appelée *oothèque*[1] et, chose curieuse, cette enveloppe est sécrétée dans le corps de la femelle. Blanche et molle d'abord, elle se consolide et devient d'un brun foncé, en sortant de l'abdomen de la mère.

Blatta germanica (11 à 13 millimètres) est fauve. La femelle est plus pâle que le mâle. Le corselet porte deux raies noires parallèles. On trouve cet Insecte cosmopolite dans les bois, sous les feuilles mortes, et dans les maisons qu'il envahit et où sa voracité le rend redoutable.

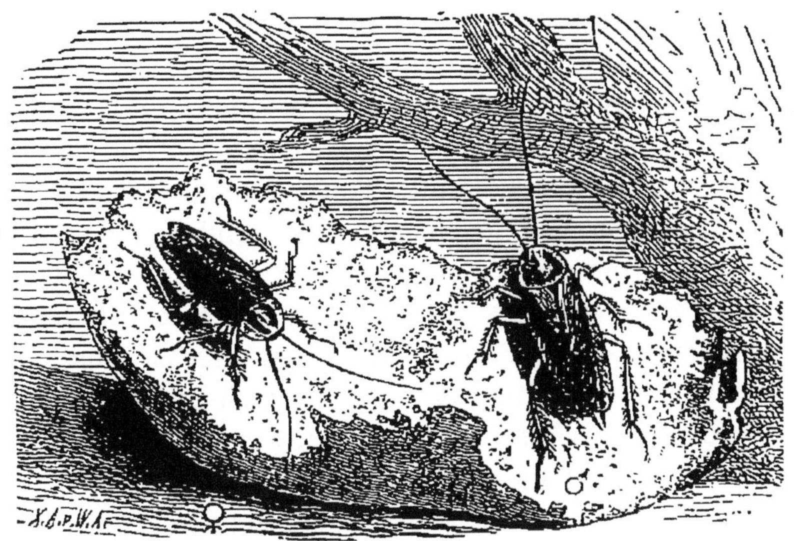

Fig. 81. — La Blatte germanique, *Blatta germanica*.

B. laponica, espèce voisine de la précédente (7 à 8 millimètres), a les élytres jaunes, ponctuées de noir, et les rebords du corselet transparents. On la rencontre en France dans les maisons et dans les bois. Elle pullule en Laponie, où elle dévore les provisions de poisson salé.

En dehors de la Blatte géante des Indes *(Blatta gigantea)* (5 à 6 centimètres), il reste à signaler le *Cafard (Periplaneta orientalis);* c'est la Blatte des cuisines ; il les infeste,

[1] Boîte à œufs : du grec ᾽Ωόν : œuf, et Θήκη : boîte, fourreau.

ainsi que les boulangeries et les brasseries, où il vit de toutes les provisions de bouche, qu'il gâte par sa puante odeur. Il se tient chez nous exclusivement dans les habitations, courant la nuit, caché le jour derrière les boiseries vermoulues et dans les lézardes ; il n'est pas rare d'en rencontrer dans les parapluies pliés et à l'intérieur des vêtements suspendus à des porte-manteaux.

MANTIDES. — Les *Mantides* sont des Insectes carnassiers de grande taille. Ils habitent les pays chauds et la zone tempérée. La nature les a doués de formes singulières et d'un vêtement si bien en harmonie avec le milieu dans lequel ils vivent qu'ils y demeurent presque invisibles. Véritables bêtes de proie, ils s'embusquent et guettent, pendant de longues heures, les Mouches et les Sauterelles, avec la patience du braconnier à l'affût. Tout ce qui est pris est mis à mort et dévoré sur le champ. La mobilité de leur tête, pourvue de trois ocelles et d'antennes sétacées, quelquefois pectinées chez les mâles, seconde singulièrement les instincts investigateurs de ces animaux de rapine. La puissance de leurs mâchoires à cinq dents et surtout leurs *pattes ravisseuses* font de ces Insectes féroces de redoutables ennemis. Il faut croire que si l'amour conjugal leur est connu, il n'est pas chez eux de longue durée, puisque, l'accouplement consommé, la femelle ne fait parfois, qu'une bouchée, de son époux. La captivité, d'autre part, aigrit le caractère des deux sexes au point qu'ils se mangent communément entre eux.

Mantis religiosa L. (40 à 54 millimètres) (fig. 82) habite le midi de l'Europe et remonte jusqu'à Fontainebleau. Elle est généralement verte, comme les feuilles des vignes et les brins de gazon qu'elle fréquente, d'autres fois sa coloration tourne au jaune testacé. Les ailes de la première paire recouvrent l'abdomen, celles de la seconde sont hyalines. Les cuisses antérieures ont en dedans une tache noire entourée de blanc.

La position singulière que prend l'Insecte à l'affût lui a valu le nom de *Prie-Dieu*. Immobile, les pattes étendues, il attend que quelque Mouche viennent bourdonner à sa portée. Puis, le moment venu, d'un mouvement rapide de ses pattes ravisseuses, il saisit la bestiole, l'y emprisonne et la dévore aussitôt. Cela fait, la Mante nettoie avec sa bouche et ses antennes les souillures de ses pattes et reprend sa position d'attente.

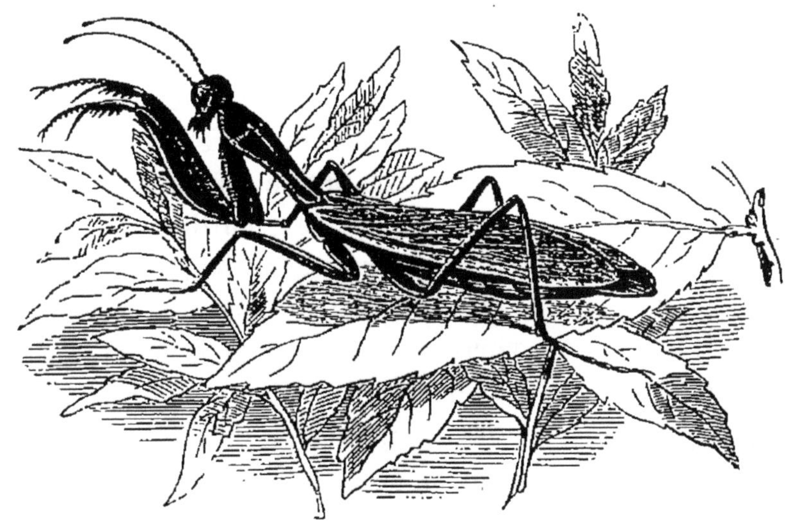

FIG. 82. — La Mante religieuse, *Mantis religiosa* L.

D'autres Mantides, à la tête épaisse, au large abdomen, aux ailes presque opaques et atrophiées, diffèrent complétement du type précédent. Il en est aussi, parmi les espèces exotiques, appartenant à des genres voisins, qui se font remarquer par l'extraordinaire bizarrerie de leurs formes et par la richesse de leur livrée. Ainsi, les *Metalleutica* de Java et du Malabar sont, comme leur nom l'indique, ornées de brillantes couleurs.

PHASMIDES. — Les *Phasmides* sont des Insectes timides, à allures lentes. Presque tous habitent les pays chauds et s'y nourrissent des feuilles ou des bourgeons des arbres. Plusieurs espèces sont aptères. Celles-là surtout, n'était que

leurs formes et leurs couleurs les font se confondre, mieux encore que les Mantides, avec le feuillage et les branches,
se trouveraient livrées sans défense aux coups de leurs ennemis.

Parmi ces Insectes, les uns, au corps très allongé, de couleur verte ou brune, ressemblent, comme le *Spectre de Rossi (Bacillus Rossii)* (fig. 83) à la tige de la plante sur laquelle ils reposent. On rencontre ce curieux Insecte, long de 48 à 65 millimètres, en Italie et dans le midi de la France.

D'autres ont le corps aplati et ressemblent à des feuilles, telle est la *Phyllie feuille sèche (Phyllium siccifolium)* (fig. 84) qui, vivante, est verte, et jaune après la mort. L'aspect général de l'animal, ses ailes aux fortes nervures, ses jambes foliacées justifient la désignation scientifique qui lui est appliquée. Il est originaire des îles Seychelles.

Orthoptères sauteurs.

GRYLLIDES. — Les *Gryllides* sont des Insectes terrestres volant peu et dont certains même sont aptères. Timides et frileux, ils habitent dans les trous naturels du sol ou dans les terriers qu'ils s'y sont creusés. On en

FIG. 83. — Le Spectre de Rossi, *Bacillus Rossii.*

rencontre aussi sous les feuilles mortes, sous les pierres, sous les mousses et dans les maisons. Où qu'ils vivent, ils semblent s'accommoder de tous les régimes et se contentent indifféremment

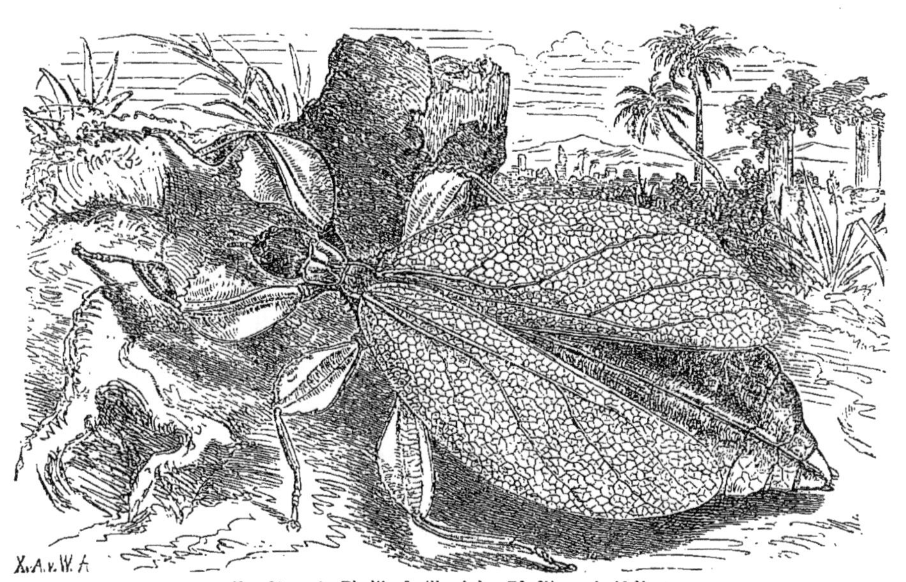

Fig. 84. — La Phyllie feuille sèche, *Phyllium siccifolium*.

d'une nourriture animale ou végétale. Les mâles de presque toutes les espèces de ce groupe font entendre une stridulation aiguë, au moyen de laquelle ils appellent les femelles. Ces Insectes ont d'ailleurs des antennes sétacées, des mandibules robustes, un abdomen volumineux, terminé par deux appendices velus et flexibles. Les sujets de plusieurs espèces, tout en conservant des membres postérieurs disposés pour la marche, ont les pattes de devant renforcées et éminemment propres à fouir la terre.

Il est inutile de figurer ici le *Grillon domestique (Gryllus domesticus)*. Il est l'hôte de nos chaumières, il en égaie le foyer et, quoiqu'il prenne soin de se dissimuler dans le coin le plus obscur de l'âtre pour faire entendre, chaque soir, sa stridulation rythmée, tout le monde le connaît. Le *Cricri* est l'ami de la famille; on lui pardonne volontiers les quelques dégâts qu'il commet en prélevant sa dîme sur le pain et la farine de la maison. Il est d'ailleurs si modeste, qu'il est aisé de le faire taire lorsqu'il devient importun; au moindre bruit, il interrompt sa chanson, et, dès qu'apparaît une lumière, il rentre dans son trou.

Fig. 85. — Le Grillon des champs, *Gryllus campestris*.

Gryllus campestris. — Le *Grillon des champs* est très commun; il habite seul le terrier qu'il s'est creusé et qu'il défend jusqu'à la mort contre tout envahisseur. C'est de là que le mâle appelle sa femelle; c'est là qu'il se retire au

moindre bruit. Le Grillon des champs a une grosse tête
garnie d'antennes noires de la longueur du corps, qui lui-
même est d'un noir luisant. On le trouve un peu partout dans
les champs ensoleillés. Il est omnivore et, si quelques brins
d'herbes forment le fond de son alimentation, il ne dédaigne
pas, à l'occasion, un repas plus substantiel, dût un de ses
congénères en faire les frais.

Les *Tridactyles* sont de petits Orthoptères de 4 à 6 millimètres, au corps d'un noir bronzé luisant, blanchâtre en
dessous, supporté par des pattes mouchetées de blanc. Leurs
colonies nombreuses sillonnent de leurs galeries le sable des
rives des fleuves et le bord des lacs.

On trouve *T. variegatus* dans le département des Landes
et dans le midi de la France, jusqu'à Lyon. Les Bergeron-
nettes en font une grande consommation.

Nous glisserons rapidement sur la *Courtilière (Gryllo-
talpa vulgaris);* nous en relatons tous les méfaits dans
un autre volume[1]. Quoique la vie de ce redoutable fouisseur
se passe presque exclusivement sous la terre, les jardiniers
apprennent vite à le reconnaître à son pelage couleur de
rouille à ses fortes pattes antérieures qui acquièrent des dimensions considérables, à son corselet développé comme un
vaste manteau, enfin à son abdomen gros et mou.

Les *Myrmécophiles* vivent, comme les *Claviger*, au milieu
des Fourmis: ce sont de très petits Gryllides de 2, 3 ou
5 millimètres, comme le type du genre, *M. acervorum*
Panzer, Insecte rare, dont le corps d'un roux châtain est
pubescent.

LOCUSTIDES. — La famille des *Locustides* comprend les
Sauterelles et, en particulier, la grande Sauterelle verte
que, dans bien des pays, on appelle à tort Cigale, à l'imitation
du bon Lafontaine. Les Locustides ont les antennes sétacées,

[1] Voyez, *Les Insectes nuisibles* (Bibliothèque des connaissances
utiles).

généralement plus longues que le corps, la tête forte et verticale, les cuisses postérieures renflées, quatre articles à tous les tarses, les organes du vol tantôt bien développés, tantôt rudimentaires. L'abdomen, de neuf segments, se termine chez les femelles par une tarière, en forme de lame de sabre, qui leur sert à enfouir leurs œufs dans le sol.

La patte n'entre pas en jeu, comme chez les Gryllides, pour produire la stridulation qui résulte ici d'un frottement rapide des ailes l'une contre l'autre. Un appareil auditif spécial formé par une membrane tendue comme un tympan est localisé dans la jambe antérieure.

Les Locustides vivent sur les plantes et dans les buissons. Leur nourriture cependant n'est point exclusivement végétale : ils mangent parfois d'autres Insectes. On les voit fréquemment nettoyer leurs pattes et leurs antennes avec la salive de leur bouche.

Leur vol est court et leurs ailes leur servent surtout de parachutes.

Les femelles déposent, un à un, leurs œufs dans les terrains meubles où elles introduisent, à cet effet, leurs longues tarières abdominales.

Les *Ephippigères*, dont les espèces sont propres à l'Europe et au nord de l'Afrique offrent un caractère particulier qui les distingue du reste des Orthoptères : la femelle stridule comme le mâle, moins fortement cependant.

E. vitium (18 à 24 millimètres) (fig. 86) est d'un beau vert, qui devient roux après la mort ; il en existe une variété violacée. Deux petits tubercules s'élèvent entre les antennes, le supérieur étant sillonné au milieu. Les élytres courtes et rugueuses sont jaunâtres, les ailes oblitérées, les pattes grêles garnies d'épines.

Cet Insecte qu'on trouve, aux environs de Paris, sur les coteaux garnis de bruyère, est plus commun dans le midi de la France où il fréquente les vignobles.

Fig. 86. — L'Ephippigère des vignes, *Ephippigera vitium.*

A côté, vient se ranger un Orthoptère étrange, dont les mœurs sont absolument opposées à celles de ses congénères.

Tandis que les Insectes du même groupe recherchent la chaleur, le *Dolichopode à longs palpes (Dolichopoda palpata)* vit dans les cavernes ; il a été signalé par Linder dans les Pyrénées et retrouvé, depuis, dans l'Aube par Simon.

La figure 87 représente cet Insecte cavernicole aux téguments décolorés. Ses antennes, six ou sept fois plus longues que le corps, ses pattes grêles et démesurément grandes lui donnent une physionomie particulière.

Meconema varium (8 à 12 millimètres) vit sur les arbres et plus particulièrement sur les chênes ; c'est un des plus jolis Locustides de nos contrées. Il est d'un vert pâle avec le corselet teinté de jaune suivant une bande longitudinale.

Les *Phylloptères*, comme les *Phyllium*, ressemblent à des feuilles, mais la similitude est, pour ainsi dire, différente. Ainsi, le *Phyllium siccifolium* donne l'image d'une feuille marchant à plat ; le *Phylloptera myrtifolia* F. de Java figure, au contraire, une feuille reposant sur un de ses bords.

Les *Ptérochrozes* se font remarquer par la riche coloration de leurs ailes agrémentées d'ocelles et de dessins comme les ailes de certains Papillons. Habitants des terres chaudes de l'Amérique, leur conformation rappelle différents types de végétaux qui croissent dans ces pays.

La *Sauterelle verte (Locusta viridissima* L.) (27 à 32 millimètres) est le type du genre *Locusta*. Elle est très commune dans les champs et sur les buissons d'où elle fait entendre une stridulation aiguë. Sa coloration présente une tonalité générale vert tendre tournant au jaune, sur certaines parties du corps.

Decticus verrucivorus L. est aussi un grand Locustide de 28 à 30 millimètres, aux antennes brunes, aux élytres vertes souvent maculées de brun, comportant plusieurs variétés dont on retrouve tous les types intermédiaires.

FIG. 87. — Le Dolichopode à longs palpes, *Dolichopoda palpata*.

« Les paysans suédois, dit Maurice Girard, saisissent exprès cet Insecte et lui font mordre les verrues qu'ils ont souvent sur les mains, pensant que la liqueur âcre et brune que ce Dectique répand en même temps dans la plaie fait sécher et même disparaître les verrues. »

ACRIDIDES. — Les *Acridides* ont des antennes de vingt à vingt-quatre articles ne dépassant pas la première moitié du corps, les tarses ordinairement de trois articles. Les pattes postérieures, disposées pour le saut, ont les cuisses garnies de dents bien visibles avec un faible grossissement, la tête est verticale.

Les ailes de la première paire, celles qui remplacent les élytres, sont plus coriaces que les ailes de la seconde paire, bien qu'elles aient la même apparence réticulée.

Les frottements rapides des cuisses postérieures dentelées contre les nervures saillantes des élytres produisent une stridulation dont le timbre, ainsi que la hauteur, varient avec les espèces. Le procédé des Acridiens est, en cette circonstance, à peu près celui du musicien grattant, avec une plume, les cordes d'une mandoline.

Les Acridides sont généralement diurnes, leur nourriture est essentiellement herbacée.

Les *Truxales* sont très curieux par la forme de leur tête qui s'élève comme une longue corne triangulaire supportant des antennes trièdes. *Truxalis nasuta* L. (fig. 88) représente le genre dans la France méridionale. C'est un Insecte verdâtre long de 40 millimètres ♂, et de 65 ♀, avec des lignes roses sur les côtés de la tête et du corselet ; la coloration, d'ailleurs, varie suivant les individus.

Les *Chrysochraon* ont de belles teintes dorées comme *C. dispar* Heyer, que l'on trouve aux environs de Paris, de juillet en septembre. Le genre *Stenobothrus* de Fischer contient les petits Orthoptères sauteurs de nos prairies, qui font entendre en volant un fort bruissement, et dont les nombreuses espèces sont réparties en plusieurs sous-genres. Nous citerons particulièrement *S. declivus* Bris. de Barn., dont la variété, au corps d'un rose pourpré, se trouve aux environs de Paris ; *S. pratorum* Fieber, commun dans les prés, de juillet à novembre, Insecte gris, vert ou brun, comprenant plusieurs variétés. *S. lineatus* Panzer (13 à 18 millimètres) est vert ; ses élytres fuligineuses ont une tache blanchâtre oblique près de la base, ses pattes sont rouges ; on le rencontre près de Paris.

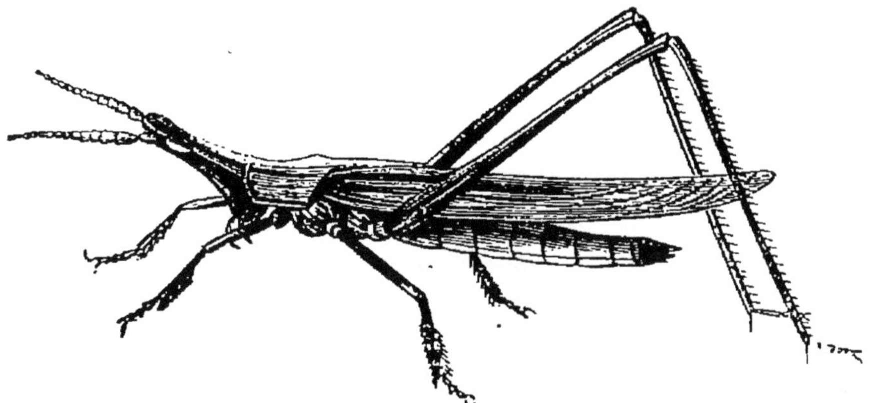

Fig. 88. — La Truxale à long nez, *Truxalis nasuta* L.

S. stigmaticus Rambur, plus petit que le précédent, est commun à Fontainebleau en juillet et août. On l'y trouve en compagnie d'*Epacromia thalassina* F., espèce verte ou testacée, appartenant à un genre voisin.

Les *Œdipodes* sont de petits criquets aux ailes ornées de couleurs vives. Geoffroy désignait l'*Œdipoda cœrules-cens* L. sous le nom de *Criquet à ailes bleues et noires* et pour le même auteur, *Œ. miniata* Pallas était le *Criquet à ailes rouges* dont les variétés se rencontrent près de Paris. Par contre le *Criquet à ailes bleues* (*Œ. cœrulans* L.) est assez rare aux environs de Paris ; il semble affectionner les lieux secs et sablonneux.

Le genre *Pachytylus* (Fieber) renferme les espèces dont

les migrations désolent l'Europe. Au premier rang il faut placer *P. migratorius* L., vert ou gris, avec les ailes dépassant notablement l'abdomen, celles de la première paire tachées de brun. La taille de la variété la plus grande est de 54 millimètres pour la femelle, le mâle restant plus petit. La femelle enfonce en terre son abdomen pour pondre une cinquantaine d'œufs allongés.

Cette espèce se montre en grandes masses dans les régions orientales de l'Europe.

P. stridulus L. est plus petit, d'un brun ferrugineux, avec les ailes de la seconde paire d'un rouge foncé. Il habite le midi de la France.

Caloptenus italicus L. cause quelquefois de sérieux dégâts en dévorant les luzernes; c'est un Insecte trapu, dont le mâle est beaucoup plus petit que la femelle. La coloration générale est jaunâtre, assombrie par des taches brunes mal définies. Il vit en troupe, mais n'apparaît qu'isolément aux environs de Paris (♀ 30 millimètres, ♂ 12 à 16 millimètres).

Acridium peregrinum Ol. (65 à 70 millimètres), jaune avec des lignes et des points ferrugineux, est le fléau de l'Algérie dont il ravage les champs, en s'abattant sur les récoltes par légions innombrables.

Deux espèces de *Tetrix* sont communes en France, *T. subulata* et *T. bipunctata*, petits Criquets qui habitent le bord des bois et les jardins; on les trouve aussi sur les routes, en septembre et octobre, dans les endroits exposés au soleil. La taille de *T. subulata* que nous figurons (fig. 89) se réduit à 11 millimètres et est encore plus petite dans la seconde espèce. Le corselet prend un grand développement et se prolonge en une longue pointe qui dépasse l'extrémité de l'abdomen; c'est là le caractère saillant du genre. Pour cette raison sans doute, Geoffroy désignait ces deux Insectes par les noms de *Criquet à corselet allongé* et *Criquet à capuchon*. La coloration très variable est brune, grise ou tes-

tacée chez *Subulata*, plus foncée et, quelquefois, d'un brun
noir chez *Bipunctata ;* les antennes sont de quatorze articles
dans la première espèce, de douze dans la seconde ; toutes

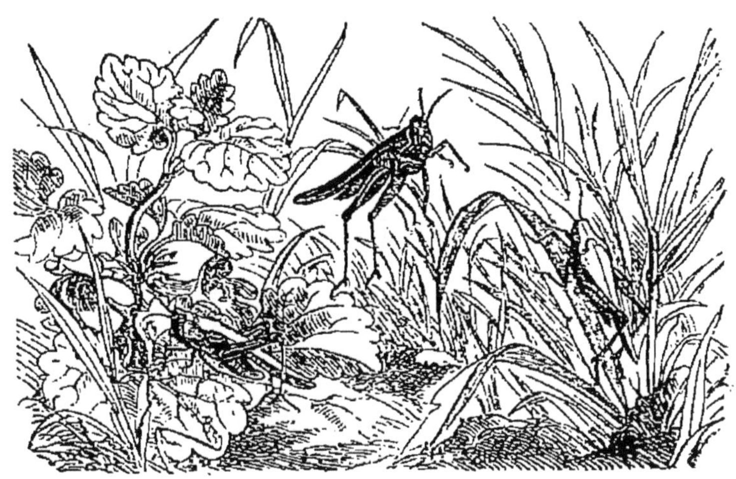

Fig. 89. — Le Tétrix épineux, *Tetrix subulata.*

deux ont les pattes annelées de brun, mais chez *Subulata*
ce caractère se réduit aux membres des deux premières
paires.

VI

NÉVROPTÈRES

Description. — Mœurs. — Habitat.

A l'ordre des Orthoptères se lie, par les *Pseudo-Névroptères*, l'ordre des Névroptères. Il comprend des espèces à métamorphoses complètes, d'autres espèces à métamorphoses incomplètes, des Insectes terrestres, du commencement à la fin de leur existence, d'autres qui ne le deviennent qu'après avoir été aquatiques pendant les périodes initiales. Chez les Névroptères, les organes buccaux, sauf atrophie, sont disposés pour la mastication, et les deux paires d'ailes membraneuses sont semblables.

Pseudo-Névroptères

TERMITIDÉS. — Fort heureusement pour nous, les *Termites* habitent de préférence les pays chauds. Nous ne sommes pourtant pas complètement à l'abri de leurs atteintes, car deux espèces ont élu domicile dans nos habitations et dans nos chantiers de construction. Au contraire de leurs congénères exotiques, qui élèvent de hautes constructions au-dessus du sol, nos espèces indigènes creusent des mines à l'intérieur des boiseries et cheminent à l'abri, jusqu'à ce qu'un effondrement vienne révéler leur présence.

Dans les sociétés de Termites, il existe des individus sexués et des *neutres*, femelles avortées, dont les attributions, comme les formes, sont bien définies. Parmi les neutres, on trouve l'élément civil et l'élément militaire, des ouvriers et des soldats; les ouvriers sont chargés de tous les détails de l'exploitation, construction, entretien des édifices, balayage des rues, récolte et emmagasinage des approvisionnements; ils font le marché, soignent les enfants et sont, à la fois, domestiques et artisans.

Le rôle des soldats est de repousser l'invasion et d'exterminer l'ennemi du dehors. Ils y sont toujours prêts, et la sécurité de la gent termitière est bien assurée par les puissantes mandibules de cette armée de risque-tout.

Ainsi servie et gardée, la femelle féconde, la reine, n'a guère qu'à pourvoir au repeuplement de la colonie. Elle s'y applique de son mieux avec l'assistance du prince qu'elle s'est choisi pour époux. Les générations se succèdent et ne tardent pas à se trouver à l'étroit. Lorsque l'insuffisance du nid est avérée et que la gêne y est par trop grande, les mâles et les femelles adultes, à l'imitation des Fourmis, s'élancent dans les airs, pour s'accoupler, en un essaim serré, bientôt décimé par mille ennemis. Les rares survivants vont par couples former de nouvelles associations.

Les Termitides ont la tête libre, le corps déprimé, quatre ailes membraneuses égales et caduques, quatre articles à tous les tarses. On en distingue plusieurs genres, parmi lesquels le genre *Calotermes*. Les Insectes qui y appartiennent ne sont pas encore connus sous leurs différentes formes. La seule espèce européenne, *C. flavicollis* F., vit en Provence, surtout au pied des oliviers, sans d'ailleurs occasionner de dégâts sérieux. Les grands architectes du groupe sont les Insectes du genre *Termes* dans lequel les ouvriers et les soldats sont dépourvus d'yeux (fig. 90). *Termes bellicosus* (Smeathman) édifie des nids sur toute la côte australe de l'Afrique, comprise entre l'Abyssinie et le Sénégal. Ces nids ont la forme de vastes cônes, élevés de 3 mètres et plus, construits d'un mortier fait d'argile agglutinée avec la salive de l'artisan. Ces constructions, sur le sommet desquelles crois-

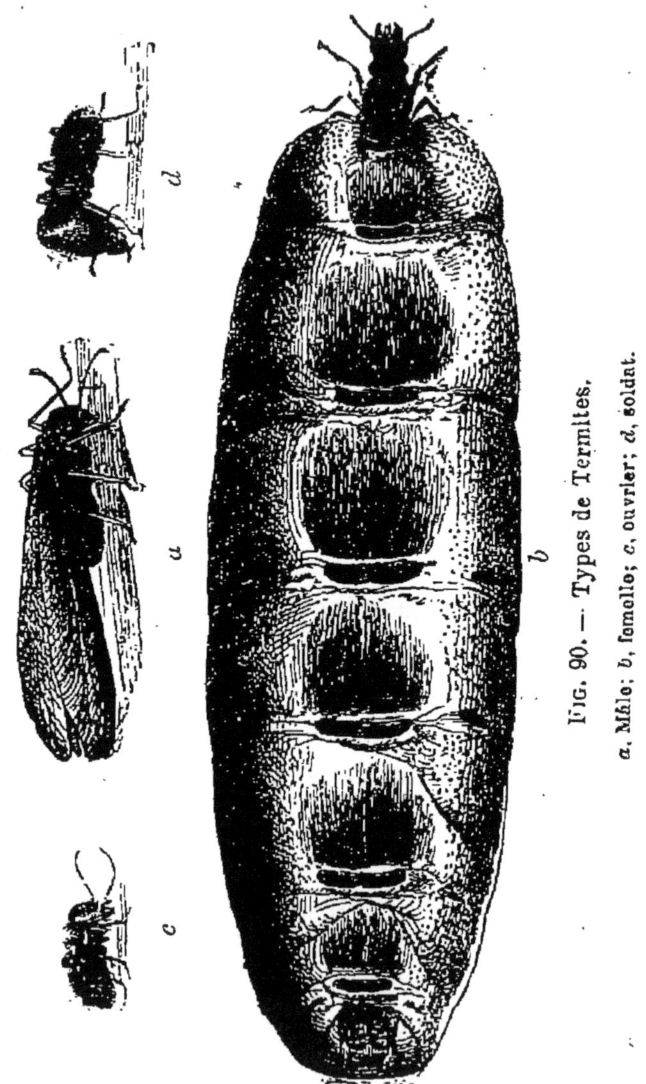

Fig. 90. — Types de Termites.

a, Mâle; b, femelle; c, ouvrier; d, soldat.

sent quelquefois des plantes sauvages, acquièrent une telle dureté qu'elles peuvent, sans s'ébouler, soutenir le poids des grands Ruminants, qui s'en servent comme d'observatoires et s'y tiennent en vedette. A l'intérieur, distribué avec le plus grand art, est ménagée la chambre royale. Le couple régnant y vit emprisonné. Seuls, les soins assidus d'une multitude de serviteurs zélés, viennent rompre la monotonie de cette perpétuelle captivité. La reine mange, ou plutôt on lui donne à manger, et elle pond. Le roi féconde et mange. A cela se bornent les occupations de ces souverains.

Dès que la femelle fécondée est entrée dans la termitière, en compagnie de celui qui doit partager sa destinée, elle est conduite au centre de l'édifice. Là, sans perdre de temps, les ouvriers claquemurent prince et princesse entre les parois d'une solide maisonnette. Des ouvertures permettent aux ouvriers d'entrer ou de sortir librement, mais les architectes les ont faites assez étroites pour que ni le roi ni la reine n'y puissent trouver passage. Peu à peu, l'abdomen de la reine se distend sous la poussée des œufs; il atteint jusqu'à 15 centimètres de longueur sur 2 ou 3 de largeur et, elle-même arrive à peser autant que 30.000 ouvriers. Pendant la ponte, cet immense abdomen laisse échapper un œuf par seconde, soit, en chiffres ronds, 80.000 en 24 heures. Les ouvriers assurent le service d'ordre pendant les couches; ils accourent en foule, et, sans jamais créer d'encombrement, ils enlèvent les œufs et, les transportent dans les chambres, d'éclosion soigneusement aménagées.

Les magasins renferment d'immenses approvisionnements. Ce sont des débris de bois, au milieu desquels sont réparties de nombreuses parcelles de gommes et d'autres matières sucrées d'origine végétale, qui forment une sorte d'assaisonnement aromatique aux fibres ligneuses trop coriaces.

Le seul *Termes* d'Europe est *T. lucifugus* Rossi qui a envahi le sud-ouest de la France. Dans le Midi, il a restreint son habitat aux plantations de pins; dans l'Ouest au contraire, il a envahi les villes des départements de la Charente et de la Charente-Inférieure. Cet Insecte n'élève plus, comme son congénère *Bellicosus*, de hautes constructions; il

se fore des galeries souterraines, ramifiées à travers les murs,
à l'intérieur de toutes les boiseries et de tous les meubles
qu'il trouve à sa portée. Jamais ces Termites ne cheminent
au grand jour. Pour se rendre d'un point à un autre, ils se
maçonnent des conduits voûtés à l'aide des débris de bois
qu'ils lutent de leurs excréments et de leur salive. Les boiseries qu'ils ont attaquées ne trahissent pas la présence de
l'ennemi, et, chose encore plus curieuse, lorsqu'il y existe
quelque fissure, l'Insecte la bouche si bien, avec un mastic
fait de salive et de poussière ligneuse, que ces bois, minés en
dedans, offrent, à l'extérieur, l'apparence de boiseries remises
à neuf par d'invisibles ouvriers. Cependant, les fibres sont
coupées intérieurement, et telle poutre, qui semble en parfait
état de conservation, n'est plus qu'une fragile carcasse prête
à se rompre sous le moindre effort.

Voici quelques exemples des dégâts que peuvent com-
mettre ces dangereux Insectes. Vers le milieu de ce siècle,
l'hôtel de la préfecture, à la Rochelle, a été totalement détruit par les Termites lucifuges; le linge et les papiers n'y
furent point épargnés. A Rochefort, le plancher d'une salle
à manger, miné par eux, s'est effondré, entraînant toute une
famille assise autour de la table. On pourrait raconter bien
d'autres faits de ce genre. C'est toujours, comme nous
l'avons dit, par des galeries couvertes que les Termites s'introduisent dans l'intérieur des meubles. Veulent-ils pénétrer dans un buffet, dans une armoire, un tunnel est creusé
dans les planches du parquet jusqu'au-dessous du pied du
meuble convoité. Là, nouveau forage, pénétration nouvelle,
jusqu'à ce que, tout l'intérieur étant dévoré, le meuble tombe
en poussière. Cet instinct qui pousse ces Insectes à cheminer
à couvert pour atteindre l'objet qu'ils veulent détruire, a
donné lieu à des observations des plus intéressantes. On a vu
des Termites dévorer toute la partie farineuse de marrons,
placés sur une étagère, et n'en laisser que la coque, sans qu'il

apparût la moindre trace de dégât. Au-dessous de chacun de ces marrons avait été percé, dans la tablette du meuble, un petit trou qui permettait aux Insectes d'arriver jusqu'au fruit à travers la planche qu'ils avaient minée.

Le Termite lucifuge (10 à 12 millimètres) a le corps déprimé et velu; sa coloration est d'un brun foncé, ses ailes sont enfumées. L'abdomen de la femelle, distendu par les œufs, peut atteindre en longueur 32 millimètres. Les ouvriers sont blancs avec la tête plus foncée; les soldats, à peu près de même taille que les ouvriers (c'est-à-dire longs de 5 à 6 millimètres), ont une coloration semblable, mais leur tête, inclinée vers le sol, présente une tonalité plus sombre aux environs de la bouche.

Jusqu'ici tous les moyens sont restés impuissants à détruire ces terribles ravageurs. La substitution du fer au bois dans les constructions semble être le seul remède efficace.

Quelques espèces de Termites construisent leurs nids sur les arbres, soit dans l'enfourchure des branches, soit autour de l'une d'elles; d'autres édifient des tourelles cylindriques, élevées d'un mètre seulement au-dessus du sol, et recouvertes d'un vaste parasol qui fait ressembler ces constructions originales à de gros champignons. La réunion de ces nids, au nombre du cinq ou six au pied des arbres, forme de petits hameaux dont chaque habitation est divisée en une infinité de cellules.

De même que les nids de Fourmis, les termitières ont leurs commensaux; c'est ainsi qu'un Staphylin remarquable *(Corotoca melantho)* vit au milieu de ces colonies; on ne sait pas trop encore quel rôle il y joue, et il reste beaucoup à découvrir pour déterminer, d'une façon précise, les relations qui existent entre des animaux aussi dissemblables.

PSOCIDES. — Les *Psoques* sont de très petits Insectes. Beaucoup d'espèces n'ont que 1 millimètre de longueur. Les unes habitent nos maisons et se retirent à travers les vieux

papiers, dans les collections d'Insectes mal tenues ; d'autres
vivent en colonies peu nombreuses sur les troncs des sapins,
des mélèzes et d'autres conifères.

PERLIDES. — Pendant leur premier état, les *Perlides*
vivent sous l'eau, principalement dans les rivières et les
ruisseaux à courant rapide. Les larves et les nymphes ressemblent aux adultes ; elles sont carnassières, s'attaquent par
ruse, pour s'en nourrir, aux larves des autres Névroptères,
à leurs propres larves même. Arrivées à la période critique,
les nymphes sortent de l'eau ; sur la tige d'une plante, sur le
tronc d'un arbre ou sur une pierre voisine du rivage, l'adulte
se dépouille. A l'air les téguments se consolident, les ailes se
sèchent et bientôt, mâles et femelles s'envolent pour s'accoupler. Pendant les quelques jours que dure cette existence,
ils ne prennent aucune nourriture.

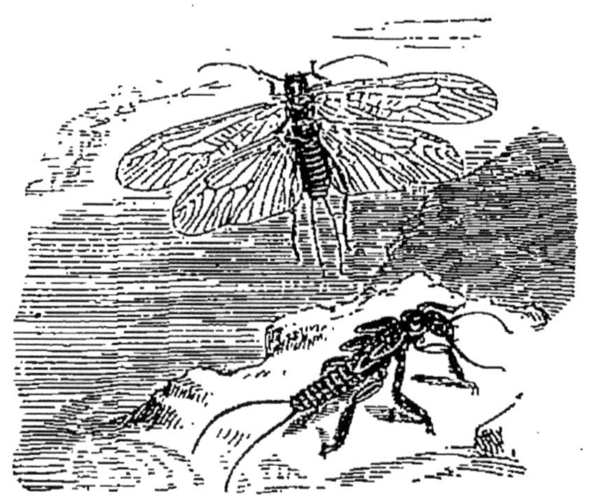

FIG. 91. — La Perle à double queue, *Perla parisina* (Rambur).

Parmi les Perlides, citons *Perla parisina* (Rambur)
(fig. 91). Aux premiers beaux jours du printemps, il s'en
pose des milliers sur les parapets des quais, à l'intérieur
même de Paris.

L'envergure de ces Insectes atteint 30 ou 40 millimètres ;
leur tête porte une tache jaune, leur corselet est traversé

par une bande de même couleur; leur abdomen, qui se termine par deux longues soies, est noir chez les mâles et jaunâtre chez les femelles, leurs ailes sont roussâtres.

Les *Némoures* adultes se distinguent des Perles par l'absence des soies caudales, un corps plus grêle, une apparence plus délicate. Plusieurs espèces sont communes en France, telles sont : *Nemoura variegata* Ol., au corps bleu, aux ailes opaques avec des nervures noires; *N. cinerea* Ol., au corselet portant quatre points saillants, à l'abdomen brun, aux ailes de même couleur, mais transparentes et fortement irisées; *N. nebulosa* L., noire, aux ailes opaques avec des bandes grises transversales.

LIBELLULIDES. — Cette famille comprend les grands Névroptères connus sous le nom de *Demoiselles*. Leurs gros yeux saillants, leur ailes finement réticulées, leur abdomen démesurément long, déprimé ou cylindrique, les font aisément reconnaître.

Les métamorphoses des Névroptères sont incomplètes. Souvent les œufs sont pondus directement dans l'eau, d'autres fois la femelle pratique une incision dans une plante aquatique, un peu au-dessus de la surface liquide. Les larves, carnassières, vivent habituellement dans les eaux stagnantes et les nymphes en sortent pour s'accrocher à quelque plante, pendant que l'adulte sort de son enveloppe par une fente longitudinale qui s'étend sur la région dorsale. Carnassiers comme les larves, les Insectes parfaits saisissent au vol les bestioles qu'ils rencontrent dans leurs voyages aériens.

Les dates d'éclosion se répartissent sur tous les beaux jours; telles espèces, abondantes au printemps, ont disparu au moment où les chaleurs de l'été en font éclore d'autres, auxquelles succèdent encore les retardaires, ne venant au monde qu'à l'automne.

Nous ne saurions passer en revue toutes les espèces de Libellules, même en nous bornant à celles de France.

9.

« On remarque en général, dit Maurice Girard, que le bleu pulvérulent par sécrétion cireuse ou urique appartient à l'abdomen des mâles bien adultes, qui ont cette région déprimée ou ensiforme, tandis que le rouge plus ou moins vif est le partage ordinaire de ceux à abdomen cylindrique. D'ordinaire, la couleur de l'abdomen des femelles, ainsi que celle des mâles nouvellement éclos se nuance dans les teintes jaunes ou olivâtres [1]. »

Les anciens auteurs s'étaient plu à désigner par des noms de femmes les Libellules connues à leur époque ; c'est cette nomenclature de fantaisie qui nous permet de voir se jouer devant nous, les jours de soleil, Éléonore, Christine, Françoise, Sylvie et Ninon. Arrêtons-nous un instant à Éléonore, très commune dans toute l'Europe. Elle a 7 à 8 centimètres d'envergure, un abdomen volumineux et fortement déprimé, jaune sur les bords, olivâtre dans son ensemble, bleu chez les vieux mâles, par suite de l'enduit pulvérulent qui le recouvre. Ce bel Insecte a une tache brune sur chacune de ses ailes, réticulées de jaune ; cette tache est oblongue sur les ailes antérieures, triangulaire sur les postérieures.

Les plus grandes espèces de Libellules sont les *Œschna*, dont l'abdomen, ordinairement très long, est taché de couleurs diversement disposées, parmi lesquelles on remarque le jaune, le vert chez les femelles, le bleu chez les mâles, mélangés au noir et aux différents tons de roux. Ces Insectes fréquentent non seulement les marais, mais aussi les chemins et les clairières des bois.

AGRIONIDES. — Les *Agrions*, aux formes élégantes, ont la tête petite relativement à celle des Libellules, les yeux éloignés l'un de l'autre, l'abdomen cylindrique, grêle et allongé. Leurs ailes, toutes les quatre semblables, ne restent

---

[1] Maurice Girard, *Traité élémentaire d'entomologie*, t. II, p. 340-341.

pas étendues pendant le repos, mais se relèvent, sinon complètement, du moins en partie.

La figure 92 représente le *Calopterix vierge (C. virgo* L.) des environs de Paris. Les jeunes mâles ont les ailes rousses et transparentes, plus tard elles deviennent bleu foncé et opaques. L'abdomen du mâle est bleu, celui de la femelle vert. Cet Agrion se montre de mai en août et voltige dans le voisinage des eaux courantes.

FIG. 92. — Le Caloptéryx vierge, *Caloptéryx virgo* L.

Les *Lestes* pondent à l'intérieur de la tige des plantes aquatiques; ils sont abondants dans le voisinage des marais et, à part de rares exceptions, s'en éloignent peu. *Lestes sponsa* (fig. 93) (35 millimètres), d'un beau vert métallique, prend ses ébats, de juillet à septembre, dans les bois ou sur le bord des marais.

Les *Agrions* proprement dits ont les ailes étroites. Il existe un grand nombre d'espèces de ce genre. Une des plus répandues, *A. puella* L., est d'un beau bleu de ciel, avec l'abdomen cannelé de noir chez le mâle, et de vert bronzé chez la femelle. Cet Insecte est très commun de mai à juillet, le long des fossés et sur le bord des étangs.

Fig. 93. — Le Leste fiancé, *Lestes sponsa.*

D'autres espèces ont également une belle livrée dans laquelle on remarque, comme couleurs dominantes, le rouge, l'orangé et différentes teintes de bleu.

ÉPHÉMÉRIDES. — Les *Éphémérides* sont de frêles individus dont le rôle, à l'état adulte, se borne à la reproduction. L'Éphémère ne vit que quelques heures, pas même une journée, et ne prend aucune nourriture pendant cette courte apparition à la lumière, tout occupée qu'elle est de ses importants devoirs; encore lui faut-il changer de robe avant de goûter les plaisirs de l'amour, car, fait unique dans l'histoire des Insectes, l'Éphémère, après sa naissance, se débarrasse d'un revêtement épidermique qui recouvre son corps et ses membres; on trouve souvent ces peaux desséchées suspendues à différents objets.

Les Éphémères ont trois articles à leurs courtes antennes,

le dernier étant formé par une soie terminale. Leur bouche rudimentaire ne leur permet pas de se nourrir. Leurs ailes, triangulaires, dépourvues de poils, sont fragiles, et les postérieures, plus petites que les antérieures, s'atrophient quelquefois. Les téguments sont mous, l'abdomen terminé par deux ou trois longues soies. Pendant leur existence aérienne, certains Éphémérides sont sans cesse en mouvement; le soir, on les voit voltiger autour des lampes de nos appartements et s'y brûler les ailes; d'autres, moins tapageurs, restent suspendus aux vitres et aux rideaux. Les œufs, coulant par grappes le long des soies caudales, sont déposés par paquets à la surface de l'eau et vont bientôt à fond. C'est surtout le matin et le soir qu'éclosent les Éphémères, et on a remarqué que leur apparition en grand nombre précède de peu la pluie ou l'orage. Ces Insectes sont tellement nombreux dans certains pays qu'on les utilise comme engrais. Sous le nom de *manne*, les pêcheurs s'en servent, au bout de leur ligne, comme d'une amorce dont les poissons sont très friands.

Parmi les larves, les unes recherchent les eaux dormantes où elles se creusent dans la vase des sortes de terriers près de la surface ; on pense qu'elles vivent deux ou trois ans, se nourrissant de petits Insectes.

D'autres, aplaties, habitant les eaux courantes, se cramponnent aux pierres ; les larves de Diptères sont leurs aliments favoris, et leur existence ne paraît pas dépasser une année. Dans un troisième type, affectant la forme d'un cylindre allongé, la vie évolutive est également d'une année environ. Ces dernières larves nagent résolument à la recherche de leur proie. Enfin une autre catégorie, moins bien douée, comprend les individus qui se contentent de ramper. Ils s'enfouissent dans la vase et s'emparent, par surprise, des petits Insectes qui servent à leur alimentation.

L'éclosion des adultes a lieu, suivant les espèces, à la surface de l'eau, ou, non loin, sur quelque pierre. Ainsi que nous l'avons dit, il reste enveloppé, après sa naissance, d'une mince pellicule dont il se débarrasse bientôt; la période nymphale n'offre d'ailleurs rien de particulier.

Les Éphémérides sont très difficiles à conserver en collection, à cause de leur fragilité, et aussi parce qu'elles se déforment et se décolorent. Pour ces raisons, la description des espèces n'a pas grand intérêt pour l'amateur d'Insectes. Nous nous bornerons ici à parler de quelques types remarquables d'origine française.

FIG. 94. — L'Ephémère vulgaire, *Ephemera vulgata* L.

L'*Ephemera vulgata* L. (fig. 94) se montre dès le mois de mai; elle est d'un brun foncé. A la longueur du corps de l'animal il faut ajouter celle des soies caudales, variant du simple au double entre la femelle et le mâle.

Palegenia virgo (16 à 17 millimètres) apparaît en nombre souvent considérable sur les bords de la Seine, vers le milieu d'août. Elle a le thorax jaune, l'abdomen gris, les ailes blanches.

Cloë diptera L. est cette espèce à la tête noire, aux ailes

translucides, qui se réfugie dans les maisons et dont les dépouilles restent en grand nombre suspendues aux rideaux,
aux vitres et aux murailles.

Il nous reste à signaler un Insecte fort curieux, longtemps con-
sidéré comme un Crustacé et pour
lequel on a établi le genre *Proso-
pistoma*. Bien qu'il reste encore
beaucoup d'incertitude au sujet de
la vie évolutive de cet être singulier, il est établi aujourd'hui que,
sous la forme que nous figurons
(fig. 95), il représente la larve d'un
Éphéméride.

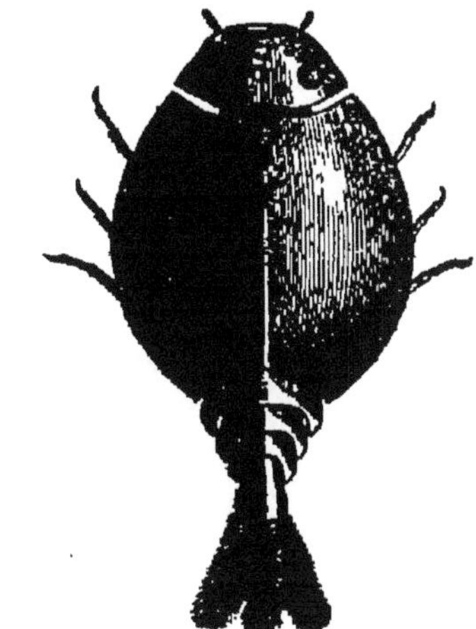

FIG. 95. — Larve de *Pro-
sopistoma*.

Névroptères proprement dits

PANORPIDES. — Les *Panorpes* ont le corps drôlement
conformé. L'extrémité de l'abdomen de la femelle se termine
par une pointe qui lui sert à déposer ses œufs dans les terres
meubles; chez le mâle, au contraire, un appendice recourbé,
situé dans la même région, constitue une armure génitale
comprenant deux crochets recourbés.

Les *Panorpes* ont des antennes sétiformes, des mâchoires
à apparence de rostre. Ils se nourrissent d'Insectes vivants
ou morts. On les voit voler, le jour, sur les buissons. Les
larves se cachent dans les terrains humides.

Panorpa communis L. (fig. 96) (12 à 14 millimètres) a
une trentaine de millimètres d'envergure. La tête longue,
d'une teinte mélangée de noir, de jaune et de roux, porte
des antennes noires; les ailes sont maculées de bandes et de
taches brun foncé; les pattes sont rousses.

Le genre *Bittacus* n'est représenté en Europe, et seulement dans la partie méridionale, que par une seule espèce :

B. tipularius F. Très carnassière, cette espèce vit des Diptères qu'elle guette, suspendue à une branche par deux de ses pattes, et qu'elle saisit, quand ils passent, avec les pattes restées libres. La ressemblance avec une Tipule (Diptère) favorise sans doute ce genre de chasse à l'affût.

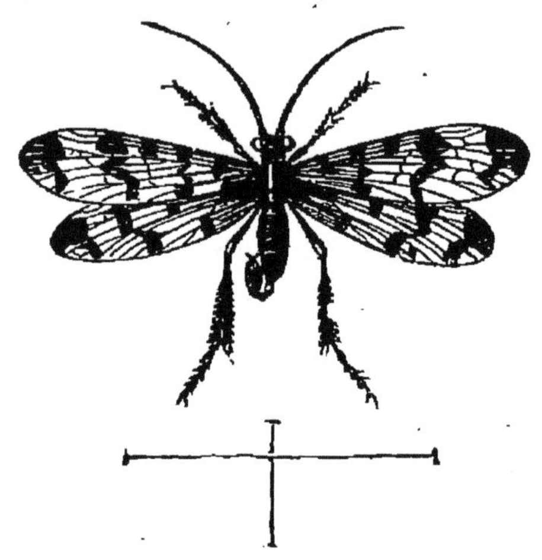

Fig. 96. — La Panorpe commune, *Panorpa communis* L. ♂

Au contraire, les *Borées* appartiennent aux régions froides. *B. hiemalis* L. (5 à 6 millimètres) a les pattes postérieures disposées pour le saut, les ailes rudimentaires, impropres au vol. Elle se trouve pendant tout l'hiver, en Allemagne, en Suède, dans les Alpes, jusqu'au milieu des neiges où on la voit sautiller sur les brins de mousse émergeant çà et là.

Myrmécoléonides. — Le Fourmi-Lion est particulièrement intéressant à l'état de larve. En cet état, il offre en effet l'apparence d'une Punaise poilue, tandis qu'adulte il présente l'aspect général d'une Libellule. Cependant, il a les ailes molles et lentes dans leurs mouvements pendant le vol. Au repos, il les porte inclinées en forme de toit le long du corps. Quant à la larve, qui marche toujours à reculons, la conformation de ses pièces buccales la fait bien vite reconnaître, car les deux fortes mandibules, creusées de canaux qui aboutissent au tube alimentaire, constituent un appareil propre, à la fois, à mâcher et à sucer.

C'est à l'état larvaire surtout que les mœurs de ce curieux Insectes sont intéressantes à étudier.

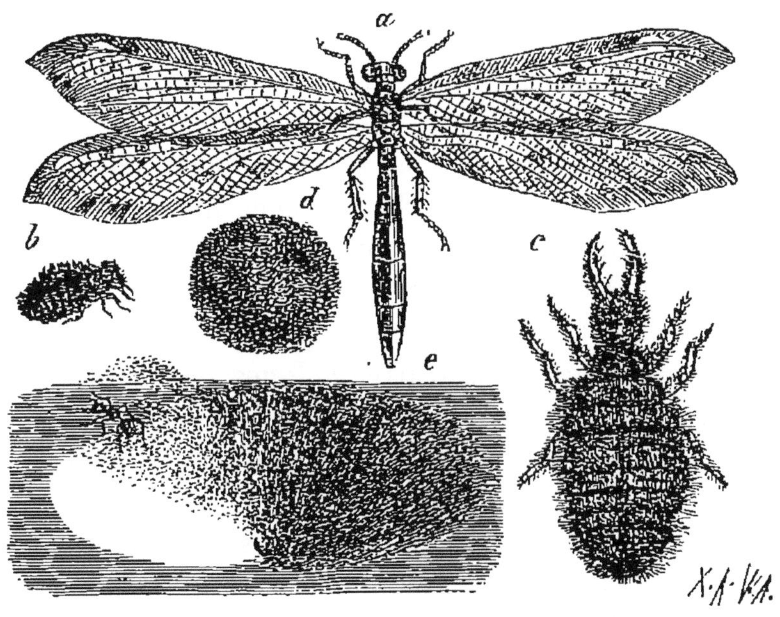

FIG. 97. — Fourmi-Lion sous tous ses états, *Myrmecoleo formicarius.*

a, Insecte parfait; *b*, larve; *c*, la même grossie; *d*, cocon; *e*, piège en forme d'entonnoir.

Après avoir cherché, dans un terrain sablonneux, un endroit exposé au midi et bien abrité de la pluie, la larve s'enfonce dans le sol, en décrivant des cercles de plus en plus rétrécis. Le sable, provenant des débris, est amoncelé sur sa tête large et aplatie, puis rejeté au loin par un brusque mouvement. Au bout de quelque temps, l'entonnoir, au fond duquel elle se blottit, est creusé. Elle y demeure, le corps enfoncé dans la terre, et ne laisse émerger que ses robustes mandibules. Les parois inclinées de ce repaire, tapissées de fines parcelles de sable, s'écroulent sous le moindre frottement. A peine engagée sur la pente fatale, la Mouche ou la Fourmi glissent jusqu'au fond. Ces innocentes bestioles n'ont-elles point été saisies du premier coup par les pinces meurtrières, elles sont arrêtées, dans leur fuite, au moment où elles tâchent de remonter. La larve implacable leur jette avec sa tête, de nombreuses pelletées de sable, qui les étourdissent et les précipitent de nouveau dans l'abîme. La victime est aussitôt saisie, sucée, et ses débris sont rejetés au dehors.

Les Fourmis, qui passent leur temps à cheminer, forment le principal aliment de ces bêtes meurtrières; mais si parfois la nourriture fait défaut, elles savent jeûner pendant plusieurs jours. Cependant, lorsque la chasse n'est pas suffisamment fructueuse, ou que le piège n'a pas été préparé assez habilement, si enfin, par quelques accidents, des réparations considérables sont devenues nécessaires, le Fourmi-Lion n'hésite pas à abandonner son habitation pour aller plus loin en construire une nouvelle.

Au terme de sa croissance, la larve se construit une coque soyeuse, parfaitement ronde, dont l'extérieur est fortifié par des grains de sable, tandis que l'intérieur est du tissu le plus fin. C'est là que repose la larve qui, après trois semaines, donne le jour à l'Insecte parfait. Chez celui-ci, long de 16 à 26 millimètres, le corps est gros, tacheté de jaune sur la tête et sur le thorax, les ailes ont des nervures brunes et portent des taches de même couleur; les pattes sont également brunes; tel est au moins l'aspect de *M. formicarius* (fig. 97). Une espèce voisine, *M. formicalynx* F., se trouve aussi en France et diffère de la précédente par ses ailes plus grandes et dépourvues de taches.

Il existe encore, dans notre pays, d'autres espèces appartenant au sous-genre *Formicaleo*. Les larves de ces espèces ne se creusent pas d'entonnoir; elles s'embusquent simplement dans le sable et ne sortent que pour s'élancer sur leur proie.

F. libelluloides L., de 120 millimètres d'envergure, est le grand Fourmi-Lion du midi de la France. Cet insecte, long de 6 centimètres, a le corps pubescent, jaune, avec des pattes rouges, aux tarses noirs. La larve, noire, longue de 4 centimètres, ne fait pas d'entonnoir.

Les *Ascalaphes* sont voisins des Fourmis-Lions. Parmi les espèces européennes, dont les yeux sont sectionnés en deux parties, *A. longicornis* L. se reconnaît à son corps noir, à sa tête rousse et aux taches brunes de ses ailes dont la figure 98 indique la forme.

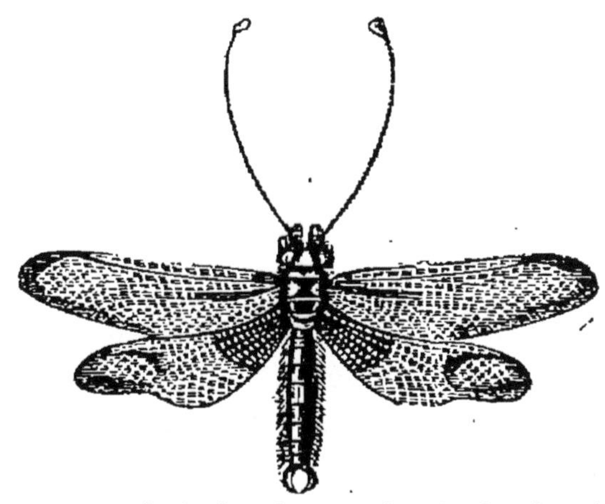

Fig. 98. — L'Ascalaphe longicorne, *Ascalaphus longicornis* L.

Comme les autres Insectes de ce groupe, il a de longues antennes terminées par un bouton. A l'état de repos, les ailes sont rabattues en forme de toit le long du corps et les antennes couchées en arrière. La larve, assez semblable à celle des Fourmis-Lions, se blottit sous les pierres d'où elle s'élance sur les Mouches ou sur les autres Insectes. Nous passons sous silence un grand nombre d'autres espèces qui appartiennent aux régions méridionales de l'Europe et aux autres parties du monde.

HÉMÉROBIIDES. — Le genre *Osmylus* Latr. établit le passage entre les Fourmis-Lions et les Hémérobes proprement dits ; l'espèce type *Osmylus maculatus* F. vit sur les bords des ruisseaux ombragés, tandis que sa larve partage son existence entre l'élément liquide et les berges humides. L'Insecte parfait (longueur 12 à 16 millimètres, envergure 50) est crépusculaire ; il reste, pendant le jour, accroché au revers des feuilles. Le corps est gris foncé, la tête brun clair et le dessus du thorax jaune ; la coloration des ailes est très variable suivant les individus.

Le genre *Sisyra* est peu connu, les larves en sont complètement aquatiques ; on suppose, cependant, qu'elles sortent de l'eau au moment de la nymphose.

Les *Hémérobes* (5 à 6 millimètres) sont de petits Névroptères, aux ailes velues, vivant sur les végétaux, et, en particulier, sur les conifères. Parmi les espèces communes, *H. hirtus* L. se trouve, en juillet et en août, à peu près dans toute l'Europe. C'est un Insecte brun, ayant les pattes d'un jaune foncé.

Les *Chrysopes*, *Mouches aux yeux d'or*, sont étroitement apparentés aux Hémérobes.

La ponte de ces Insectes est singulière entre toutes : d'abord la femelle applique son abdomen sur la feuille ou sur la tige qui doit porter l'œuf, puis elle relève cet abdomen et en laisse suinter une matière visqueuse qui se durcit à l'air et qui forme un brin flexible, aussi fin qu'un cheveu, au bout duquel vient se poser l'œuf comme un point sur un I.

Chaque œuf est ainsi placé, par le même procédé, sur un fragile piédestal de couleur blanche, long de 10 à 25 millimètres. Cette singulière construction figure, en quelque sorte, une étamine qu'on aurait greffée sur une feuille (voyez fig. 1-6).

Les larves vivent de Pucerons, de là le nom de *Lion des Pucerons* que leur donne Réaumur ; elles sucent aussi le sang des petites Chenilles, des larves de Diptères et, quelquefois, de celles des Coléoptères. Les larves de Syrphes (Diptères), qui ont le même genre de vie, sont, pour elles, de redoutables ennemis.

On a dit des larves des Chrysopes qu'elles se revêtent des dépouilles de leurs ennemis vaincus et dévorés, et on les a comparés à ces chefs sauvages qui se font une ceinture des scalpes de leurs adversaires. Ce qui est vrai, c'est que la larve qui nous occupe rejette brusquement en arrière la peau ou le flocon qu'elle a saisi entre ses mandibules, qu'elle se renverse sur le dos, qu'elle presse, les uns contre les autres, ces débris mous arrivés à la hauteur des premiers anneaux de son corps, et qu'elle les fait glisser jusqu'aux derniers. Ajoutons que si, d'aventure, on lui enlève ce trophée, une sorte de folie de carnage s'empare d'elle, jusqu'à ce qu'elle se soit fait une parure semblable des dépouilles de victimes nouvelles.

La coloration du corps de l'adulte passe par toutes les transitions qui lient le vert au jaune et au brun.

Les antennes ont une centaine d'articles. Les ailes irisées, plus longues que le corps, retombent en toit sur ses côtés. L'abdomen est grêle.

A l'état adulte, les Chrysopes, aux allures paresseuses, se retirent à l'envers des feuilles, comme pour fuir la chaleur du soleil. Le matin, le soir, par les temps couverts, elles voltigent. On les trouve sur les rosiers et autres arbustes fréquentés par des Pucerons ou par des Coccides. Elles exhalent, lorsqu'on les saisit, une odeur nauséabonde particulièrement désagréable.

Chrysopa vulgaris, d'un beau vert, avec une bande jaunâtre sur le milieu du corps, a une dizaine de millimètres de long. Cette espèce se capture pendant toute l'année et on la prend, même en décembre, sous les feuilles sèches. *C. aspersa*, se trouve, en juin et juillet, sur les chênes et les tilleuls ; *C. abbreviata* vit, de juin à octobre, sur les rosiers et se rencontre près de Paris. Sur ces mêmes arbustes, *C. chry-*

sops est également commune en juin et juillet, puis en août et en septembre.

Les *Némoptères* se distinguent par la forme de leurs ailes postérieures, longues et amincies, portant parfois un renflement à leur extrémité et ressemblant aux *balanciers* qui, chez les Diptères, représentent la seconde paire des organes du vol.

Les *Mantispes* ont des pattes ravisseuses et vivent principalement dans les pays chauds.

L'Europe n'en possède que deux espèces ; l'une d'elles, la seule qui vive en France, *M. pagana* F., présente des hypermétamorphoses analogues à celles que l'on observe chez les Cantharides. Les premières larves s'introduisent dans les cocons tissés par les Araignées (Clubiones et Lycoses) et y restent, sans manger, jusqu'à l'éclosion des œufs. A ce moment, elles dévorent les petits, sitôt nés.

SEMBLIDES. — Ce groupe comprend les *Raphidies*, les *Corydalis* et les *Sialis*.

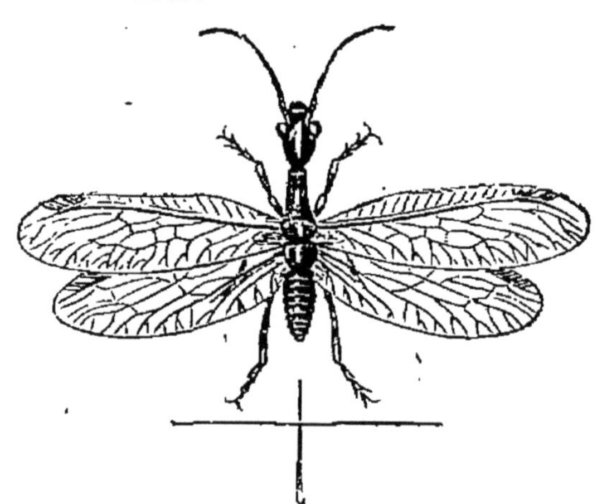

FIG. 99. — La Raphidie à grosses antennes (♂ grossi).

Les Raphidies (fig. 99) fréquentent les endroits ombragés, se tiennent, suivant les espèces, sur les troncs des chênes, des pins et des arbres fruitiers, notamment sur les poiriers. Les larves s'embusquent dans les fentes des écorces.

Les Tipules et les larves sans défense servent de nourriture à ces Insectes carnassiers.

En France, on trouve *R. ophiopsis* dans les vergers et dans les prés, *R. xanthostigma* sur le poirier, *R. notata* F. qui est la plus grande des Raphidies d'Europe, et qu'on prend aux environs de Paris, avec les deux espèces précédentes. Le genre *Corydalis* ne renferme que des espèces américaines.

Fig. 100. — La Sialis de la vase sous ses différents états, *Sialis lutaria* L.

Le genre Sialis a pour type *S. lutaria* L., que la figure 100 représente dans ses différents états. L'adulte, dont la vie, très courte, semble avoir pour unique objet l'accouplement, a le vol pesant. Cinq ou six cents œufs, symétriquement rangés les uns à côté des autres, sont déposés par la femelle sur la feuille d'un roseau.

Les larves, issues de cette ponte, nagent avec vivacité et ne sortent de l'eau qu'à l'époque de la nymphose ; elles se retirent alors dans la terre humide et y creusent un trou où elles se transforment, sans autre protection que leur propre peau. On les trouve, en grande abondance, dans les mares et les fossés, surtout dans les fonds vaseux.

L'adulte apparaît en avril ou en mai ; il a de 12 à 16 millimètres, suivant le sexe, les femelles étant toujours plus grandes. Le corps est noir, les ailes uniformément teintées de brun.

PHRYGANIDES. — Cette famille comprend des Insectes dont les premiers états se passent dans l'eau ou dans les terrains humides. La plupart des larves, dont la nourriture est végétale, protègent leur corps par des fourreaux. Ils sont tressés d'une soie grossière et, dans la trame de ce tissu, viennent s'insérer des brindilles de bois ou de paille, des morceaux de feuilles sèches, du gravier menu et des coquilles de petits Mollusques qui contiennent parfois l'animal vivant. Ces précautions ne les préservent pas toujours, et les pêcheurs à la ligne les recherchent pour en faire des amorces fort goûtées de certains poissons. A la nymphose, les extrémités du fourreau sont closes par plusieurs brins de soie, auxquels la larve adjoint quelques brindilles ou bien une pierre unique.

Les adultes volent, le soir, de préférence, et quelquefois en grand nombre, au bord des mares et le long des ruisseaux, mais ils restent habituellement, pendant le jour, sous les feuilles des buissons avoisinants.

Parmi les Phryganes communes, *P. striata* L. fait ses fourreaux avec des feuilles et du gravier ; *P. varia* F. utilise des brins d'herbes aquatiques et s'accroche souvent aux roseaux.

Le type du genre *Limnophilus*, hôte habituel des eaux dormantes, est *L. rhombicus* L. (fig. 101), bel Insecte de 10 à 17 millimètres ayant une envergure de 31 à 42 millimètres, commun en juin et en juillet aux environs de Paris.

La teinte générale du corps est rousse, de différents tons. Les ailes, jaunes ou testacées, portent des taches blanchâtres, réparties sur les antérieures, tandis que les postérieures sont hyalines, avec des nervures jaunâtres.

La larve, qui habite les étangs et les fossés des routes, accroche aux herbes ses fourreaux tissés de brindilles, de

plantes ou de mousses. *P. flavicornis* F. fréquente aussi
les eaux dormantes des environs de Paris; la construction
du fourreau de sa larve est plus variée et, outre les brindilles et les bûchettes, elle contient des coquilles et des débris

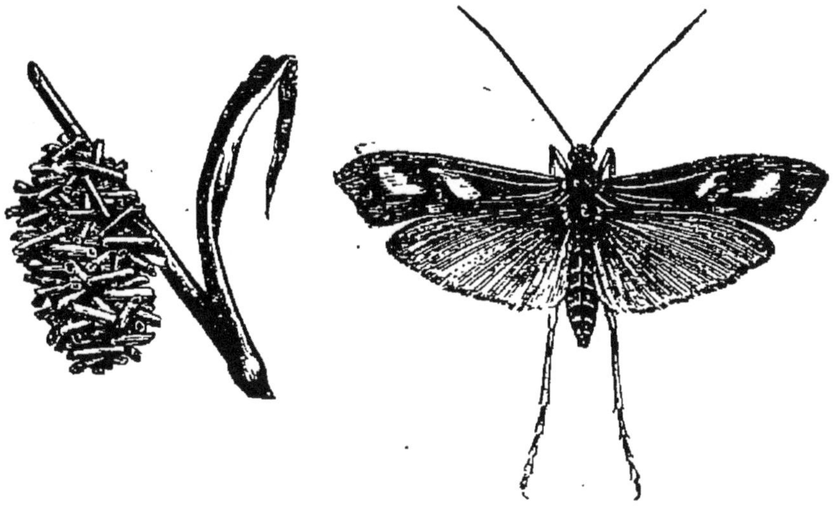

Fig. 101. — Le Limnophile rhombifère, *Limnophilus rhombicus* L.

d'élytres de Coléoptères aquatiques. Dans les fourreaux de
L. lunatus, également de Paris, les matériaux, qui ont la
forme linéaire, sont toujours placés longitudinalement.

D'autres espèces vivant dans les eaux courantes font leurs
fourreaux de sable.

VII.

HYMÉNOPTÈRES

Description. — Mœurs. — Habitat.

Sous le rapport du développement de l'instinct, on pourrait presque dire de l'intelligence, les Hyménoptères occupent la première place dans la classe des Insectes.

Dans cet ordre, les métamorphoses sont complètes. L'œuf est pondu dans les tissus végétaux ou logé dans les téguments d'un autre animal ou, enfin, déposé dans un nid construit tout exprès par les femelles, et dûment approvisionné, afin que la larve y trouve sa nourriture, dès l'éclosion.

Les larves sont organisées sur deux types bien distincts : les unes, qu'on désigne quelquefois sous le nom de *fausses Chenilles*, ont, à peu près, l'aspect des Chenilles de Papillons. Pourvues de six pattes articulées et de pattes membraneuses, elles se meuvent aisément et vivent soit à l'intérieur, soit à la surface des végétaux. Les autres sont *apodes*. Tantôt elles restent confinées dans des cellules où des eunuques ou, pour mieux dire, des femelles atrophiées, leur servent des pâtées préparées avec art. Tantôt elles sont emprisonnées dans les *galles* qu'a provoquées sur les arbres la piqûre de l'aiguillon de la mère. Dans cette étroite retraite elles s'abreuvent des sucs nourriciers des végétaux.

Les nymphes sont inactives et presque toujours enveloppées d'un cocon.

L'adulte possède des mandibules, comme les Insectes
broyeurs des ordres précédents, mais il ne s'en sert pas pour
manger. Il ne suce pas non plus et se contente de lécher les
liquides sucrés, qui constituent le fond de son alimentation
végétale.

La tête est garnie d'antennes grêles, droites ou coudées et
de gros yeux. Elle est réunie au thorax par un cou de faible
diamètre.

Les pattes, dont les tarses ont cinq articles, présentent différentes formes, suivant le mode d'existence de l'Insecte. Les
ailes, au nombre de quatre, sont nues, souvent hyalines,
fortement nervées, mais dépourvues du réseau si finement
réticulé des Névroptères. Les ailes inférieures, toujours
moins développées que les supérieures, semblent n'avoir
qu'un rôle secondaire dans le mécanisme du vol.

Tantôt l'abdomen repose directement sur le thorax, tantôt
il y est relié par un mince pédoncule. Il se termine souvent
chez les femelles par une tarière destinée à percer les tissus
sous lesquels elles veulent déposer leurs œufs. Quelquefois,
cette tarière sert de gaine à un aiguillon acéré qui, correspondant à des glandes vénénifiques, devient une arme défensive redoutable, en raison du poison qu'il inocule.

Les femelles sont plus grosses que les mâles, qui servent
uniquement à la reproduction. Dans quelques genres, elles
sont aptères.

Entre les deux sexes féconds, il existe, dans beaucoup
d'espèces, un type intermédiaire composé de femelles avortées, qui ont pour unique mission la construction des nids et
l'élevage des jeunes larves ; ce sont, en quelque sorte, des
nourrices sèches, qui pourvoient à tous les besoins du ménage.

Le bourdonnement des Hyménoptères est le résultat de la
combinaison de trois sons provenant du battement des ailes,

de la vibration des anneaux de l'abdomen et d'un appareil spécial localisé à l'entrée des stigmates.

On peut diviser les Hyménoptères en *Porte-aiguillon* et en *Térébrants*.

Porte-Aiguillon

APIDES. — Les *Apides* occupent le haut de l'échelle sociale parmi les Hyménoptères. Ce sont des Insectes éminemment utiles à l'Homme, non seulement par les produits qu'ils lui donnent, mais aussi par le rôle qu'ils jouent dans la fécondation des végétaux. Ces petites bêtes poilues, en s'introduisant dans la corolle des fleurs, distribuent le pollen sur le pistil, et il est même beaucoup de plantes qui resteraient infécondes si elles n'étaient visitées par certains de ces Insectes.

On trouve dans cette famille des individus vivant en société et présentant des mâles, des femelles et des neutres; d'autres qui habitent par couples.

APIDES SOCIALES. — Pour tout ce qui concerne les Abeilles, nous renvoyons à l'ouvrage spécial que leur a consacré Maurice Girard [1].

Les *Mélipones*, qui viennent se placer à côté des Abeilles domestiques, sont des Insectes mellifères du nouveau monde. Ils font, dans les troncs d'arbres, des nids qui sont recherchés par les indigènes. Si ce mode de nidification est général, il n'est pas absolu, car certaines espèces suspendent leur habitation, à l'air libre, au sommet des arbres; d'autres les font sous terre, au milieu des racines, et quelques-unes, enfin, dans les anfractuosités des rochers.

Les gâteaux destinés à l'élevage des larves ne portent qu'une seule rangée de cellules hexagonales et sont horizon-

[1] M. Girard, *Les Abeilles* (Bibliothèque scientifique contemporaine, J.-B. Baillière).

taux. Les provisions de miel pour la nourriture de la colonie sont disposées à part dans des réceptacles de cire beaucoup plus spacieux. Ces réceptacles sont réunis dans un réduit central, fortifié au moyen de feuillets de cire formant un labyrinthe compliqué. Par surcroît de précautions, l'entrée du nid, très étroite, est gardée par des sentinelles vigilantes.

Le miel produit par les Mélipones est parfois parfumé, mais, suivant les fleurs que fréquentent ces Insectes, il peut être aussi très amer, vénéneux même ou fortement purgatif.

Certaines Mélipones se prêtent à la domestication et s'accommodent volontiers de ruches artificielles.

L'aiguillon rudimentaire des femelles est généralement inoffensif, mais ces petits Hyménoptères suppléent à l'innocuité habituelle de cette arme par une sécrétion salivaire venimeuse, qui enflamme les plaies produites par leurs morsures. Si quelques espèces ont un caractère peu irascible, d'autres, et ce sont les plus petites, attaquent l'Homme avec fureur, et provoquent sur la peau des ampoules douloureuses et longues à guérir.

Melipona scutellaris L. vit en domesticité au Brésil. La femelle fécondée prend des proportions monstrueuses.

Dans les nids, les gâteaux diminuent de diamètre de bas en haut. Le premier, celui qui sert de base à l'édifice, est soutenu par de fortes colonnes de cire ; il est aussi relié à l'enveloppe de cire en forme de labyrinthe qui repose sur le socle de la ruche. Chacun des étages supérieurs est soutenu de la même manière. Contrairement à ce qui se passe chez les Abeilles dont les cellules ne sont closes qu'à l'époque de la nymphose, la reine d'une société de Mélipones dépose chacun de ses œufs dans une cellule approvisionnée de la nourriture suffisante aux besoins de la larve et close immédiatement après.

M. scutellaris, qui fournit en abondance du miel de bonne qualité, est inoffensive pour l'homme. Une autre espèce,

M. *fulvipes*, est commune au Mexique où on lui construit des ruches artificielles. Ce sont des troncs d'arbres de 1 mètre de longueur sur 0^m,30 de diamètre, creusés intérieurement et dont les extrémités sont fermées par des portes mobiles. Les élégants remplacent ces nids primitifs par des tuyaux en poterie, ornés de figurines que l'on suspend, par des cordes, aux toits des maisons.

Les *Trigones*, un peu plus petites que les Mélipones, établissent leurs nids dans les troncs d'arbres et, quelquefois, dans l'enchevêtrement des racines. L'entrée du nid est fortifiée par un tunnel en cire qui se prolonge souvent en longues sinuosités à l'intérieur. L'habitat de l'une de ces espèces est particulièrement remarquable ; elle s'établit dans les termitières maçonnées autour des racines des arbres et y vit en bonne intelligence avec les Termites.

En Australie, les indigènes suivent les Trigones au vol pour découvrir leur nid. S'ils peuvent saisir un de ces Insectes butinant sur les fleurs, ils lui attachent au corps une houpette de coton qui leur permet de suivre plus aisément leur guide ailé.

Les *Bourdons*, au corps épais et poilu, sont répartis dans les deux genres *Bombus* et *Psithyrus*. Ils forment des associations annuelles toujours moins nombreuses que celles des Abeilles ; les nids sont aussi édifiés avec moins d'art. Ces nids sont installés ou sous terre, ou dans la mousse, ou dans les herbes, et forment alors de petits monticules.

A la fin de l'automne les nids sont déserts ; les mâles, les ouvrières et les vieilles femelles fécondes ont péri ; les jeunes, fécondées pour le printemps suivant, sont allées s'engourdir au fond de quelque trou d'arbre.

Aux premiers beaux jours, une femelle seule se met à l'œuvre ; elle creuse de petits trous, et dans chacun dépose une boulette de miel et de pollen renfermant des œufs. Les larves qui en naissent donnent le jour à des *ouvrières* qui

FIG. — 102. — Le Bourdon terrestre.

prêtent aussitôt assistance à la mère. Elles rassemblent les brins de mousse, renforcent les boules de miellée renfermant encore des œufs ou des larves, forment enfin le dôme de cire qui constitue la charpente du nid et le revêtent de sa couverture de mousse. A la manière de l'Abeille ouvrière, les Bourdons récoltent le pollen avec la *corbeille* et la *brosse* de leurs pattes postérieures. Il arrive que leur langue, pourtant plus longue que celle de l'Abeille, ne le soit point assez pour pénétrer jusqu'au fond des corolles étroites : vite le Bourdon incise la base, par la fissure introduit sa langue et recueille le nectar.

Ces intéressants Insectes sont indispensables à la fécondation de certaines fleurs ; aussi les colons d'Australie cherchent-ils à se procurer, en les faisant venir d'Europe pendant leur période d'hibernation, des femelles de *Bombus terrestris*, espérant ainsi assurer la fécondation du trèfle incarnat.

Les espèces de Bourdons présentent de nombreuses variétés qui rendent la classification difficile, et les auteurs ne s'entendent pas toujours sur la valeur à donner à ces différences peu sensibles.

Bombus hortorum L. et *Bombus terrestris* L. (fig. 102), hôtes habituels de nos jardins et de nos prairies, se distinguent facilement. Chez le premier, l'écusson est jaune citron et noir chez le second. L'abdomen, chez les deux, est noir avec les derniers anneaux couverts de poils blancs.

Bombus muscorum L. que Geoffroy appelle *Abeille fauve à ventre jaune et extrémité fauve*, est plus petit que les précédents ; il fait son nid à fleur de terre, dans les prairies, et le recouvre d'un dôme de mousse.

La vie des *Psithyrus*, détachés des *Bombus* par Lepeletier de Saint-Fargeau, est toute de parasitisme. Leurs jambes postérieures ne sont pas construites pour transporter le pollen ni pour recueillir la cire : partant, il est impossible à ces Insectes de construire un nid et de fournir la becquée au couvain; mais ces braves Bourdons ne sont-ils pas là ? Vite, la femelle de *Psithyrus* va pondre dans le premier nid qu'elle rencontre et ses larves vivent côte à côte avec celles des Bourdons, dans la plus parfaite harmonie.

APIDES SOLITAIRES. — Les *Xylocopes*, qui appartiennent à ce groupe, sont ces Insectes dont *Xylocopa violacea* Scop. est le type; c'est ce gros Bourdon noir, violacé, aux ailes irisées que l'on voit constamment ausculter les charpentes et les bois morts. C'est là que, suivant le sens des fibres, la femelle creuse, avec une vitesse extraordinaire, les galeries destinées à recevoir ses œufs. Dans chacune des cellules superposées, un œuf est déposé, en même temps que la quantité de miellée strictement nécessaire à l'alimentation de la larve, jusqu'à sa nymphose. Cela fait, cette chambre est cloisonnée au moyen des débris de bois mastiqués avec de la salive. C'est dans la loge inférieure que se fait la première éclosion et, merveilleux effet de l'instinct, au lieu de percer, pour se donner de l'air, la couche des cellules superposées à la sienne, au risque de détruire le reste du couvain, l'Insecte premier-né perfore de ses fortes mandibules la paroi du bois la plus rapprochée, et s'en va. Les cadets sortent par la face inférieure de leurs cellules qu'ils perforent de la même manière.

C'est dans les terres sablonneuses que nichent les *Anthophores* (fig. 103). Le cloisonnement de leurs cellules est le même que chez les Xylocopes et c'est aussi par les cellules inférieures que commence l'éclosion. Pour faciliter la sortie des premiers nés, la cellule inférieure a son fond très rapproché de la paroi verticale dans laquelle est creusée la galerie recourbée. A l'entrée, comme le montre la figure 103, est adapté un entonnoir incliné vers le bas et composé de grains de sable gâchés avec de la salive.

Les talus de certaines sablières, voire de quelques murs,

Fig. 108. — Les Anthophores.

sont littéralement criblés de ces nids tout à fait indépendants les uns des autres, bien qu'ils offrent la trompeuse apparence d'habitations d'associés. Chacun vit si bien chez soi, sans lien de communauté avec ses voisins, que la destruction d'une famille est vue par les autres ménages avec la plus parfaite indifférence.

On trouve fréquemment, en France, *Anthophora retusa* L., *A. parietina* F., *A. quadrimaculata* (Panz.), *A. fuscata* (Panz.) et d'autres espèces plus ou moins rares.

Analogues aux Anthophores, les *Macroceres* s'en distinguent par leurs antennes plus longues ; il en existe une dizaine d'espèces en France.

Eucera longicornis L. est répandu dans toute l'Europe. Cet Insecte noir, avec des poils roux, fait son nid dans les terrains argileux. Le mâle a les antennes noires aussi longues que le corps.

Les *Ceratina* nidifient dans les tiges sèches de la ronce ; mais comme leurs mandibules ne sont pas assez fortes pour perforer les parties ligneuses, elles choisissent les tiges qui, sectionnées par les élagages, laissent à nu la moelle. En juin et en juillet, elles creusent un profond conduit dans la substance médullaire, pondent un œuf au fond, lui donnent sa provision de miellée, établissent une cloison avec des débris de moelle comprimés, pondent un second œuf et ainsi de suite.

L'éclosion des œufs a lieu rapidement, et au bout de deux mois l'évolution est terminée. Les adultes passent l'hiver, engourdis dans les nids où ils sont nés et s'y rassemblent quelquefois au nombre d'une vingtaine.

Les *Melectes*, d'un beau noir maculé de blanc pur, comme *M. luctuosa* (Scop.) et *Marmorata* (Panz.), s'introduisent furtivement dans les nids d'Antophores et pondent leurs œufs dans les cellules d'approvisionnement de ces derniers.

Les *Epioles* sont parasites des nids de *Colletes*, les *No=*

mada, de ceux d'autres Apides solitaires, tels que les *Eucères*, les *Andrènes*, etc.

Parmi les *Abeilles maçonnes*, les *Chalicodoma* fixent contre un mur à bonne exposition leur nid, bâti de toutes pièces en mortier. C'est toujours sur la pierre que *C. muraria* F. (fig. 104) applique sa construction hémisphérique contenant six ou huit cellules d'une solidité à toute épreuve. Souvent, la femelle se contente de réparer un nid de l'année précédente.

Fig. 104. — La Chalicodome des murailles, *Chalicodoma muraria* F.

Les *Osmies* font leur nid dans la terre, dans les crevasses des murs, dans les trous des arbres, dans les toits de chaume et quelquefois même dans les coquilles d'Helix dont elles maçonnent l'entrée. C'est toujours, d'ailleurs, avec du mortier, qu'elles édifient ces nids ; plusieurs cellules cloisonnées sont souvent formées dans les coquilles d'Hélix. Les Osmies, pour s'éviter du travail, recherchent volontiers les trous et les tiges déjà perforées.

Osmia rufa L. (10 à 12 millimètres), très commune aux environs de Paris, est noire à reflets bronzés, avec des poils fauves sur l'abdomen. Dès les premiers jours de printemps, on la voit butiner sur les fleurs des arbres fruitiers.

O. bicolor nidifie volontiers sur les toits de chaume ou dans les roseaux ; *O. cyanea* fait son nid sur les murs, les talus, les pierres et aussi dans les tiges de la ronce.

Une particularité du nid d'*Anthocopa papaveris* (Latr.), c'est que, creusé verticalement dans le sol et ne contenant qu'un seul alvéole, il est tapissé entièrement de rouge. Ces tentures ne sont autres que des pétales de coquelicots coupés dans les champs voisins du chemin sur lequel est établi le nid.

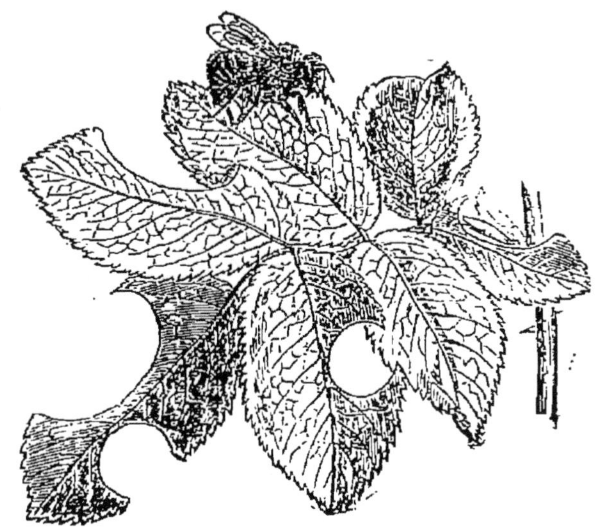

Fig. 105. — La Mégachile du rosier, *Megachila centuncularis* L.

Les *Mégachiles* creusent dans le sol des terriers obliques, ou bien s'installent dans les bois pourris, dont les fibres sont devenues friables. L'intérieur de ce tube est revêtu de morceaux de feuilles, découpées avec art, et dont l'églantier, le rosier, le poirier, le charme, le saule font les frais.

L'examen de la figure 105 montre avec quelle sûreté les

mandibules du frêle Insecte découpent en rond la portion de
feuille que, pliée en deux, il emportera, entre ses pattes, jusqu'à son habitation.

Jamais une feuille entière n'est utilisée, et les morceaux
semblent découpés sur des gabarits bien déterminés, variant
de dimensions suivant les besoins ; c'est qu'en effet ces tron-
çons de feuilles vont former les véritables cellules du nid.
L'Insecte, en les contournant, en compose des cornets s'em-
boitant les uns dans les autres et dont chacun reçoit une provision de miellée et un œuf. Chaque cornet ferme le précédent, et le dernier est bouché par quelques morceaux de
feuilles recouverts de terre ou de bois, suivant que le nid
est installé sous le sol ou dans un arbre.

Lucas cite une espèce de la Nouvelle-Calédonie, *M. aus-
tralis* (Lucas), dont le nid a été trouvé dans une serrure ;
c'est évidemment là un fait exceptionnel, mais il est remarquable de voir que la femelle, pour tapisser son nid, ne
découpe plus les feuilles en rond comme le font ses congénères d'Europe, mais se contente de les partager transversalement en deux, utilisant la partie séparée du pétiole. Ces
feuilles, légèrement recourbées, sont imbriquées comme les
tuiles d'un toit et rendues adhérentes par un liquide que,
sans doute, sécrète l'Insecte.

Les *Anthidies* adoptent volontiers, pour faire leur nid,
des cavités existantes qu'ils approprient.

A. stricticum F., du midi de la France et d'Algérie,
choisit des coquilles d'Hélix, qu'en Afrique il bouche avec un
mastic de terre et quelquefois de fientes de chameau. L'intérieur contient des cocons finement emmaillottés de soie ;
les interstices sont comblés par de petits cailloux.

Les *Andrénides* nidifient entre les pierres des murailles
ou dans la terre où elles creusent des terriers profonds exposés au midi, tantôt dans les terres meubles, tantôt dans les
sentiers battus. C'est de la sorte qu'agissent les *Panurgus*.

·P. *Banksianus*, qui appartient à notre faune, recherche, en juillet, les landes couvertes de bruyères ; *P. calcaratus*, espèce également française, qui butine sur les composées et les chicorées, installe ses terriers sur la bordure des chemins. Ces deux espèces, dont la première a environ 11 millimètres de long et la seconde 7 seulement, sont noires avec les ailes hyalines, nervées de roux. *Dasypoda hirtipes* F., proche parent des Panurgus, commun aux environs de Paris, est couvert d'une pubescence grisâtre très serrée ; chez la femelle, l'abdomen est noir, avec quatre lignes transversales blanches. Les pattes postérieures sont très allongées. On le prend sur les chardons et les chicorées.

Dours [1] signale 89 espèces d'*Andrena* propres à la France et fréquentant les ombellifères, les scabieuses, un grand nombre de composées.

Sous le rapport de la coloration, souvent variable dans une même espèce, au moins quant à la tonalité, on peut diviser les Andrènes en plusieurs catégories.

Parmi celles qui ont l'abdomen rouge ou rouge et noir, *A. cingulata* F (10 millimètres), à poils grisâtres, à l'abdomen cerclé de roux, se trouve, près de Paris. *A. pilipes*, également de la région de Paris, appartient au groupe à abdomen noir. Elle est plus grande que la précédente et construit son terrier dans les talus verticaux de sable. La troisième section renferme les individus dont l'abdomen est noir brillant, souvent avec reflets bleuâtres. Dans la quatrième, on a rangé ceux dont le thorax et l'abdomen sont recouverts de poils noirs et roux ; telle est *A. fulva* (Schranck) dont le mâle, beaucoup plus petit que la femelle, ne lui ressemble pas. On le voit, surtout de neuf à onze heures du matin, sur les fleurs du pommier et du groseillier épineux. *A. Clarkella*

---

[1] Dours, *Catalogue des Hyménoptères de France*, Amiens, 1874.

(Kirby) se trouve de très bonne heure sur les chatons des saules et des noisetiers.

Le mode de nidification des *Halictus* avait fait croire à Walckenaer qu'ils travaillaient et vivaient en société [1]. On voit, en effet, plusieurs femelles pénétrer dans le même trou ; l'orifice seul est commun, et à 15 centimètres de profondeur environ, il se ramifie en galeries latérales, inclinées par rapport au tube principal et ne communiquant pas entre elles. Chacune de ces galeries est creusée par un seul individu qui y dépose sa progéniture.

Les *Specodes* nidifient de la même manière et, quelquefois, les colonies sont mélangées.

Les *Prosopus* choisissent, pour installer leurs œufs, les tiges des végétaux pourvues d'un canal médullaire facile à percer; les églantiers et les ronces, surtout ces dernières, sont leurs habitations favorites, et les cellules sont régulièrement disposées dans les tiges sèches de ces végétaux.

Fig. 106. — Nid de *Colletes succinctus*.

Les *Colletes* établissent leurs nids dans les mortiers des murs; c'est un cylindre horizontal dans lequel des cellules,

[1] Walckenaer, *Mémoires pour servir à l'histoire naturelle des Abeilles solitaires qui composent le genre Halicte*, Paris, Didot.

en forme de dé à coudre, renferment la provision de miellée. L'intérieur du tube est enduit d'un mince revêtement membraneux et transparent, dont chaque cellule est également close.

Colletes succinctus, dont nous représentons le nid (fig. 106), affectionne les fleurs des bruyères ; une autre espèce, *C. cunicularius*, L. se trouve sur le saule marsault.

VESPIDES. — Les *Vespides* comprennent les Guêpes sociales dont les colonies se composent de mâles, de femelles et de neutres ; elles nidifient en commun, amassent du miel dans leurs cellules, mais ne produisent pas de cire.

Les méthodes employées par les Vespides pour l'édification de leurs nids sont fort différentes. Les matériaux dont ils font usage consistent en fibres de bois mort entrant déjà en décomposition, ou bien en brins d'écorces enlevés aux arbres vivants. Leurs outils sont les divers organes de la bouche ; aussi ces organes sont-ils merveilleusement appropriés aux fonctions multiples qu'ils doivent remplir.

Les mandibules servent à détacher, à diviser et à comprimer les fibres de bois mort ou celles de l'écorce fraîche. Ramenées à un petit volume, ces fibres sont agglutinées à l'aide d'une matière visqueuse dégorgée par la bouche. Transportées au nid, toujours au moyen des mandibules, réduites en lames minces par les mêmes organes et mises en place, elles sont enfin recouvertes, avec la langue, de la même liqueur gluante qui a servi à les réunir. Dans cet état, elles ont un aspect brillant et argentin qui ne s'efface qu'avec le temps.

Plusieurs espèces de Vespides construisent leur nid sous terre, et choisissent, pour le placer, une cavité contenant une racine assez solide pour soutenir les premiers matériaux. Les nids de cette nature se composent d'une enveloppe extérieure ou *manteau*, et de sept ou huit gâteaux, placés horizontalement. Aucun d'eux ne touche, par ses côtés, à l'enveloppe

extérieure, et l'espace qui les sépare est assez grand pour
que les habitants puissent circuler librement. Le premier
gâteau est attaché à la voûte de l'édifice par des piliers, fabriqués avec les matériaux dont nous venons de parler ; le
second est supendu au premier de la même manière, le troisième au deuxième, et ainsi de suite.

Les brins de bois, apprêtés par les Guêpes, acquièrent, par
la trituration, une sorte de consistance pâteuse qui permet à
ces industrieux Insectes de les modeler à leur gré. C'est
ainsi que l'enveloppe intérieure du nid est formée de minces
lames superposées et soudées les unes aux autres, que les
cellules sont des prismes hexagonaux fermés par de petites
cupules, que les piliers enfin sont des cylindres terminés par
des empâtements, sortes de chapiteaux qui leur donnent, avec
les gâteaux, l'adhérence nécessaire.

Lorsqu'une jeune femelle veut fonder une colonie, elle
construit un pilier qu'elle attache à la voûte de la cavité
qu'elle a choisie. A l'extrémité de ce pilier, elle fabrique
d'abord une cellule, puis d'autres, autour de la première.

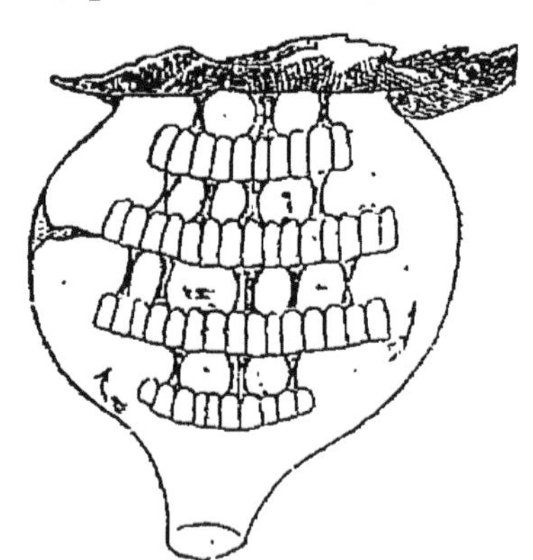

Fig. 107. — Nid de *Polybia ampullaria*.

Chacune de ces cellules reçoit un œuf donnant naissance à
une larve. A ce moment, le travail de la femelle se ralentit :
elle a à pourvoir, non seulement à l'édification de nouvelles
loges, mais encore à la nourriture des larves déjà écloses.

Les premiers œufs produisent des ouvrières qui, bientôt parvenues à l'état adulte, prennent part à la construction du guêpier et à l'éducation des nouvelles larves. Le nid prend alors plus d'extension ; le trou qui le contient devient l'objet de travaux de déblai, qui consistent à emporter au dehors les parcelles de terre et les grains de sable encombrants ; la cavité s'agrandit, les gâteaux se multiplient, l'enveloppe, enfin, s'achève et le guêpier terminé, offre l'aspect d'une masse ovoïde dont l'entrée, de la grosseur du doigt, est située à la partie inférieure comme dans la figure 107.

La construction que nous venons de décrire est l'œuvre de la *Guêpe vulgaire (Vespa vulgaris* F.). On trouve souvent sur les arbres, au plus fort de la feuillée, des guêpiers exactement semblables, quant à la forme et à la disposition intérieure, à ceux de la Guêpe vulgaire, mais de dimensions plus grandes ; ces nids sont dus à une autre espèce du genre Vespa *(V. sylvestris).*

La *Vespa crabro* ou plus vulgairement le *Frelon* (fig. 108) est la plus grosse de nos Guêpes européennes. Toutes les personnes qui ont habité la campagne connaissent ce grand *Hyménoptère*, long de trois centimètres, à la tête fauve, garnie de fortes mandibules jaunes, au corselet noir, à l'abdomen rayé de jaune, aux pattes rousses.

La piqûre de cet insecte est plus douloureuse que celle de la Guêpe ordinaire, et occasionne quelquefois une enflure assez forte. L'aiguillon reste dans la plaie, mais après l'avoir retiré, il suffit, dans la plupart des cas, pour calmer la douleur, de frotter la blessure avec de l'ammoniaque étendue d'eau ou de la recouvrir d'une compresse faite avec des feuilles de persil écrasées.

Les Frelons construisent leurs nids dans les forêts ou dans les haies renfermant de vieux arbres, mais comme leur vol s'étend fort loin, on les voit souvent dans les jardins, en compagnie de la Guêpe vulgaire, attaquer les fruits su-

crés. A l'époque des vendanges, ainsi que pendant la récolte
des pommes, ils voltigent autour des pressoirs et se posent
sur les tas de marc.

FIG. 108. — La Guêpe frelon, *Vespa crabro.*

Le Frelon choisit pour faire son nid, un arbre creux, un
saule, un peuplier, un vieux chêne, quelquefois un trou de
mur, ou même un recoin du grenier peu fréquenté.

Pour la confection de ce nid, il emploie des brins d'écorce,
empruntés à divers végétaux et notamment au frêne. Ces
brins, malaxés avec sa salive, forment un produit jaune fauve,
cassant et s'émiettant facilement sous les doigts. Lorsque
l'entrée du trou, choisi par les Frelons pour installer le guêpier, leur semble trop grande, ils la rétrécissent au moyen
d'une cloison en carton ; de même, si la cavité est trop vaste,
le nid est protégé par une enveloppe de même nature.

Comme chez plusieurs autres espèces du genre *Vespa*, le premier rayon, composé de cellules hexagonales, est suspendu à son point d'appui par un pédoncule qui supporte tout l'édifice.

Les colonies de Frelons, lorsqu'elles sont au complet, comptent environ deux ou trois cents individus.

Chaque cellule reçoit un œuf, donnant naissance à une larve qui, au moment de la nymphose, tapisse de soie l'intérieur de sa cellule et la bouche avec un couvercle de même matière. Après quelques jours passés à l'état de nymphe, l'Insecte parfait ronge le couvercle par le milieu, et agrandit le trou jusqu'à ce qu'il soit assez large pour lui livrer passage.

Comme la plupart des Guêpes, les Frelons se nourrissent de sucs végétaux qu'ils empruntent aux fruits, la structure de leur bouche ne leur permettant pas, comme aux Abeilles, de récolter le nectar au fond des corolles des fleurs. Mais, dans les jours de disette, au printemps par exemple, avant la maturité des fruits, ils font la guerre aux autres Insectes.

Les Diptères qui se nourrissent de matières sucrées deviennent leur proie, les Abeilles elles-mêmes ne sont pas épargnées ; réduits en bouillie par les fortes mandibules du Frelon, ces Insectes sont emportés dans le guêpier et servent à l'alimentation des jeunes larves.

Les *Polistes*, voisines des Guêpes proprement dites, ont un mode de nidification différent, bien qu'elles emploient les mêmes matériaux. Leurs colonies sont moins nombreuses, et par suite leurs nids moins volumineux. Ils sont dépourvus d'enveloppe extérieure, mais toujours placés à bonne exposition, dans un lieu très chaud et abrité du vent. On en trouve souvent attachés aux branches des arbustes, le long des espaliers ou sur les murs exposés au midi.

La femelle commence son nid en entourant d'un collier solidement fixé la branche qui doit servir de point d'appui à l'édifice. Sur ce collier, elle bâtit ses cellules qui, au lieu d'être verticales, comme celles du genre *Vespa*, sont au contraire plus ou moins inclinées ; le gâteau s'élargit, du centre à la circonférence, et finit par représenter une sorte de calotte sphérique. Lorsqu'il devient nécessaire d'ajouter un second gâteau au premier — et le fait est rare — des piliers soutiennent la nouvelle construction. Chacun a pu remarquer dans les champs et les jardins ces élégants guêpiers (fig. 109), œuvre de la *Poliste française (Polistes gallica)*, qui est commune aux environs de Paris.

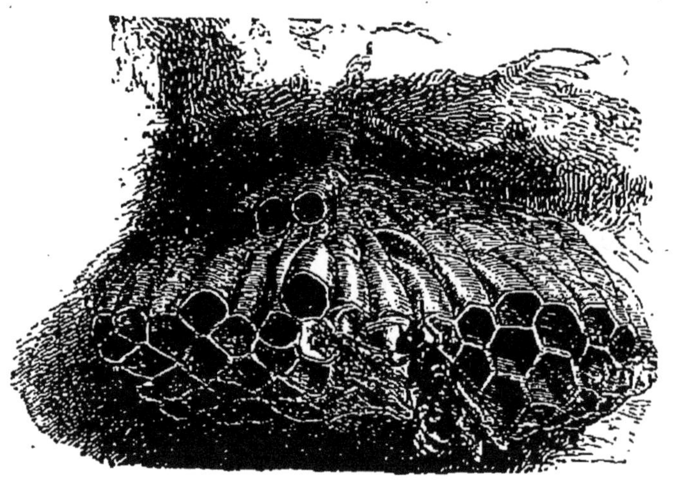

Fig. 109. — Nid de *Polistes gallica*.

L'Amérique méridionale abonde en Vespides dont les habitations sont remarquables par la légèreté et le fini du travail.

La *Guêpe tatou (Epipona tatua* Lep. Saint-Farg.), originaire de Cayenne, dispose sa demeure autour d'une branche d'arbre ; les gâteaux circulaires y sont rangés par étages et complètement isolés les uns des autres. Un simple pédoncule les tient unis à la branche (fig. 110). Autour des gâteaux règne un vaste espace libre, entouré par une gaine protectrice enveloppant, dans leur ensemble, le nid et la branche qui le traverse. Cette gaine, construite en forme de fuseau, ressemble grossièrement à une carapace de tatou, de là le

nom spécifique donné à la Guêpe pour laquelle, d'ailleurs,
M. de Saussure a créé le genre *Tatua*.

Les *Chartegus* nous offrent un exemple bien plus surpre-
nant encore du degré de perfection
que peuvent atteindre certans guêpiers américains.

Soit que le choix des matériaux
ait une influence prépondérante, soit
que les organes buccaux se prêtent mieux au travail, les *Chartegus* fabriquent de véritable carton, de là le nom de *Guêpes car-
tonnières* qu'on leur donne généralement.

« L'enveloppe, dit Réaumur, en
parlant de ces guêpiers, est une
espèce de vase solide qui soutient
une forte pression. Il est d'un carton
qui ne le cède en rien au plus beau,
au plus blanc, au plus fort que nous
sachions faire. »

Les nids des Guêpes carton-
nières contiennent souvent de dix

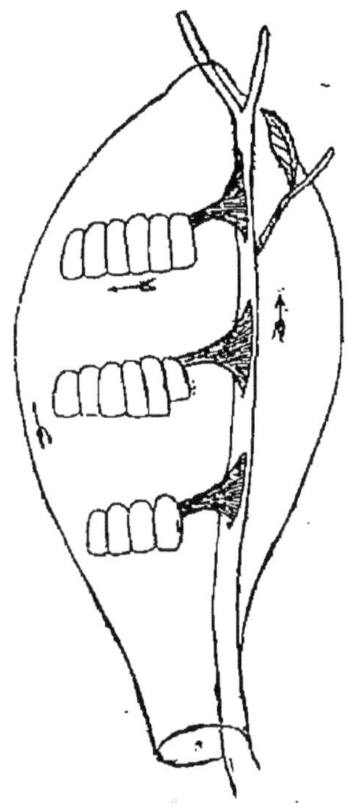

Fig. 110. — Nid d'*Epipona
tatua*.

à douze rayons adhérents à l'enveloppe extérieure, mais
n'ayant entre eux aucun point de contact. L'entrée de l'habitation est un trou placé à la partie inférieure et auquel correspond, dans chaque gâteau, un trou semblable qui permet
la circulation des ouvrières.

Belonogaster rufipennis (fig. 111) est un Insecte de
Port-Natal, curieux à la fois par sa structure et par sa nidification. De forme svelte et élancée, cette Guêpe a l'abdomen
fortement pédicellé. Le noir et le roux se mélangent dans sa
coloration, les ailes restant jaunâtres.

Cet Hyménoptère recherche les habitations et sa piqûre est

très douloureuse. Sous les tuiles d'un toit, sous l'entablement d'une porte, dans quelque coin tranquille, il construit une longue tige qui servira de support à son nid. Au bout de cette tige, il fabrique des cellules blanches et fragiles, formant comme une fleur se balançant au bout de son pédoncule.

Fig. 111. — Le Belonogaster à ailes rousses et son nid, *Belonogaster rufipennis.*

Les *Euménides* ou *Guêpes solitaires* puisent leur nourriture, à l'état adulte, dans les fleurs, tandis que leur larves sont insectivores.

Eumenes pomiformis F. (8 à 12 millimètres) a l'abdomen longuement pédonculé, en forme de gourde. Cet Insecte, noir et jaune, fait son nid de terre fine, gâchée avec de la salive. On trouve souvent ce nid dans les trous de la meulière ; il est gris blanchâtre et affecte une forme hémisphérique ; il est surmonté par un goulot d'entrée cylindrique. La fabrication

a lieu par anneaux successifs, la base étant solidement collée
à une pierre exposée au midi. Un œuf est pondu dans chaque
nid et, après avoir approvisionné la cellule, la mère en ferme
l'entrée avec de la terre travaillée comme celle qui compose
les parois. On aurait aussi vu de ces nids sur les arbustes,
sous les écorces soulevées, sur des tiges de seigle, sur des
feuilles, sur des pieux de clôture, et même sur les vitres des
maisons. Où qu'ils soient, ils sont construits en juillet et en
août et, comme on a fréquemment aperçu des Eumènes transporter des Insectes vivants, on en a conclu qu'ils en appro-
visionnaient leurs cellules dans lesquelles on a trouvé, d'ailleurs, des larves du Charançon de la luzerne et des chenilles
de Phalénides.

Fig. 112. — L'Odynère des murs et son nid, *Odynerus parietum* L.

Parmi les *Odynères*, *Odynerus parietum* L. (fig. 112)
se fait remarquer par la forme de son nid creusé dans les
vieux murs d'argile.

O. spinipes L. s'installe, soit dans les murs, soit dans les
talus argileux. En dehors, une cheminée tubulaire, de trois à
quatre centimètres de longueur, recourbée vers le bas, protège l'entrée du souterrain ; à la fin de juin, lorsque le nid est

approvisionné, l'Insecte démolit cette cheminée et en utilise les matériaux pour boucher l'entrée du terrier.

Les larves d'Odynère sont jaunes d'ambre ; elles se nourrissent de proies vivantes, que les mères ont le soin de déposer dans les nids. Des larves de Charançons, anesthésiées par un coup d'aiguillon, y sont apportées une à une ; elles y demeurent engourdies et sont dévorées, jour par jour, jusqu'à la dernière. A ce régime, la larve de l'Odynère croît rapidement. Puis, elle s'entoure d'un cocon soyeux, vêtement d'hiver qu'elle ne quitte qu'au mois de mai de l'année suivante, époque de la nymphose. En juin, naît l'adulte.

D'autres Odynères, dont *O. lævipes*, est le type, nichent dans le canal médullaire du sureau et surtout de la ronce. La femelle choisit une grosse tige coupée et inclinée vers le sol, pour que l'orifice soit abrité contre la pluie. La tige est creusée à un décimètre et la moelle rejetée au dehors. C'est dans cette galerie que sont placées à la file, non pas bout à bout, mais espacées de quatre millimètres, les coques faites d'un mortier de terre et de parcelles de moelle. Une cloison solide de moelle gâchée les sépare. Leur nombre varie de deux à dix. Chacune est approvisionnée de dix ou douze larves vertes, empilées et roulées en cercle. La larve, qui parvient à son entier développement au bout de douze jours, après avoir épuisé ses provisions, revêt sa coque d'un enduit luisant qui ferme également l'entrée du tuyau, et s'endort jusqu'au mois de mai suivant, époque de la métamorphose. La nymphe la plus rapprochée du sommet donne, en premier lieu, naissance à l'adulte ; les autres restent engourdies jusqu'à ce que l'éclosion des précédentes ait mis leur cellule en contact direct avec l'air ambiant.

CRABRONIDES. — Les *Crabronides* sont des fouisseurs qui, adultes, butinent sur les fleurs ; ils nourrissent leurs larves d'Insectes vivants anesthésiés.

Les *Cerceris* ont pour caractères distinctifs des antennes

très rapprochées à leur insertion et renflées à leur extrémité, des mandibules tridentées, des pattes épineuses et un abdomen dont les segments, resserrés à la base, forment comme une série de petits créneaux.

Les uns choisissent, pour établir leurs retraites, un terrain horizontal, un sol battu et solide, les autres des talus escarpés et des pentes abruptes. Tous recherchent les endroits qui restent exposés au soleil pendant la plus grande partie de la journée.

Cerceris buprestoides, dont Léon Dufour a écrit l'histoire, établit ses galeries dans les terrains compactes, spécialement dans les allées des jardins dont le sol est tassé. L'orifice de l'habitation est masqué par un petit monticule de sable élevé avec les déblais.

Le terrier, d'abord vertical, forme bientôt un coude, prend une inclinaison plus ou moins prononcée et s'enfonce jusqu'à environ trente centimètres de profondeur. Là, cinq cellules ellipsoïdales, disposées en demi-cercle, et séparées les unes des autres, reçoivent les œufs.

Dès que la ponte commence, le Cerceris se met en chasse et, avec un merveilleux instinct, parvient à se procurer les espèces de Buprestides réputées les plus rares et qui sont la nourriture exclusive de ses larves. Guettant sans cesse les trous d'arbres qui servent de refuge à ces brillants Insectes, le Cerceris se précipite sur eux à leur sortie, les pique de son aiguillon et, les étreignant avec ses pattes, prend son essor pour regagner sa demeure. La victime est déposée à quelque distance du terrier. Le Cerceris la saisit alors par la tête avec ses mandibules, et, entrant à reculons dans sa galerie, l'entraîne avec lui. Trois Buprestes sont ainsi placés dans chaque loge pour une seule larve. La cellule, aussitôt pourvue, est hermétiquement fermée avec de la terre par l'ingénieux Hyménoptère.

Un autre Cerceris, le plus grand d'Europe, *C. tubercu-*

lata a fait, de la part de Fabre, l'objet de curieuses observations. Il creuse ses galeries vers la fin de septembre et choisit les talus à pentes rapides, s'inquiétant peu, d'ailleurs, de la nature du sol, pourvu qu'il soit suffisamment friable. D'un autre côté, ce Cerceris recherche pour ses larves un Charançon de grande taille *(Cleonus ophthalmicus)*. On est étonné en voyant le frêle Hyménoptère arriver à tire-d'aile, portant, étroitement embrassé entre ses pattes, un Cleonus du poids de deux cent vingt-cinq milligrammes, alors que lui-même n'en pèse que cent cinquante.

Le Cerceris s'arrête au pied du talus où se trouve son nid et y dépose son fardeau. Alors commence une ascension pénible, souvent interrompue par des culbutes. L'opiniâtreté de l'Hyménoptère qui saisit, avec ses puissantes mandibules, le rostre du Charançon, et qui entraîne sa proie en marchant à reculons jusqu'au haut de la pente, puis jusqu'au fond du repaire, triomphe enfin de tous les obstacles.

La promptitude avec laquelle le Cerceris sait découvrir ses victimes est vraiment surprenante, car si l'on parvient à lui ravir sa proie, il ne se passe pas dix minutes avant qu'il revienne chargé d'un nouveau butin, et cela plusieurs fois de suite.

C. quadricincta se contente de Charançons plus petits; il emmagasine une trentaine d'Apions dans chacune de ses cellules.

Un fait singulier de l'histoire des Cerceris a longtemps attiré l'attention des entomologistes. Les Insectes trouvés dans les cellules sont toujours d'une extrême fraîcheur. Quoi qu'ils soient souvent enfouis depuis longtemps, leurs couleurs brillent de tout leur éclat, les membres, loin d'avoir la rigidité cadavérique ont conservé leur souplesse; les fonctions vitales semblent s'exercer encore, le mouvement seul est suspendu.

Léon Dufour, ayant recueilli des Buprestes dans un nid de

Cerceris, les garda pendant plusieurs jours dans des cornets
de papier et put constater, en les disséquant, que les viscères
n'étaient ni desséchés ni putréfiés, ce qui arrive en très
peu de temps, dans les circonstances ordinaires, pour les Coléoptères de cette taille.

Fabre réussit à expliquer ce phénomène en observant
d'abord directement la manière dont *Cerceris tuberculata*
attaque les *Cleonus*. Il remarqua que la piqûre qui amène
la paralysie est toujours pratiquée entre le corselet et l'abdomen. En inoculant, sur des Coléoptères de différents groupes,
un liquide caustique, à l'endroit même où il avait vu le Cerceris enfoncer son aiguillon, il parvint à produire, sur les
Scarabéides, les Curculionides et les Buprestides, exactement les mêmes symptômes que ceux dus à la blessure du
Cerceris; sur d'autres Coléoptères au contraire, il occasion-
nait seulement de violentes convulsions qui cessaient promptement ou qui entraînaient la mort, lorsque l'inoculation était
souvent répétée. Ces différences se produisaient suivant que
l'Insecte appartenait à telle ou telle famille. Dans les unes,
en effet, les ganglions du mésothorax et du métathorax sont
bien distincts, dans d'autres ils tendent à se confondre, formant ainsi un centre nerveux plus considérable. C'est précisément chez les Insectes présentant ce dernier type d'organisation que l'effet de l'inoculation est le plus complet. Il est
donc probable que la mort apparente des Insectes, que les
Cerceris accumulent dans leurs galeries, est due à l'action
d'un liquide caustique agissant sur le système nerveux. Ce
liquide, versé dans la plaie par l'aiguillon de l'Hyménoptère,
ne produit la paralysie qu'autant que le centre nerveux attaqué est suffisamment considérable; c'est, d'après Fabre, ce
qui explique le choix des Cerceris.

Le type du genre *Philanthus* est *P. apivorus* dont les
mœurs ont été étudiées par Latreille. Dans les talus de sable
exposés au levant, la femelle creuse, avec ses tarses antérieurs,

des trous inclinés, ayant parfois jusqu'à 30 centimètres de
profondeur; elle rejette les déblais derrière elle avec ses
fortes pattes postérieures. Ce sont surtout les Abeilles domestiques, les ouvrières, et jamais les faux Bourdons que
recherche le Philanthe. Il les saisit sur les fleurs, en général sur les ombellifères, ou même au vol, à l'entrée des ruches,
les anesthésie d'un rapide coup d'aiguillon, lèche la goutte
sucrée que les Abeilles blessées dégorgent, les emporte
ventre contre ventre, serrées par les quatre pattes de devant,
celles de derrière restant étendues. Le vol du Philanthe est
très ralenti par ce lourd fardeau. Au fond de chaque terrier
est une seule larve blanchâtre, approvisionnée d'une demi-
douzaine d'Abeilles engourdies, pouvant encore, pendant une
quinzaine de jours, mouvoir lentement les jambes et les tarses.

FIG. 113. — Le Philanthe couronné, *Philanthus coronatus*

La larve se file un très élégant cocon papyracé, d'un roux
brunâtre, semi transparent, ayant la forme d'un flacon
ovoïde, surmonté d'un long goulot cylindrique par où sor-
tira l'adulte.

Nous représentons (fig. 113) une autre espèce française,
P. coronatus F.

Tripoxylon frigulus L. (8 à 10 millimètres), commun aux
environs de Paris au printemps, sur les rosiers et les anthe-
mis, est entièrement noir et de forme allongée.

Si cet Hyménoptère se contente parfois de réparer un nid

abandonné, il s'installe, le plus souvent, dans les tiges de ronces sèches. Il perfore la partie centrale de la moelle en ménageant les bords. Son trou a 3 millimètres de diamètre sur une longueur variant entre 6 et 20 centimètres; il contient d'une à huit cellules superposées, mais distantes les unes des autres et cloisonnées par une rondelle de terre mêlée à de la moelle. Aucune communication n'unit l'une à l'autre. Chaque cellule est approvisionnée par trois ou quatre petites Araignées, sans distinction d'espèce.

En juin, le nid est terminé, la larve éclôt en juillet et, au bout d'un mois environ, elle s'enferme dans une coque soyeuse où elle passe l'hiver, engourdie. Au printemps elle se transforme; enfin, en mai, l'adulte déchire sa coque et prend son essor.

Les *Crabro*, de mœurs analogues à celles des Cerceris, paralysent comme eux les Insectes déposés dans leurs cellules. Quelques-uns y rassemblent toujours la même espèce, d'autres varient leurs provisions : ce sont des Diptères, des

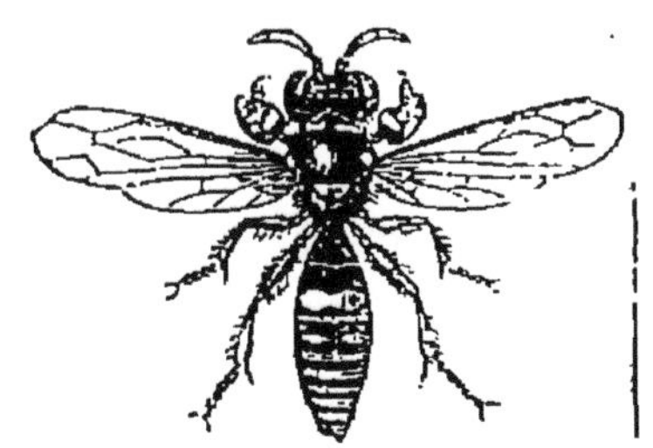

Fig. 114. — Le Crabro céphalote, *Crabro cephalotes* F.

Pucerons. Les uns creusent le sable, les autres s'installent, dans les galeries abandonnées, à l'intérieur des branches d'arbre; une des espèces appartient à la ronce, c'est *C. rubicola* L. Duf. Goureau a trouvé dans une branche de chêne un nid de *C. vagus;* E. Perris a rencontré la même espèce dans une souche de pin. Il pense que ces Insectes ap-

proprient à leur usage des trous creusés par des Xylocopes,
l'année précédente.

C. cephalotes F. (fig. 114) (10 à 14 millimètres) se
trouve aux environs de Paris; il est jaune et noir.

Les *Oxybelus* font la chasse aux Mouches, sur les ombellifères, et les emportent, pour nourrir leurs larves, au fond des
terriers qu'ils creusent dans les terrains sablonneux.

Les *Psen* et les *Mimesa* confient leur ponte aux tiges
creuses de la ronce; les premiers entassent dans leur nid des
larves de Cicadelles, les seconds préfèrent les nymphes de
Psylles.

Les *Mellinus*, comme les *Crabro*, creusent leurs trous
dans le sable et déposent huit à dix Mouches dans chacun
des nids, qui ne contiennent qu'un œuf. Goureau a vu *M. ar-
vensis* L. s'emparer d'un Diptère posé sur une bouse. Il
s'avance en rampant, saute sur sa proie, la saisit par le cou,
avec ses mandibules, par le corps, avec ses pattes, et l'emporte d'un vol rapide; cependant, il l'abandonne s'il l'a tuée
dans la lutte.

Les *Bembex*, au vol rapide, qui bourdonnent devant les
fleurs, recherchent aussi les terrains sablonneux et fréquentent volontiers les dunes. Les nids sont souvent très rappro-
chés les uns des autres; c'est sans doute par crainte de
l'agression des voisins que les femelles bouchent leur trou
chaque fois qu'elles vont aux provisions. Ces provisions
consistent en Diptères de forte taille, tels que les Tabaniens,
qu'elles rapportent anesthésiés par leur piqûre. Chaque terrier ne contient qu'un œuf, chaque œuf a une provision de
dix à douze Mouches, et la femelle pond une dizaine d'œufs.
Le trou, une fois garni, est comblé. C'est ainsi que pratique
B. rostratus L. Une autre espèce, étudiée par Fabre, nourrit ses larves au jour le jour, leur apportant des Diptères,
non plus paralysés, mais tués par la femelle, qui leur lacère
le cou avec ses mandibules. Ces Diptères sont choisis de di-

FIG. 115. — Les Bembex.

mensions convenables, et leur taille est toujours appropriée à celle de la larve; ils sont petits d'abord, puis plus gros, à mesure que grossit le consommateur.

SPHÉGIDES. — Parmi les *Sphégides*, on ne retrouve plus que rarement cette coloration jaune mariée de noir qui, chez les Crabronides, rappelait l'aspect des Guêpes; cependant les mœurs de ces deux groupes ne diffèrent pas beaucoup, car l'un et l'autre renferment des Hyménoptères fouisseurs, pourvoyant leurs larves d'Insectes engourdis par une piqûre. L'abdomen est ordinairement soutenu par un pédoncule souvent grêle et très allongé.

Maurice Girard décrit ainsi l'industrie du *Sphex flavipennis* F., belle espèce du Midi: « A chaque terrier correspondent ordinairement trois cellules, rarement deux, plus rarement encore quatre. Or, la dissection montre que chaque femelle peut pondre une trentaine d'œufs, ce qui porte à dix le nombre des terriers nécessaires. D'autre part, les travaux s'effectuant en septembre seulement, le Sphex n'a que deux ou trois jours à consacrer à chaque terrier et à ses provisions, une douzaine de Grillons par terrier, et il faut décompter les jours de vent, de pluie et de temps froid et sombre, qui suspendent tout travail. De là une activité continuelle, des demeures rapidement creusées et peu solides et par suite annuelles, tandis que les Cerceris ont des terriers séculaires, très résistants aux outils, transmis de génération en génération, et rendus chaque année plus profonds. Aussi les larves des Sphex, qui ne sont protégées que par une mince couche de sable, sauront, grâce à des glandes sérifiques très développées, se revêtir d'une triple et quadruple enveloppe imperméable [1]. »

Mêmes mœurs chez les *Ammophiles*, mais ici, les vic-

---

[1] Maurice Girard, *Traité élémentaire d'entomologie*, 1879, t. II, p. 965.

times sont des chenilles de Papillons hétérocères et, à ce titre, les Hyménoptères de ce groupe sont utiles.

Les *Pélopées* sont maçonnes, et si on les voit parfois fouiller le sol, c'est pour y puiser les matériaux indispensables à leur architecture. Les nids, fabriqués avec de petits cylindres de mortier collés les uns aux autres, formant une sorte de spirale continue, sont appliqués le long des murs, sous les entablements ou les corniches des maisons. Chaque cellule ne contient qu'un œuf et est largement pourvue d'Araignées anesthésiées, choisies, de préférence, parmi les Epeires et les Clubiones n'ayant pas encore atteint toute leur taille. Toutes les espèce de Pélopées sont méridionales.

Pompilides. — Les *Pompilides* sont des Insectes fouisseurs courant avec agilité, auscultant de leurs antennes les moindres cavités, pour y diagnostiquer la présence des Araignées qu'ils donneront en pâture à leur progéniture.

L'abdomen des *Pompiles* est diversement coloré suivant les espèces; il en est qui l'ont noir, d'autres noir à bandes jaunes, à taches blanches, à bandes rouges, certaines entièrement rougeâtre ou enfin mélangé de rouge, de brun et de blanc.

Pompilus viaticus L. qui appartient au groupe à abdomen noir varié de roux à la base, creuse sa galerie sur le bord des chemins sablonneux. Il ne craint pas d'attaquer les Araignées sur leur toile et marche avec assurance sur ce tissu funeste à des Hyménoptères bien plus forts que lui. L'attaque est prompte, le Pompile s'élance, saisit sa proie (fig. 116), l'emporte entre ses pattes et, souvent, la pose à l'écart avant de l'enfouir. Débarrassé de sa lourde charge, il se met au travail, creuse son trou, revient, de temps à autre, voir si sa capture n'a pas changé de place. Le trou terminé, le Pompile, au contraire des autres Hyménoptères fouisseurs, dépose son Araignée à l'entrée de son repaire et l'y pousse avec sa tête. La provision d'un trou contenant un œuf est de sept ou huit Araignées, le trou est ensuite bouché. Certaines espèces s'établissent dans les vieux bois, quelquefois même dans les tiges de ronce laissées libres par des Odynères.

Fig. 116. — Pompile s'emparant d'une Araignée.

Fig. 117. — Scolie hémorroïdale, *Scolia hæmorrhoidalis* F. (♂ et ♀.

Les *Scolies* (fig. 117), aimant la chaleur, manquent dans le nord de la France; ce sont de grands Hyménoptères fré-

quentant les jardins. Le Scolie femelle s'enfonce dans les
tas de terreau contenant les larves de l'*Oryctes nasicornis*
et accole son œuf au ventre de ces larves. A l'éclosion, la
jeune larve de l'Hyménoptère enfonce sa tête dans l'abdomen de la larve du Coléoptère, la dévore petit à petit, en
huit jours, sans lâcher prise, puis se file un cocon brun, dans
lequel elle se métamorphose.

FIG. 118. — Mutille européenne, *Mutilla europæa* L.

Les deux sexes des *Mutilles* sont tout à fait dissemblables, les mâles étant ailés alors que les femelles sont aptères.
Ces Insectes vivent en commensaux dans les nids d'Hyménoptères fouisseurs. C'est ainsi que *Mutilla europæa* L.
(fig. 118), commune en Russie, fréquente les nids de *Bombus muscorum* et *lapidarius ;* l'Insecte est poilu et on y
remarque des mâles à thorax rouge et des mâles à thorax
noir. On trouve certaines espèces dans les coquilles d'Hélix
contenant des nids d'Osmies.

FORMICIDES. — Les Formicides vivent en communauté
et forment des Sociétés analogues à celles des Termites. Dans
les cas les plus ordinaires, la colonie ne comprend, il est
vrai, que des mâles, des femelles et des ouvrières, mais on

trouve, chez certaines espèces exotiques, des soldats qui affectent une forme particulière et qui se font remarquer par la grosseur de leur tête. Souvent aussi les ouvrières sont de deux sortes et occupent, dans l'état, des fonctions fort différentes. Les unes se consacrent à l'éducation des larves, les autres jouent le rôle de pourvoyeuses et d'architectes. Les neutres sont toujours aptères, les mâles sont presque toujours ailés et les femelles portent, jusqu'au moment de la fécondation, des ailes caduques, qu'elles coupent avec leurs mandibules ou qui se détachent d'elles-mêmes.

A une certaine époque de l'année, variable avec les contrées, les mâles et les femelles quittent leur habitation et s'élancent dans les airs pour s'accoupler.

Les Fourmis ont une alimentation semi-fluide. Elles recherchent les matières sucrées, les gommes issues des végétaux et s'accommodent volontiers des Insectes mous, morts ou vivants.

Les femelles et les ouvrières ont toujours un appareil à venin. Il sécrète de l'acide formique qui imbibe l'aiguillon, dont plusieurs espèces sont armées, et rend sa piqûre douloureuse.

Il existe des fourmilières édifiées en dôme au-dessus du sol, composées de monceaux de brindilles et de débris de feuilles. On en voit dans le tissu ligneux des vieux arbres perforés en tous sens. D'autres sont dissimulées sous terre et on n'en aperçoit que l'orifice, celui-ci même est souvent caché sous une pierre. D'une manière générale, on peut dire que les fourmilières comprennent des galeries, des nourriceries, des chambres d'aérage et, quelquefois, des magasins de provisions. Les Fourmis sont ennemies de la sécheresse, et il règne toujours une certaine humidité dans leur logis. Par le froid, elles s'engourdissent, pour reprendre leur activité dès que la température s'élève.

Outre les particularités sexuelles que nous avons indiquées, les Formicides ont pour caractères distinctifs des antennes de cinq à treize articles, coudées et souvent en massue ; de fortes mandibules ; l'abdomen pédonculé.

Le taille des neutres est ordinairement plus faible que celle des femelles, les mâles ayant des dimensions intermédiaires. Ce sont les neutres qui, de beaucoup, dominent en nombre dans les fourmilières ; on y trouve fréquemment plusieurs femelles fécondes, vivant en bonne intelligence, au nombre, quelquefois, d'une trentaine. Les mâles, même ceux qui n'ont pas été accouplés, périssent peu après la période de l'essaimage. Les femelles fécondées tombent sur le sol après l'acte de la reproduction, sont recueillies par les ouvrières, et réintégrées dans leur fourmilière d'origine, ou bien entraînées vers une autre en construction. La femelle meurt après sa ponte.

On admet comme incontestable que des ouvrières pondent des œufs féconds, et il existe sans doute là des phénomènes de parthénogenèse encore mal éclaircis.

Les œufs sont réunis en petits paquets par les ouvrières qui les lèchent constamment et semblent les nourrir, par endosmose, à travers la coque, car ils continuent à grossir. Les larves sont apodes, aveugles et incapables de se nourrir seules. Elles sont complètement sous la dépendance des ouvrières qui leur témoignent la plus grande sollicitude. Les ouvrières font aux larves une toilette soignée. Elles dégorgent à leur intention une liqueur sucrée, aussitôt léchée avec avidité, les transportent à l'endroit convenable, suivant que la chaleur ou l'humidité leur sont favorables. Chacun a vu ces transbordements, si fréquents dans les fourmilières, de ce qu'on appelle les *œufs de Fourmis*. Ce sont ces œufs ou plutôt ces larves que recherchent les éleveurs pour la nourriture des jeunes faisans et des jeunes perdrix.

Tantôt les larves restent nues pendant la nymphose, tantôt elles se filent un cocon.

Si l'esclavage est aboli dans les contrées civilisées, il n'en est pas de même dans le monde des Fourmis. La vie et les mœurs de *Polyergus rufescens* sont là pour le démontrer. Ces Fourmis, rouge brun, connues sous le nom de *Fourmis amazones*, sont originaires de l'Europe méridionale.

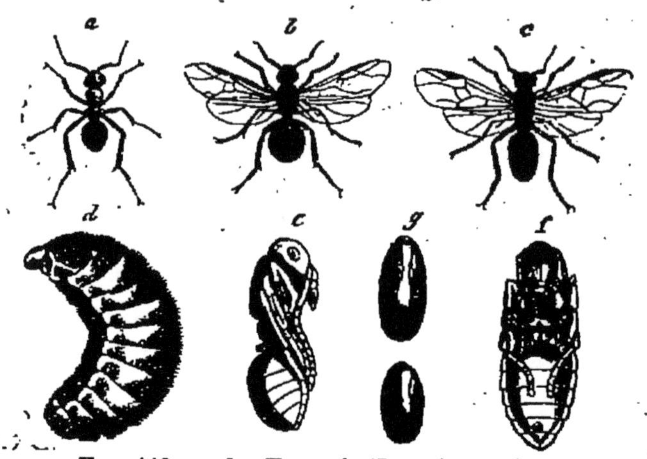

FIG. 119. — La Fourmi, *Formica rufa*.

a, Ouvrière; *b*, femelle; *c*, mâle; *d*, larve (grossie); *e*, *f*, nymphe; *g*, cocon.

« Elles dérobent des larves de *Formica rufa* et *cunicularia*, et déploient pour cela une audace et une ténacité extraordinaires. Une fois leur excursion finie, elles se reposent, tandis que les ouvrières, provenant des captures faites dans les expéditions précédentes, soignent les petits et vont chercher la nourriture dont elles leur apportent une partie, car elles ont une telle répugnance pour le travail, qu'elles mourraient de faim si elles n'étaient pas nourries par leurs esclaves.

« La structure de leur corps elle-même a subi un changement. Leurs mandibules ont perdu leurs dents et sont devenues de simples pinces qui peuvent, il est vrai, porter encore des coups mortels, mais ne sont utiles qu'à la guerre, car elles sont incapables de pétrir la terre, de construire des loges, des chambres. Ne pouvant, non plus, nourrir leurs larves, les Polyergues ont reçu de la nature l'instinct d'obli-

ger les ouvrières d'une autre espèce à exécuter tous les travaux qu'elles ne peuvent exécuter elles-mêmes [1]. »

D'autres Formicides entretiennent dans leurs domaines
des animaux qu'ils élèvent pour profiter de leurs produits,
leur donnant des soins analogues à ceux que nos agriculteurs
prodiguent à leurs bestiaux. Parmi ces animaux, réduits à
l'état de domesticité, on remarque des Pucerons et de petits
Coléoptères de la tribu des Psélaphiens.

Dans le genre *Formica*, les Pucerons ne sont pas élevés
dans la fourmilière, habituellement vaste ; ils sont seulement
recherchés sur les plantes ; le type est la *Fourmi brune à
corselet fauve* de Geoffroy, *Formica rufa* L (fig. 119).
C'est cette Fourmi dont on trouve si fréquemment dans les
bois le nid formant des amoncellements de bûchettes fort volumineux. Ce nid donne asile à divers Coléoptères, des Staphylins, *Cetonia aurata, Clytra 4-punctata*. Outre les
espèces voisines ayant une nidification analogue, le genre
Formica comprend encore *F. niger* L., dont les nombreuses
races recherchent le sable, le dessous des pierres, les troncs
pourris, pour installer leurs retraites.

Chez les *Lasius*, les ouvrières se suivent à la file, élèvent
au pied des plantes de petits monticules et ne cheminent
qu'à l'abri.

Les *Ponères*, dont les ouvrières sont presque aveugles,
nichent sous les pierres et au pied des arbres.

Les *Anomma* ou *Fourmis de visite* (fig. 120), propres aux
régions de l'Afrique occidentale, redoutent les rayons solaires,
ne sortent que le soir et la nuit. Surprises par le jour, elles
se construisent des chemins couverts pour rentrer chez elles.

« Lorsqu'un cours d'eau se présente sur leur route,
elles forment un pont en s'accrochant les unes aux autres,
et toute l'armée passe sur ce radeau vivant. Si l'inonda-

[1] Brehm, *Les Insectes* (édition française par J. Künckel d'Herculais, Paris, t. II, J.-B. Baillière et fils

tion les surprend à la base des collines, dans la saison plu-
vieuse, elles se forment en masse arrondie, déposant au
centre les larves et les nymphes, et flottent ainsi jusqu'à
une plage de salut ou en attendant que l'eau baisse. Leur

Fig. 120. — Les Fourmis de visite.

entrée dans une maison est aussitôt accompagnée d'une fuite
universelle et simultanée des rats, souris, lézards, cancre-
lats, etc., et de la nombreuse vermine qui infecte les logis,

ce qui rend leur visite quelquefois désirable. Il y a des ouvriè-
res/de grande taille et formidables par leurs mandibules à
croc; d'autres, plus petites, plus effilées et plus plates, dont
les mandibules ont le tranchant finement denticulé en scie
et admirable pour déchirer les fibres musculaires. Les habitants des villages nègres sont fréquemment obligés d'abandonner leurs huttes, en emmenant leurs enfants, et d'attendre
que les Fourmis de visite aient passé. D'après Savage, elles
font même périr des animaux d'assez grande taille : des
poules, des cochons, des singes, de gros lézards et jusqu'à
des serpents pythons [1]. »

Les *Myrmiques* contiennent plusieurs espèces très répandues en Europe, telles que *M. rubra* L., notre *Fourmi
rouge* que l'on trouve en France, sous les pierres, sous la
mousse et dans les troncs pourris.

Les *Eciton*, dans leurs excursions, donnent l'exemple
d'une armée des mieux organisées.

« Une immense colonne se meut dans une direction, avec
des colonnes ramifiées qui s'y rattachent, en quête de butin
dans divers sens. Des éclaireurs et des avertisseurs vont et
viennent sur les côtés de la colonne, font communiquer les
colonnes partielles avec la colonne principale, transmettant
les renseignements, commandant la retraite, si un ennemi
vient troubler le corps d'armée. Les soldats, bien reconnaissables à leur grosse tête globuleuse, blanche, ne portent rien
dans leurs mandibules et trottent en serre-files sur les flancs
de l'armée, frappant çà et là le sol à coups de tête, dans les
inégalités de la route. Ils sont dans la proportion d'environ
5 pour 100 des petites ouvrières qui portent des larves et des
nymphes. »

Les *Atta* sont les *Fourmis moissonneuses*, amassant dans

---

[1] Maurice Girard, *Les Insectes ; Traité élémentaire d'entomologie*, t. II. p. 1017, Paris, J.-B. Baillière.

leurs terriers de grandes quantités de graines. Ajoutons à cette nomenclature le genre *Myrmecocystus* Wesmael, dont on ne connaît que les ouvrières. Elles sont de deux sortes, et chez l'une d'elles, l'abdomen se distend outre mesure et devient, en quelque sorte, une vésicule à miel. Elles restent suspendues à la voûte de leur fourmilière souterraine, et les habitants du Mexique les recherchent à cause du goût agréable de miel que renferme leur abdomen.

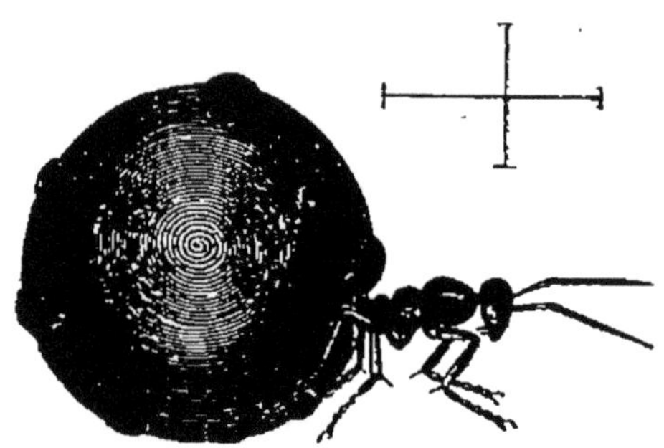

Fig. 121. — La Fourmi à miel.

CHRYSIDIDES. — Les *Chrysidides* sont ces charmants Hyménoptères que les anciens auteurs, avec Réaumur, appelaient *Mouches dorées*.

La forme des Chrysis, plus ramassée que celle de quelques autres Hyménoptères, ne manque cependant pas d'élégance. Les antennes, composées de treize articles dans les deux sexes, légèrement coudées et amincies à leur extrémité, sont vibratiles, c'est-à-dire que l'Insecte peut à volonté leur imprimer des mouvements rapides et souvent répétés. L'abdomen, convexe en dessus, concave en dessous, tronqué à sa base et dentelé à sa partie postérieure, est terminé, chez les femelles, par une tarière en forme d'aiguillon. Il est relié au corselet par un pédoncule très court. Ses anneaux peuvent rentrer les uns dans les autres à la manière des tubes d'une longue-vue.

Les *Chrysis* sont toutes de petite taille, elles sont agiles et brillantes, ce qui a autorisé certains auteurs à les comparer aux oiseaux-mouches. Ces colibris du monde des Insectes, doués de mouvements d'une extrême vivacité, sillonnent les airs en faisant miroiter leur livrée resplendissante sous les rayons du soleil le plus ardent. Dans une agitation continuelle, on les voit se poser sur les vieux murs, sur les vieux bois, s'envoler aussitôt pour s'abattre sur une fleur et l'abandonner bientôt pour passer à une autre.

FIG. 122. — La Chrysis enflammée, *Chrysis ignita.*

Absorbées par leur existence vagabonde, les Chrysis n'ont pas d'industrie particulière, elles ne savent pas, comme les Hyménoptères sociaux, édifier ces superbes constructions qui nous frappent d'admiration. Les trous qu'elles rencontrent leur servent d'abri, mais dans la plupart des cas, ces retraites improvisées seraient insuffisantes pour protéger de jeunes larves, et la reproduction de ces Insectes pourrait être compromise, si les femelles n'avaient recours à la ruse pour placer leur progéniture dans les conditions les plus favorables à leur développement.

Par un contraste bizarre dont nous avons déjà cité des exemples, les Chrysis qui, à l'état parfait, se nourissent de végétaux, donnent naissance à des larves carnassières.

Certains auteurs ont cru que les femelles déposaient leurs œufs dans le corps des larves d'autres Insectes dont elles perçaient les téguments à l'aide de leur tarière. Lepelletier de Saint-Fargeau affirme même avoir observé des *Chrysis* entrant dans la demeure de certains Tenthrèdes et attaquant leurs larves à coups d'aiguillon. Des observations plus récentes ont permis de rectifier ce que ces assertions avaient d'erroné.

Les larves des *Chrysis* se nourrissent, à la vérité, de proie vivante, mais la tarière de la mère est trop faible pour perforer la peau de la plupart des larves.

La femelle choisit ordinairement pour déposer ses œufs les nids des Hyménoptères fouisseurs. Elle commence par observer les allures des habitants du nid qu'elle convoite et profite toujours, pour s'y introduire, du moment où ceux-ci sont occupés au dehors. Souvent elle peut opérer sa ponte et se retirer sans être inquiétée, mais d'autres fois, surprise par l'arrivée inopinée du légitime propriétaire, elle a à soutenir une lutte acharnée. L'Hyménoptère l'attaque avec furie et la menace sans cesse de son terrible aiguillon ; à cette arme terrible, la *Chrysis* n'oppose qu'une résistance passive qui lui permet, presque toujours, d'échapper à son adversaire. La nature, en effet, a doté les *Chrysis* de téguments extrêmement durs ; elles jouissent, en outre, d'une propriété dont on ne retrouve d'exemple chez aucun Hyménoptère. Comme le hérisson, elles peuvent se rouler en boule en ramenant leur abdomen contre leur tête et leurs pattes sous leur ventre. Dans cette position, elles présentent à leur agresseur une cuirasse impénétrable.

Les larves des Chrysis sont blanchâtres et privées de pattes ; elles ne viennent au monde que lorsque les larves de leurs hôtes ont déjà acquis un certain développement. Aussitôt nées, elles s'attachent aux flancs de ces dernières, les dévorent vivantes, petit à petit, prenant, pour ainsi dire, chaque jour à leur victime ce qui leur faut pour se nourrir et pour grandir. Elles n'arrivent au terme de leur croissance que lorsqu'elles se sont approprié la substance entière de leur nourrice qui, épuisée, ne tarde pas à succomber. Elles se filent alors une coque dans laquelle elles se transforment en nymphe pour en sortir à l'état parfait.

La *Chrysis enflammmée (Chrysis ignita* L.) (fig. 122) est commune aux environs de Paris. La tête est d'un vert doré, tournant au bleu sur la nuque, avec les antennes noires; le corselet est azuré, garni latéralement de pointes épineuses; les ailes transparentes et légèrement brunâtres; les pattes vertes. L'abdomen, dont le dernier segment est terminé par quatre dentelures bien marquées, est d'un rouge cuivreux très brillant.

Cette espèce dépose ses œufs dans les nids des *Crabro*, des *Cerceris* et des *Odynères*. Parmi les autres *Chrysis* de la faune parisienne, on peut citer *C. dimidiata* Latr., qui est d'un beau vert, avec les deux premiers anneaux de l'abdomen rouges.

Térébrants

ICHNEUMONIDES. — Les *Ichneumonides* sont des Insectes éminemment utiles, en ce sens que, par leur mode de développement, ils s'opposent à la propagation des espèces nuisibles; ils ne se contentent plus, comme les Chrysidides, de déposer leurs œufs côte à côte avec ceux d'où doit sortir leur proie; ils l'introduisent directement dans les téguments de la larve.

Ce sont des Insectes agiles, faciles à effrayer et s'échappant promptement, lorsqu'on les inquiète. Leurs antennes sont constamment en mouvement; la tarière, qui termine leur abdomen, est souvent plus longue que leur corps et accompagnée de deux soies auxiliaires; d'autres fois elle est très courte; ces deux types correspondent à deux modes de ponte différents.

Les femelles à longue tarière se rencontrent sur les murs, les troncs d'arbres, les palissades; elles pondront leurs œufs

dans le corps de larves qu'elles ne verront pas, mais que leur
talent d'auscultation leur fera découvrir au fond de leur retraite. Les femelles à courte tarière voyagent sur les feuilles,
recherchant les larves qui vivent à l'air libre.

Au point de vue de l'alimentation, les adultes fréquentent
les fleurs et, en particulier, les ombellifères.

Les Ichneumoniens choisissent pour berceau de leur progéniture des larves appartenant à presque tous les ordres
d'Insectes et même celles d'autres Articulés, mais ils donnent
habituellement la préférence aux chenilles.

FIG. 123. — Types d'Ichneumoniens.

1 Le Mésosterne porte-glaive; 2. le Crypte à tarse blanc; 3 et 4, l'Ephialtes empe-
reur, ♂ ♀.

On ne compte pas moins de deux cent cinquante espèces
européennes d'Ichneumons que l'on peut différencier par la
coloration de l'écusson et de l'abdomen, en tout ou en partie,
noirs, rouges, jaunes ou blancs.

Ichneumon flavatorius Wesmaël est parasite de *Liparis dispar*, Lépidoptère redoutable à cause de ses ravages.

Les *Trogus* se développent dans le corps des chenilles des Sphyngides et de quelques Rhopalocères, tels que *Papilio machaon*.

Les *Cryptus* ne se contentent pas des chenilles de Vanesses, de Zigènes, de Bombyx et de Noctuelles, on les voit aussi éclore de larves de Coléoptères, tels que les Saperdes, ou bien de celles de nombreux Hyménoptères.

Les *Pezomachus* dont les ailes atrophiées ou nulles ne permettent plus le vol s'attaquent aux *Tortrix* et. aux *Teignes ;* à l'état adulte, ils courent à terre dans les lieux sablonneux.

Les *Ophions* ont la tarière courte ; ils pondent leurs œufs dans les chenilles de Bombyx et des Noctuelles ; il en est de même des genres *Anomalon* (fig. 124) et *Campoplex*.

Le genre *Pimpla* est digne d'attention en raison des services qu'il rend à l'agriculture.

P. instigator Panzer, commune en Europe, se fait remarquer par son corps entièrement noir, ses ailes enfumées, ses pattes roussâtres avec les hanches

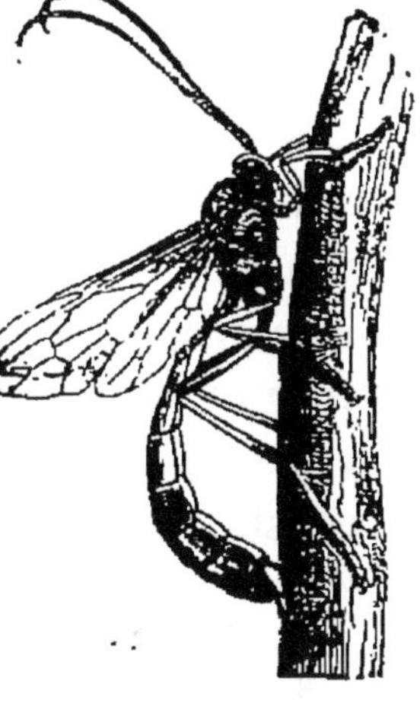

Fig. 124. — L'Anomalon circonflexe.

et les tarses postérieurs noirs. Sa longue tarière est accompagnée de deux appendices latéraux, de sorte que l'abdomen semble terminé par trois soies, ce qui avait fait donner, par les anciens auteurs, le nom de *Mouches tripiles* à ces Insectes.

La structure des appendices latéraux n'est pas la même que celle de la tarière. Celle-ci est cylindrique, pointue, et forme un long canal creux; les fourreaux sont des sortes de gouttières qui la protègent.

La larve de *Pimpla instigator*, sorte de ver blanchâtre, est parasite de différentes chenilles et notamment de deux papillons hétérocères vivant sur le saule et le peuplier (*Dicranura erminea* et *Gonoptera libatrix*)...

La chenille, que la femelle doit atteindre pour pondre son œuf, est renfermée dans une branche d'arbre et, par conséquent, invisible. Dès que la Pimpla a reconnu, par ses auscultations répétées, la présence de la larve, elle s'arc-boute avec ses pattes, replie son ventre en dessous et cherche un endroit par où elle puisse faire pénétrer sa tarière, trop faible pour perforer le bois. Elle parvient presque toujours à trouver quelque légère fissure, à peine visible pour l'œil le plus exercé, dans laquelle elle introduit les trois appendices composant sa tarière. Après de longs efforts, elle arrive à toucher la bête. Les deux pièces latérales de l'aiguillon s'écartent alors et lui servent de point d'appui, tandis que la tarière proprement dite perce la peau de la chenille et laisse tomber un œuf dans la plaie qu'elle vient de pratiquer. La direction que l'Insecte donne à son aiguillon varie avec les circonstances. S'il s'agit de traverser d'épaisses couches ligneuses, le dard est presque perpendiculaire au corps; s'il faut atteindre une chenille placée seulement sous l'écorce, l'Insecte donne à son arme une direction parallèle à l'axe du corps et, dès qu'il a trouvé une issue pour introduire son dard, le fait glisser sous l'écorce, jusqu'à ce qu'il ait touché la chenille, objet de sa convoitise.

Aussitôt après l'éclosion, la jeune larve se trouve abondamment pourvue d'aliments, mais il lui faut encore certaines précautions pour vivre jusqu'à l'époque de sa transformation.

Son existence dépend en effet de celle de sa victime, aussi commence-t-elle par se nourrir des substances graisseuses, attaquant seulement les organes essentiels lorsqu'elle est sur le point de se métamorphoser. La chenille périt alors

et sa peau desséchée sert encore d'abri à la Pimpla devenue
nymphe.

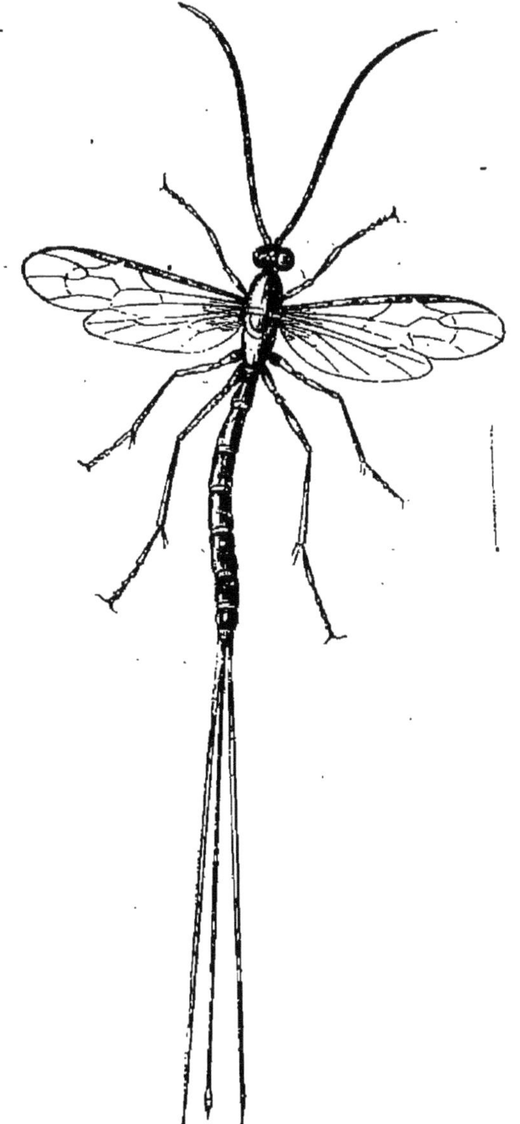

FIG. 125. — *Ephialtes manifestator*.

Le parasitisme des Pimples fait épouver souvent des
déceptions aux éleveurs de chenilles, car il arrive qu'au lieu

d'un brillant Papillon impatiemment attendu, c'est un Hyménoptère qui sort de la chrysalide.

Les *Ephialtes* (fig. 125) atteignent de la même manière les larves des grands Cérambycides, des Buprestides et de certains Charançons ravageurs de nos forêts.

BRACONIDES. — Très voisins des Ichneumons, les *Braconides* n'en diffèrent pas par la généralité de leurs mœurs. Comme eux, ils pondent dans le corps même des Insectes sous leur première forme. Quelques-uns, les *Bracon* affectionnent les larves de Coléoptères, tels que des Scolytides, des Chrysomèles, des Ptines; d'autres, les *Microgaster* en particulier, recherchent les chenilles de Piérides, de Bombyx, de Noctuelles.

FIG. 126. — Microgaster des bois.

Les Braconides pondent leurs œufs en grand nombre dans la même larve; c'est ainsi que Swammerdam rapporte avoir recueilli cinq cent quarante cinq *Mouches* provenant seulement de quatre chrysalides. Après avoir dévoré la plus grande partie de la chenille qui leur sert, à la fois, d'habitation et de table d'hôte, les jeunes larves s'installent autour de sa dépouille et y filent des cocons pour passer à l'état de nymphe ; la peau de la chenille en est presque entièrement couverte (fig. 126).

Dans certains genres *(Perilitus, Meteorus)* chaque cocon est suspendu par un petit fil de soie.

CHALCIDIDES. — On trouve ces petits Insectes, en abondance, dans les bois et les prés, sur les feuilles et sur les fleurs. Ce sont de grands destructeurs de larves ; ils pondent une quantité d'œufs à l'intérieur d'un même individu, s'attaquant aux Insectes de différents ordres, et deviennent souvent parasites d'autres parasites. Tantôt la ponte s'effectue dans une nymphe, tantôt dans le corps d'une larve, ou bien encore à travers la coquille d'un œuf.

Il existe des Chalcidides dépourvues d'ailes, particulièrement chez les femelles. Plusieurs ont les jambes postérieures renflées et disposées pour le saut, cependant souvent ce ne sont pas ces espèces qui sautent, mais d'autres, dont les jambes intermédiaires portent un grand éperon.

Les Chalcidides sortent parfois à l'état parfait de la nymphe étrangère qui les a abrités. Fait exceptionnel parmi les Hyménoptères, le nombre des articles des tarses est variable, suivant les genres, et on peut les ranger en pentamères, tétramères et trimères.

Au premier groupe appartiennent les *Leucospis* F., les *Chalcis* F., les *Perilampis* Latr., les *Pteromalus* et plusieurs autres genres.

Les *Leucospis*, ornés de taches jaunes ou rouges sur fond noir, vivent aux dépens des Guêpes, des Osmies et des Chalicodomes.

Les *Chalcis* s'attaquent aux larves de Zygènes, de Cassides et ne redoutent pas celles du Fourmi-Lion. *Perilampus vio-*

laceus F. (4 millimètres) dont l'adulte volé sur les rosacées, n'est pas rare aux environs de Paris ; sa tête et son thorax sont vert bronzé, son abdomen et ses pattes bleus.

Parmi les Tétramères, les *Eulophus* sont parasites des chenilles de Noctuelles et de Microlépidoptères. C'est dans le groupe des Trimères que se placent les genres *Blastophaga* et *Sycophaga* auxquels on attribue le phénomène de la *caprification*. Cette opération, usitée dans le Levant, consiste à suspendre, de place en place, au milieu des figuiers, des figues sèches d'où s'échappent les Insectes dont nous parlons, et qui pénètrent dans les jeunes figues des arbres vivants. On prétend que leur piqûre en hâte la maturation.

Proctotrupides. — Ces Insectes ont à peu près les mêmes mœurs que les Chalcidides ; petits comme eux, ils s'en distinguent par leurs ailes fortememt. irisées et dépourvues de nervures, par leurs antennes de dix à quinze articles qui ne sont pas coudées et dont la massue n'est jamais accentuée. Les ailes sont quelquefois rudimentaires et peuvent même manquer.

Insectes agiles, les uns courent à terre, d'autres voltigent sur les plantes aquatiques, sur les céréales ou sur les arbustes, suivant le genre de vie de la larve qu'ils recherchent pour déposer leurs œufs. Quelques-uns vivent de Pucerons ou dans les galles.

Les *Evanides*, Insectes assez rares, sont curieux par leur conformation ; dans beaucoup d'espèces, le pétiole qui soutient l'abdomen est attaché au dessus du thorax, ce qui contribue, avec les pattes postérieures fortement renflées, à donner une physionomie singulière à l'Insecte, surtout au vol, alors que l'abdomen est relevé et les pattes postérieures étendues en arrière, comme pour former contre-poids (fig. 127). Ces Hyménoptères introduisent leurs œufs dans le corps des larves de différents Insectes, recherchant habituellement les Blattides pour pondre dans leur coque ovigère. Adultes, ils

voltigent sur les murailles ou sur les talus ; ils s'introduisent
même dans les appartements.

FIG. 127. — Le Fœne lancièr, *Fœnus jaculator* L.

CYNIPSIDES. — Nous ne dirons que peu de chose ici des
curieux Insectes de cette famille, dont quelques-uns ont des
mœurs peu différentes de celles que nous venons de décrire,

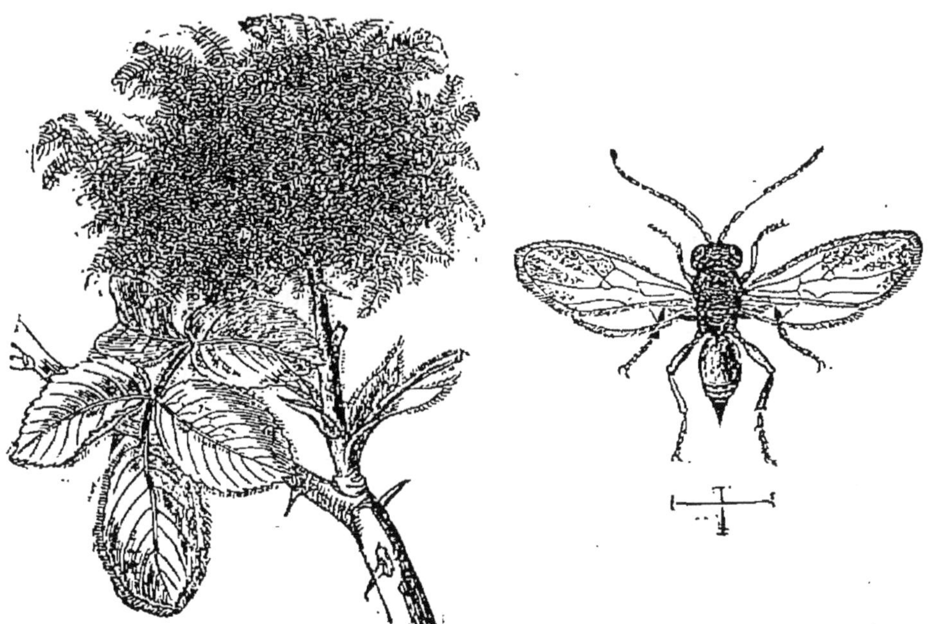

FIG. 128. — Cynips des bédégars, *Rhodites rosæ*.

tandis que d'autres, s'attaquant aux végétaux, font naître
par leur piqûre des excroissances, souvent volumineuses,
dans lesquelles s'élève leur progéniture.

Parmi les espèces entomophages, les *Figites* Latr. sont représentés par une quinzaine d'espèces se développant au détriment de Diptères, de Scolytides et de Pucerons.

Les *Cynips* proprement dits sont gallicoles ; on leur doit les nombreuses excroissances de forme, de texture et de coloration si variées, répandues sur les feuilles, l'écorce et les racines des chênes. Ils sont les auteurs des bosselures des tiges de ronce et des *bédégars*, galles chevelues des églantiers (fig. 128).

Tenthrédides. — Les Tenthrédides ont l'abdomen dépourvu de pétiole, aussi large que le thorax et s'appliquant contre lui. Cet abdomen est terminé, chez les femelles, par une tarière, ayant quelque analogie avec celle des Ichneumons, mais dont la pièce principale est fortement dentelée, ce qui faisait anciennement appeler ces animaux *Mouches à scie*.

Les larves que l'on nomme fausses-chenilles, par une ressemblance plus apparente que réelle, causent souvent des dégâts aux crucifères et aux conifères. Elles se tiennent fréquemment enroulées sur les feuilles et ont des teintes qui se rapprochent de la coloration de celles-ci ; lorsqu'on les inquiète, elles relèvent vivement la tête et laissent suinter des liquides nauséabonds. Les adultes butinent sur les ombellifères ; quelques espèces cependant font exception et sont carnassières.

Les *Cimbex* sont nuisibles aux arbres forestiers ; les *Hylotoma* et les *Cladius* aux rosiers ; les *Athalia* aux choux et aux navets ; les *Lophyrus* et les *Xilea* aux pins et autres conifères ; les *Lyda* aux poiriers cultivés, sur lesquels les larves se rassemblent, enveloppées d'une toile transparente ; les *Cephus* s'attaquent aux céréales.

Enfin les *Sirex*, qui rongent les bois les plus durs et même des balles de plomb, sillonnent de leurs galeries les pins et les mélèzes.

VIII

LÉPIDOPTÈRES

Description. — Mœurs. — Habitat.

La classification généralement adoptée aujourd'hui est basée sur la *forme des antennes*. Elle comprend deux grandes divisions : les *Rhopalocères* dont les antennes sont terminées par une massue, les *Hétérocères* dont les antennes présentent toutes les autres formes.

Il nous semble superflu de disserter sur les formes extérieures des Papillons ; la conformation de la bouche offre seule un intérêt particulier.

Chez ces Insectes suceurs, la principale pièce buccale est la *Spiritrompe*, long tube enroulé en spirale entre les palpes labiaux. Cette trompe flexible se déploie, à la volonté de l'animal, et lui sert à aspirer le nectar des fleurs. Dans le genre *Ophideres* cependant, elle se termine par un fer de lance, en dessous duquel s'ouvre le tube aspirateur ; cet organe sert au Papillon à percer la peau des oranges et des bananes dont il se nourrit.

Au point de vue anatomique, on admet que la Spiritrompe est formée par des mâchoires du type général, allongées et soudées ensemble.

La coloration, si variée et souvent si brillante, des ailes des Lépidoptères est due à une multitude de petites écailles imbriquées, se détachant au moindre frottement ; c'est pour cela que les Papillons qui ont beaucoup volé sont presque toujours défraîchis. Ces ailes prennent, chez quelques espèces, des formes curieuses ; on y voit des expansions droites ou recourbées, représentant comme de grandes queues ; parfois même, l'aile est fendue en fines lanières, comme si l'Insecte possédait un grand nombre de petites plumes disposées en éventail.

Les différences sexuelles sont souvent bien caractérisées par des dissemblances tranchées dans la coloration des ailes ; d'autre part, les aberrations de coloration sont fréquentes ; on observe des cas d'albinisme, de mélanisme et beaucoup d'autres variations. L'hermaphrodisme se rencontre rarement ; cependant, on voit des individus portant sur un côté, des ailes de mâle, et sur l'autre, des ailes de femelle.

De même aussi, le mimétisme est assez fréquent et plusieurs espèces présentent, par leur forme et leur coloration, l'aspect de feuilles sèches. Des faits analogues se retrouvent chez les Chenilles, dont quelques-unes simulent de petites branches mortes.

Les pattes, généralement grêles, sont parfois atrophiées dans la première paire ; elles sont alors velues, dépourvues de crochets et ramassées contre le corps.

Les faits de parthénogenèse se montrent dans plusieurs genres, et les Vers à soie, notamment, en fournissent un exemple.

La vie des Lépidoptères se termine habituellement après l'accouplement et la ponte, qui suivent de près la naissance. Cependant, quelques espèces hibernent et ne s'accouplent qu'au printemps suivant, prolongeant ainsi leur existence de quelques mois.

Au moment de la ponte, les œufs sont enduits d'un vernis

gluant, qui les fait adhérer aux objets sur lesquels la femelle les dépose ; elle les place un à un, souvent à nu, par rangées, par petits tas, en bracelets serrés autour d'une branche ; d'autres fois, elle les recouvre de poils qu'elle s'arrache.

De forme, de couleur et de dessin très variés, ces œufs sont placés sur les plantes qui doivent nourrir les Chenilles ou bien soigneusement abrités, s'ils doivent passer l'hiver. Ils peuvent, dit-on, supporter, sans avorter, des températures comprises entre $+ 60°$ et $- 40°$; on recommande même de soumettre à un froid sec les œufs des Vers à soie dont on veut retarder l'éclosion.

C'est avec la bouche que les Chenilles filent leur soie, la lèvre inférieure recevant les conduits déférents des glandes séricigènes.

Le mode de progression des Chenilles est en rapport avec le développement de leurs pattes articulées ou membraneuses. Lorsque toutes les pattes existent, la marche est assurée par des mouvements ondulatoires du corps, d'arrière en avant ; c'est une sorte de reptation, pendant laquelle le corps se soulève à peine. Chez les Chenilles auxquelles les pattes membraneuses intermédiaires font défaut, le mécanisme de la marche est tout différent. Si l'on examine une de ces Chenilles, au moment où elle va se porter en avant, on la verra prendre un point d'appui sur ses pattes postérieures, soulever toute la partie antérieure de son corps et la détendre, comme pour saisir, au-dessus d'elle, quelque objet éloigné, puis la rabattre et poser, aussi loin que possible, ses pattes articulées. Alors, l'abdomen se soulève, et les pattes membraneuses, lâchant prise, viennent s'appliquer tout contre les pattes articulées qui servent, à leur tour, de base. Le corps se trouve ainsi recourbé en arceau, entre les deux points d'appui. Cette première série de mouvements accomplie, l'animal porte de nouveau la partie antérieure de son corps en avant, et ainsi de suite. On voit que ces Chenilles marchent à grands pas et qu'elles arpentent, en quelque sorte, le terrain, d'où leur nom d'*Arpenteuses*. On les aperçoit souvent arc-boutées, sur leurs pattes membraneuses, rester des heures entières le corps soulevé, dans une rigidité qui, suivant leur coloration brune ou verte, les fait ressembler à une tige morte ou à un rameau vivant privé de ses feuilles (fig. 129).

FIG. 129. — Chenilles arpenteuses.

Souvent aussi, pour se déplacer de haut en bas, et lorsque, par exemple, elles veulent descendre, d'une branche élevée, sur le sol, elles se suspendent à un fil de soie, le long duquel elles peuvent remonter.

Quelques-unes habitent dans des fourreaux qu'elles traînent avec elles et d'où elles ne font sortir que la tête et les pattes.

L'accroissement a lieu par des mues successives. Les

divers individus vivent isolément ou bien forment des sociétés nombreuses, comme les *Processionnaires*, dont les nids enveloppent les branches ou le tronc des arbres.

L'état de nymphe des Lépidoptères a reçu le nom de *chrysalide;* c'est habituellement sous cette forme qu'ils passent l'hiver.

La chrysalide laisse voir comme une esquisse de tous les organes de l'adulte ; on y distingue la tête et la trompe rabattues sur le thorax, les pattes symétriquement repliées sur la face abdominale, les ailes dans leurs fourreaux.

Les chrysalides restent à l'air libre, collées ou suspendues à quelque objet ; d'autres fois, un cocon soyeux les enveloppe.

Les éclosions ont généralement lieu dans la matinée.

Parmi les particularités qu'offre l'Insecte parfait, on peut citer le *frein* qui, chez plusieurs Hétérocères, réunit l'aile postérieure à l'aile antérieure et la met ainsi sous la dépendance de cette dernière.

Quelques espèces font entendre des bruits particuliers. Ils proviennent d'une membrane sonore tendue sur une chambre à air, laquelle est située sur le dernier anneau thoracique. Cette membrane frémit sous le choc des pattes postérieures.

Cependant, chez le *Sphynx atropos*, le docteur Laboulbène a découvert, de chaque côté de l'abdomen, une fente longitudinale d'où sort une houppe de poils, lorsque le cri plaintif de cet Insecte se fait entendre. Le fond de cette excavation est tapissé par une membrane, que les contractions musculaires de l'animal mettent sans doute en vibration.

Rhopalocères

Ces Papillons diurnes ont, pendant le repos, les quatre ailes relevées plus ou moins perpendiculairement au corps.

Nymphalides. — Presque tous les Insectes de cette famille

ont les pattes antérieures atrophiées et impropres à la marche. Leurs chrysalides, dont quelques-unes portent des taches métalliques, sont attachées, à l'aide d'une houppe soyeuse, par l'extrémité de l'abdomen, et restent suspendues la tête en bas. Les antennes de l'adulte se terminent par une massue qui s'amincit insensiblement, jusqu'à se confondre avec la tige.

On connaît une quarantaine d'espèces de *Danais*. *D. chrysippus* L., le type du genre, a la tête ronde et les yeux proéminents; il fréquente les fleurs.

Les *Héliconia* appartiennent presque toutes aux régions chaudes de l'Amérique du Sud.

Les *Argynnes*, répandues dans toutes les parties du monde, sont représentées en Europe par des espèces aux ailes fauves, maculées de taches noires et portant souvent, en dessous, des marques *nacrées*, d'où leur viennent leurs noms vulgaires de *Grand Nacré* et de *Petit Nacré*. Leurs chenilles sont garnies d'épines ; des points dorés ou argentés ornent souvent l'enveloppe anguleuse de la chrysalide.

A. Lathonia L., le *Petit Nacré* (36 millimètres d'envergure) (fig. 130), est très largement nacré en dessous ; le fond

Fig. 130. — Le Petit Nacré, *Argynnis Lathonia* L.

de sa coloration est le roux ferrugineux. On le trouve par toute la France, dans les bois, le long des chemins, dans les prairies artificielles et les jardins, en mai, puis en août et septembre.

En avril et juillet, la chenille, brune grisâtre, portant

une raie blanche sur le dos et 60 épines, se promène sur les pensées, les bourraches et les sainfoins.

A. Aglaia L., le *Grand Nacré* (58 millimètres d'envergure), fauve en dessus, avec de nombreuses taches noires, est jaune d'ocre en dessous, avec beaucoup de taches argentées. Ce papillon est assez commun, en juillet et en août, sur les ronces, les chardons et les haies des routes.

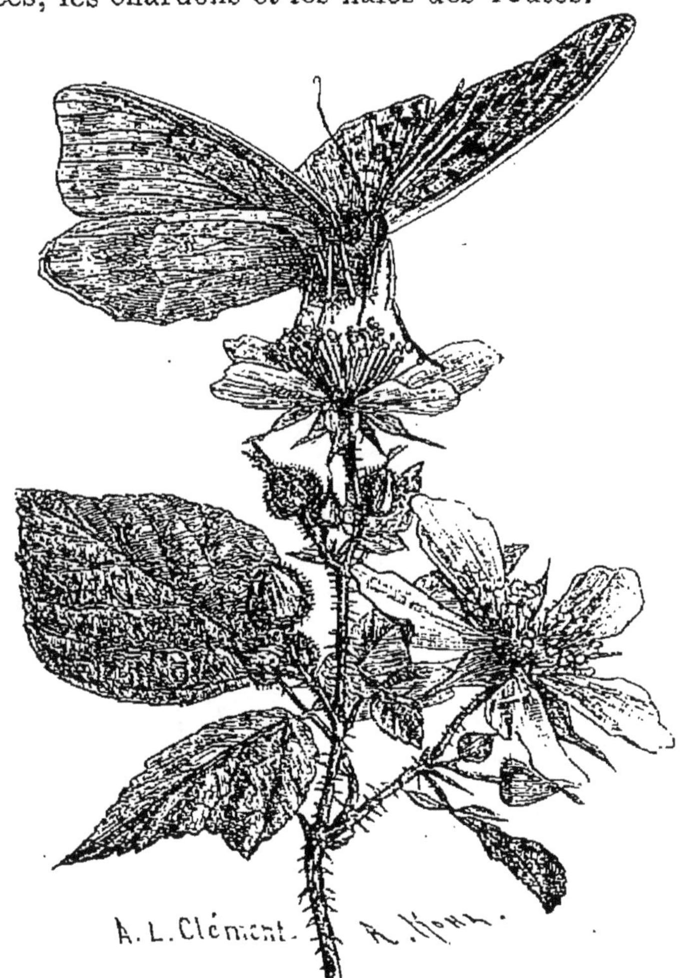

FIG. 131. — Le Tabac d'Espagne, *Argynnis paphia* L.

La chenille, noirâtre, avec huit taches rousses sur les côtés, se tient, en juin, sur la violette sauvage.

A. paphia L., dite le *Tabac d'Espagne* (65 millimètres

d'envergure) (fig. 131), est d'un fauve vif. Cette robe est ornementée de quatre rangées de taches noires, de quatre bandes argentées transverses et d'une double bordure de gros points verts. Elle affectionne, en juillet et août, les fleurs de la ronce et du chardon ; on la voit sur la luzerne et on la trouve aussi dans les bois.

La chenille est brune et tachée de jaunâtre le long du dos. Elle vague sur la violette et le framboisier sauvages.

Citons encore : *A. Pandora* du midi et de l'ouest de la France, sur les chardons ; *A. Ino* du nord et de l'est, dans les bois ; *A. Dia*, dans les bois, les prés et les jardins; *A. Euphrosyne* et *A. Selene*, dans les mêmes localités ; *A. Pales*, dans les Alpes et les Pyrénées.

Les *Mélitées* se distinguent des Argynnes par l'absence de taches nacrées ; leur coloration variable, dans laquelle le noir se marie au fauve, forme des dessins qui n'ont rien de fixe, mais qui, par leur aspect général ont fait donner à ces Papillons le nom de *Damiers*.

Melitea artemis (35 millimètres d'envergure) est commune en mai et juillet. La chenille se tient sur le plantain et la scabieuse, en avril, puis, en juillet et septembre. *M. cinera* paraît en mai, en juin, puis en août : sa chenille vit sur le plantain et la véronique. *M. athalia*, habite les bois et les prairies.

On a séparé des *Vanesses*, *Araschnia prorsa* L. dont les dessins rappellent une carte géographique. On la trouve près de Paris, dans les bois humides, en juillet.

Les espèces du genre *Vanessa* ont les ailes dentelées et présentent des différences de coloration très marquées sur leurs deux faces. Bien que leur vol soit rapide, elles sont faciles à capturer, car elles se posent fréquemment. Leurs chenilles semblent avoir une préférence pour les orties.

V. urticæ L., connue sous le nom de *Petite Tortue*, a sur les ailes des dessins difficiles à décrire, mais fidèlement représentés par la figure 132.

V. Polychoros L., notablement plus grande, a été appelée la *Grande Tortue*. Ses chenilles bleuâtres ou brunâtres, avec des épines jaunâtres, vivent sur divers arbres auxquels elles sont nuisibles.

Le *Paon de jour* (*V. Io* L.) se reconnaît aisément aux quatre taches circulaires noires, entourées d'un anneau bleu, se détachant sur fond pourpre, et situées au sommet des quatre ailes.

FIG. 132. — La petite Tortue, *Vanessa urticæ* L.

Sa chenille, noire, épineuse, avec des points blancs sur les anneaux, vit sur l'ortie et le houblon.

V. antiopa L. ou *morio*, bel Insecte représenté par la figure 133, posé sur une tige de chèvrefeuille, a le fond des ailes pourpré avec une large bordure jaune, doublée en dedans d'une collerette de taches bleues. La chenille, noire, avec les pattes intermédiaires rouges, vit à la cime des saules, des peupliers, des bouleaux et des ormes.

Il convient d'ajouter à ces remarquables espèces, *V. cardui* L., la *Belle-Dame*, richement ornée, commune en juillet, août et septembre, sur les chardons.

Ce papillon, qui vole très tard le soir, est essentiellement voyageur ; ses migrations ont été plusieurs fois observées. La chenille est grise, avec des lignes jaunes interrompues.

Nymphalis populi L. ne vole qu'au soleil et lorsqu'il ne fait pas de vent ; on la voit alors s'abattre sur les chemins où elle semble humer les liquides provenant des déjections ou des matières cadavériques ; elle fréquente les plaies des arbres. C'est surtout le matin et le soir qu'il faut la rechercher ; le reste du temps, elle se tient à la cime des arbres.

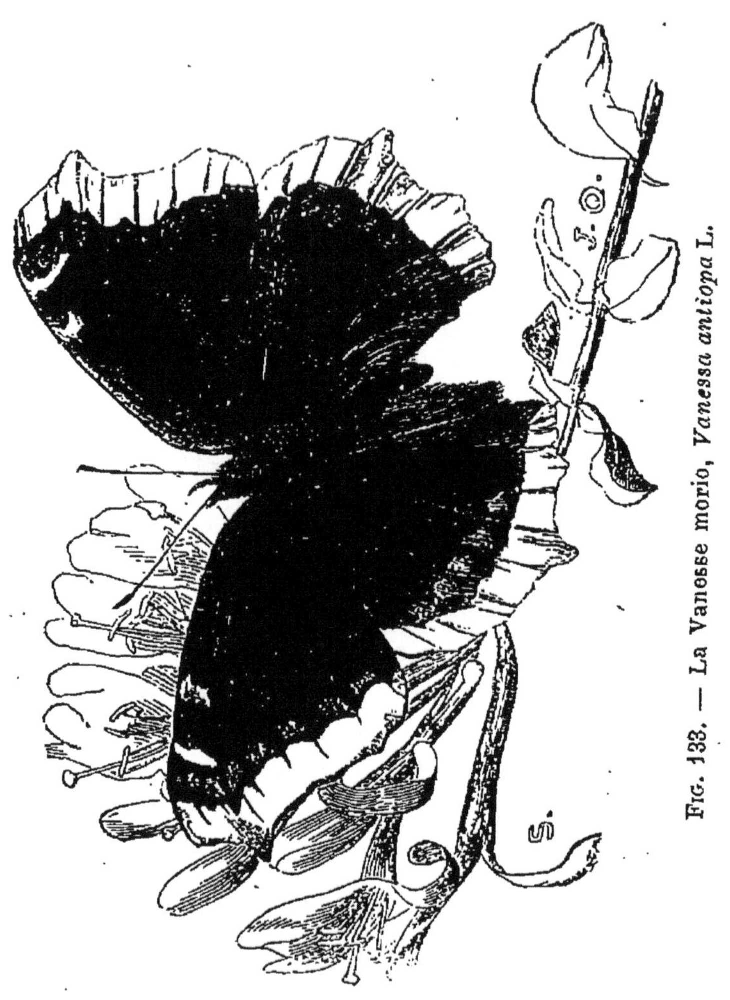

Fig. 133. — La Vanesse morio, *Vanessa antiopa* L.

Le fond de sa coloration est d'un brun velouté, avec des bandes et des taches blanches.

La chenille, verte, teintée de roux, vit au sommet des peupliers et des trembles ; son corps est terminé par deux pointes ; elle hiberne dans des feuilles enroulées en cornet et solidement attachées à une branche par des fils de soie.

Limenitis camilla (fig. 134) se fait remarquer par le glacis bleu qui recouvre le dessus de ses ailes. Sa chenille se trouve, en avril et en juillet, sur les chèvrefeuilles. Elle est vert pâle sur le dos, et rougeâtre en dessous.

FIG. 134. — La Nymphale Camille, *Limenitis Camilla.*

Parmi les *Apatures*, le *Petit Mars*, *A. Ilia*, d'un brun noir à reflets violets, porte sur chaque aile un œil noir, cerclé d'une couleur ferrugineuse et situé près du bord postérieur. Sur les ailes supérieures, se remarquent des taches blanches, sur les inférieures, une bande transverse de même couleur. On le trouve dans presque toute la France, en juillet, près des parcs. *A. iris* L. se distingue du précédent par l'absence d'ocelles aux ailes supérieures.

FIG. 135. — *Morpho Neoptolemus.*

Les *Morphées* sont les plus beaux papillons du monde et, à titre de spécimen, nous représentons *Morpho Neoptolemus* (fig. 135), espèce de l'Amérique du Sud, dont la partie supé-

rieure des ailes est d'un bleu d'azur à éclat métallique des
plus brillants.

Les *Arges* ont les ailes blanches, avec des lignes et des
taches noires qui leur ont fait donner le nom de *Demi-Deuils;*
on en compte en France une cinquantaine d'espèces, parmi
lesquelles *A. galathea* L. On la trouve habituellement dans
les endroits secs et couverts d'herbes. Au pied des graminées
dont se nourrit la chenille, la chrysalide repose simplement
sur le sol.

Fig. 136. — Le Satyre hermione, *Satyrus hermione* L.

Les espèces de *Satyres* sont également nombreuses et
S. hermione (fig. 136), l'une des plus belles, a 60 ou 70 millimètres d'envergure. On la capture, en juillet et en août,
avec *S. Phœdra* et *S. Briseis*, aux environs de Paris, dans
les bois garnis de bruyères, le long des haies et dans les
clairières. Il est presque impossible, sans figures coloriées,
de décrire les dessins dont sont ornées les ailes des nombreux
Insectes de ce groupe ; nous pouvons dire seulement qu'un
de leurs principaux caractères est de porter des taches ocellées, au moins sur un des côtés de la surface alaire.

Le vol des Satyres n'est pas très prolongé ; il consiste en
ascensions et en descentes souvent répétées , dans les inter-

valles, ils se posent sur les buissons, les pierres, les murailles, les troncs d'arbres, marchent en battant des ailes et, finalement, prennent de nouveau leur essor pour se poser bientôt en quelque autre endroit. Quelques-uns volent au-dessus des neiges, au milieu des glaciers des hautes montagnes et dans les régions polaires. Pour se procurer les espèces de montagnes, telles ques les *Erébies* ou *Satyres nègres*, Fallou recommande de s'installer à une altitude de 1000 mètres, par exemple au Mont-Dore, à Gavarnie, à Chamounix. Alors, à mesure que, dans les excursions, on s'élève de 400 ou 500 mètres, on voit apparaître des espèces nouvelles.

LYCÉNIDES. — Les *Lycénides* comprennent les plus petits Papillons diurnes ; malgré l'exiguïté de leur taille, ils ne le cèdent en rien, pour la coloration, aux plus grands Lépidoptères. Plusieurs ont les ailes inférieures terminées en queues, ce qui les faisait désigner, par les anciens auteurs, par le nom de *petits Porte-Queue*. Ils voltigent avec aisance, au soleil, au milieu des fleurs.

Les ailes des mâles sont ordinairement bleues, tandis que celles des femelles sont brunes. Les chenilles vivent sur les légumineuses ; les chrysalides sont posées à terre.

Ces Papillons fréquentent les jardins, les bruyères des bois, les champs de trèfle et de luzerne.

Les *Polyommates* ont le fond des ailes d'un fauve soyeux et brillant. *P. Phlæas* L. est commun pendant la plus grande partie de l'année ; il se pose à terre le long des routes. Les deux sexes sont semblables et donnent naissance à d'assez nombreuses variétés. La chenille, comme celles de beaucoup d'autres espèces voisines, affectionne l'oseille sauvage.

Les *Thecla* ont le fond des ailes brun. Elles volent autour des haies et des buissons. Leurs chenilles vivent sur les arbres et les arbustes, par exemple, sur le chêne, le prunier, le prunellier, l'épine-vinette. *T. ilicis* fréquente les

ronces et le serpolet; *T. quercus*, dont la chenille vit sur les
chênes, butine sur les châtaigniers en fleur; *T. W-album* se
prend, en juin et juillet, autour des ormes; elle tire son nom
d'un dessin blanc figurant un W sur les ailes inférieures.

PIÉRIDES. — Au genre *Anthocaris* appartient ce joli
Papillon, bien facile à reconnaître, que l'on appelle vulgairement l'*Aurore*. Ses ailes sont blanches, mais le sommet des
ailes supérieures du mâle porte une grande tache aurore;
cette tache n'existe pas chez la femelle; elle est remplacée
par une tache noirâtre. Les ailes inférieures sont marbrées
de vert et de jaune en-dessous, avec un point central noir
chez le mâle. Le nom scientifique de ce bel Insecte est
A. cardamines L.; sa chenille vit sur les crucifères.

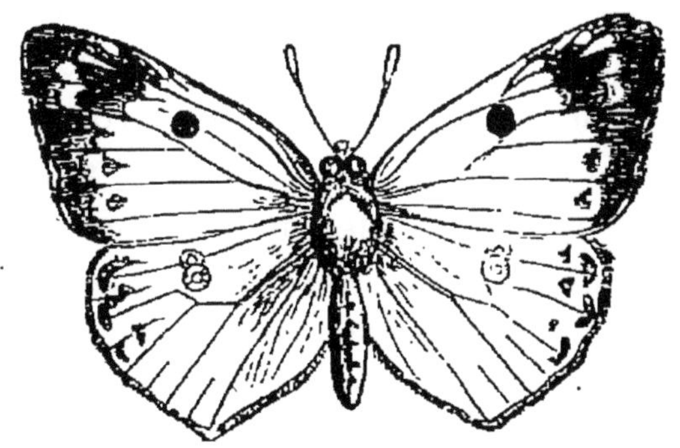

Fig. 137. — La Coliade hyale, *Colias hyale* L.

Colias hyale L. (fig. 137) est jaune de soufre, avec un
gros point noir sur l'aile supérieure et une large bordure
noire, parsemée de taches jaunes, relève cette parure; enfin
une tache orangée se voit sur les ailes inférieures. On trouve
ce papillon sur les trèfles, les luzernes; les chenilles vivent
sur les légumineuses.

Gonopterya rhamni L., le *Citron* de Geoffroy, est facile
à reconnaître à sa coloration uniformément jaune, avec un
petit point orangé sur le disque de chaque aile. La femelle
est plus claire, et sa couleur tire sur le verdâtre. La chenille
est verte, chagrinée de noir, avec une bande plus claire sur

le côté. Ce Papillon vole dans les jardins, les champs et les bois.

Leuconea cratægi L. a les ailes blanches, semblant, en quelque sorte, diaphanes, avec de fortes nervures noires. Les chenilles, aux téguments noirs, recouverts de poils blancs et jaunes, vivent sur l'aubépine, le prunellier et divers arbres fruitiers; elles s'y construisent des toiles où les jeunes pas-- sent l'hiver pour dévorer, au premier printemps, les bour- geons.

Les *Pieris* sont des Papillons très communs à coloration blanche ou jaune, souvent avec une bordure noire. Il n'est pas besoin d'être entomologiste pour connaître les deux Papillons du chou *(P. brassicæ* L. et *P. rapæ* L.). Le premier est blanc, avec une grande tache noire au bord de l'aile supérieure et une plus petite sur le bord de l'aile infé- rieure; la femelle porte en plus deux gros. points noirs sur l'aile supérieure. Le second est plus petit, avec la tache et les points de l'aile supérieure bien moins accentués. La chenille est nuisible au chou, au navet, au réséda et aux capucines, bien moins cependant que celle de l'espèce précédente.

Pieris napi L., à peu près semblable, a le dessous des ailes inférieures jaune pâle veiné de noir.

PAPILIONIDES. — Les *Thais* sont des espèces méridio- nales. Les *Parnassus* au contraire habitent les régions froides et les pays de montagnes.

Les Lépidoptères du genre *Papilio* sont de forte taille et ont presque toujours les ailes inférieures terminées en queues souvent fort longues.

Les espèces européennes ont des dessins noirs et des taches ocellées bleues, ferrugineuses et noires, se détachant sur fond jaune; tel est le Papillon *Machaon* qui vole dans les champs et les jardins. Il est reconnaissable à la bordure noire de ses ailes, coupée de croissants jaunes, tandis que le fond du disque, également jaune, est traversé par des nervures noires donnant à ces ailes, dont l'inférieure est ocellée de bleu, le plus charmant aspect. La chenille vit sur les arbres à fruits, le prunier, le pêcher, l'abricotier, l'amandier, et aussi sur l'aubépine.

Le *P. podalirius* L. (fig. 138), un peu plus petit, présente les mêmes tonalités, mais ses ailes sont léchées de noir, comme par des flammèches, ce qui lui a fait donner par Geoffroy le nom de *Papillon flambé*. Sa chenille vit sur la carotte et les ombellifères.

FIG. 138. — Le Papillon flambé, *Papilio podalirius* L.

HESPÉRIDES. — La position des ailes des *Hespérides* au repos est extrêmement curieuse. Les ailes supérieures sont à moitié relevées, tandis que les inférieures restent horizontales.

La coloration un peu terne de ces Insectes a pour base le fauve, le gris ou le brun, avec des lignes, des bandes ou des taches noires, blanches, verdâtres ; rarement ils portent des taches brillantes.

En avril, mai, juin, *Thanaos tages* L., brun pointillé de gris, voltige dans les clairières des bois.

Spilothyrus malvarum Ill., aux ailes dentées, se rencontre en juin, juillet et août, partout où poussent les malvacées. On le voit souvent dans les jardins sur les roses trémières. La chenille s'enveloppe dans une feuille de mauve roulée en cornet.

Sur les chardons, *Syrichtus alveolus* Hubner étale ses ailes brunes finement tachetées de blanc ; on le prend, en mai et en juillet, dans les clairières des bois où sa chenille vit sur les feuilles de fraisier. D'une tonalité plus rougeâtre, *S. Sao* parcourt les coteaux et les bois secs en mai et en juillet.

Le genre *Cyclopides* nous fournit *C. paniscus*, appelé l'*Echiquier* à cause des taches d'un jaune fauve qui quadrillent ses ailes brunes.

Hesperia sylvanus est commun, en mai, juin et juillet, sur les feuilles des taillis, la chenille sur le chiendent.

H. comma se trouve souvent sur le sarrazin en fleurs, la chenille sur les graminées.

Hétérocères

C'est parmi les Insectes de ce grand groupe que se trouvent les Papillons les plus nuisibles à l'homme, soit qu'ils s'attaquent aux récoltes ou bien aux arbres des forêts, soit que, dans les habitations, ils détruisent les vêtements et les provisions.

Sphingides. — Les *Sphingides* contiennent les Lépidoptères au vol le plus puissant et le plus soutenu ; certains ne craignent pas de traverser les mers et nous viennent de l'Afrique. Ils se posent rarement et planent, par un rapide mouvement des ailes, devant les fleurs dont leur longue trompe aspire le nectar.

Les chenilles, de forte taille, nues et souvent ornées de brillantes couleurs, portent presque toujours un appendice caudal recourbé en arrière. Souvent elles prennent l'attitude du Sphinx antique, relevant la tête et les premiers anneaux de l'abdomen et restant longtemps dans cette position. C'est

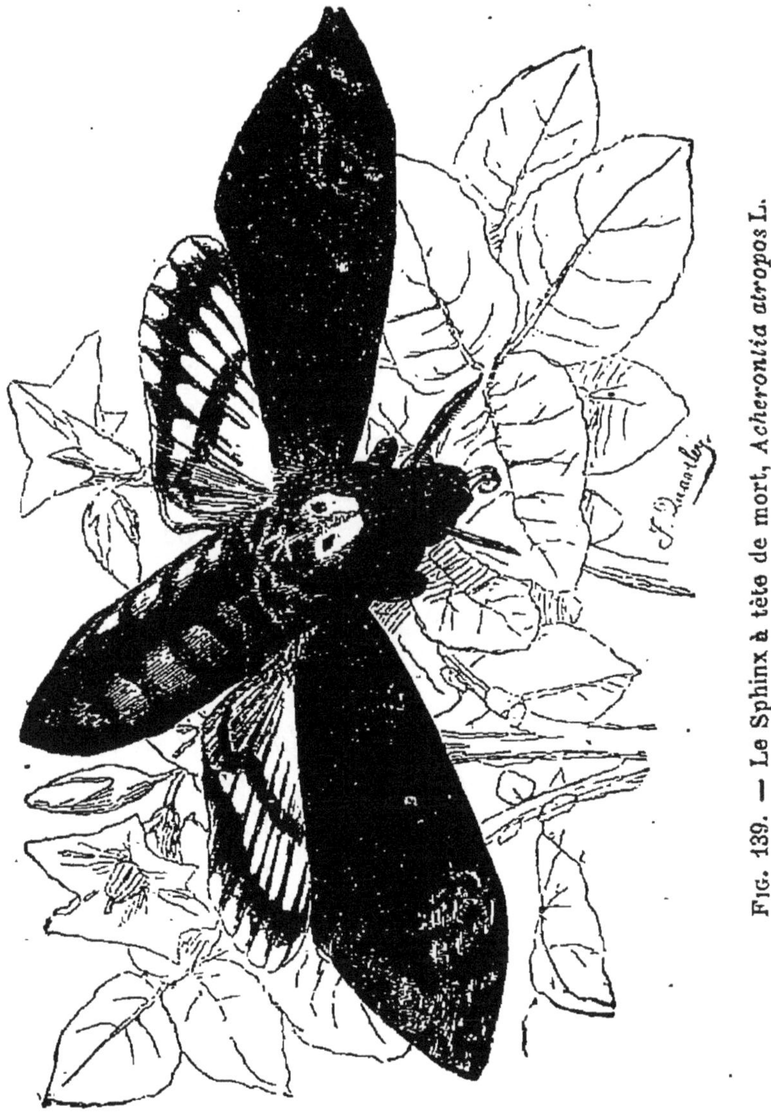

Fig. 139. — Le Sphinx à tête de mort, Acherontia atropos L.

de là, sans doute, que leur vient leur nom. La nymphose a lieu sous terre, à peu de profondeur, sans cocon et tout au plus avec une grossière enveloppe terreuse, contenant quelques végétaux liés avec de la soie.

Tout le monde connaît le *Sphinx à tête de mort (Acherontia atropos* L.). Bien qu'inoffensif, cet Insecte a pendant longtemps répandu la terreur parmi les campagnards superstitieux qui voyaient en lui un messager de mort. De leur côté, les créoles de l'île Bourbon l'accusaient de crever les yeux aux personnes qu'il rencontrait.

La tête de mort dont il porte une image très approximative sur le corselet, le cri plaintif qu'il fait entendre, en font, il est vrai, un Insecte curieux, mais il n'a jamais fait aucun mal à personne, si ce n'est aux cultivateurs de pommes de terre.

La chenille est ordinairement verte, avec des bandes oblongues bleues sur les côtés; c'est la plus grosse chenille de France; on la trouve sur les lilas, le jasmin, et sur diverses solanées, notamment sur la pomme de terre.

Pour s'emparer du miel, l'adulte s'introduit parfois dans les ruches, où il jette le plus grand désordre.

Les *Smérinthes* se capturent aisément, pendant le jour, sur les troncs d'arbres; le soir, ils volent après le coucher du soleil.

On fait tomber la chenille de *Smerinthus populi* L. en secouant les peupliers, les trembles, les saules, les bouleaux; elle est d'un beau vert tendre pointillé de jaune, avec 7 lignes obliques jaunes sur les côtés. Sur les ormes et les tilleuls, on se procure *S. tiliæ* L.

La chenille de *S. ocellatus* L. vit sur l'osier, le saule, le pommier, le pêcher, l'aubépine. Les ailes supérieures du papillon sont coupées de bandes ondulées, les ailes inférieures rouge carmin, portent au milieu une tache ocellée à centre et pourtour noirs; Geoffroy l'appelait, pour cette raison, *Sphinx demi-paon.*

Le Sphinx du liseron a les ailes supérieures grises marquées de brun, les inférieures également grises, mais sillonnées de bandes noires. L'abdomen est alternativement gris et rouge rosé, coloration qui présente des anneaux interrompus par une ligne longitudinale grise. Ce Sphinx, au vol puissant, n'apparaît en abondance que pendant les années chaudes et semble migrateur. Il butine le soir sur les fleurs de pétunias et de belles de nuit; on trouve la chenille sur le liseron des champs et sur les convolvulacées des jardins.

S. ligustici L. a les ailes supérieures grises, tandis que les inférieures sont roses avec des bandes noires; la chenille, vert pomme, qui porte sept bandes obliques violettes et blanches et une corne noire en-dessus, jaune en-dessous, vit sur le troène, le lilas, le frêne, le sureau.

Une autre espèce se prend, en août et septembre, sur les pins.

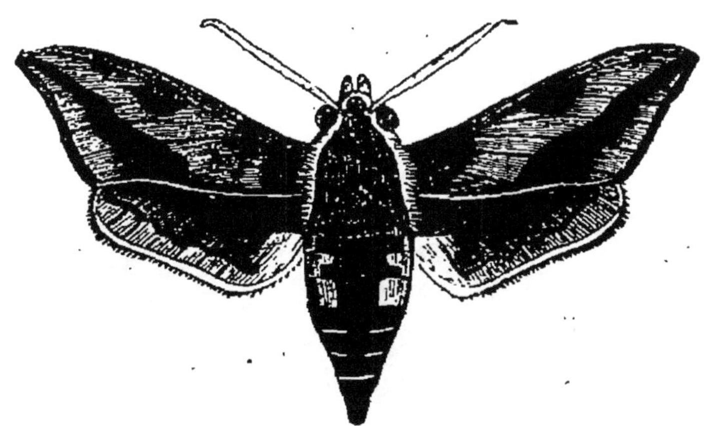

Fig. 140. — Le Sphinx de l'euphorbe, *Deilephila euphorbiæ* L.

Les *Deilephila*, au vol rapide, sont parés de vives couleurs. *D. euphorbiæ* L. fréquente les fleurs des jardins; sa chenille se rencontre dans les chaumes et sur les bords des chemins; elle se nourrit de différents euphorbes. *D. nerii* L., le Sphinx du laurier rose (102 millimètres d'envergure), a le thorax verdâtre, les ailes supérieures variées de vert olive, de blanc et de rose, les inférieures, moitié noirâtres, moitié d'un brun verdâtre. Ces deux couleurs sont séparées par une, raie blanche sinuée. La chenille vit sur les feuilles du laurier

14.

rose ; c'est un Insecte des pays chauds, venant d'Afrique, et dont l'espèce s'est répandue avec la culture des lauriers, mais qui reste toujours rare dans les régions froides.

D. elpenor L. se trouve communément, en juin, puis en septembre, dans les jardins, sur les iris, les pétunias, les chèvrefeuilles. La chenille, verte à sa naissance, devient noirâtre.

Les *Macroglosses*, qui volent en plein jour, ne redoutent pas l'ardeur du soleil. Ils planent devant les fleurs et y enfoncent leur longue trompe, avec un frémissement d'ailes précipité. Tout le monde a vu dans les jardins *Macroglossa stellatorum* L. N'était que sa coloration est moins brillante, on le prendrait volontiers pour un petit Oiseau-Mouche passant de fleur en fleur sans se poser. Les houppes de poil de l'abdomen qui s'élargissent à l'extrémité donnent en effet à

Fig. 141. — *Thyreus Abbotii* Sw.

la partie postérieure du corps la forme de la queue d'un oiseau au vol. La chenille de ce papillon, d'un vert tendre, avec de nombreux points blancs et quatre raies longitudinales de la même couleur, vit sur le caillelait. Deux autres espèces, à ailes vitrées, *M. fuciformis* L. et *M. bombyliformis* Esper. sur la synonymie desquelles les auteurs ne

sont pas d'accord, ont des chenilles vertes qui vivent notamment sur les scabieuses.

Dans le même groupe, vient se ranger *Thyreus Abbotii*
que nous figurons (fig. 141); cette remarquable espèce vit,
dans l'Amérique du Sud sur les vignes sauvages.

SÉSIIDES. — Les Sésies se font remarquer par des ailes
habituellement étroites et diaphanes qui leur donnent l'apparence d'Hyménoptères. C'est ainsi que *Sesia apiformis* L.
(fig. 142) ressemble par sa taille et sa coloration à un Frelon,

FIG. 142. — La Sésie apiforme, *Sesia apiformis* L.

au point de tromper l'entomologiste peu attentif. On trouve,
de mai à juillet, ces Lépidoptères posés sur les troncs des
peupliers et des trembles où ils se laissent aisément capturer. C'est à l'intérieur de ces arbres, ou même dans les racines, que la chenille creuse de vastes galeries sinueuses et
forme un cocon composé de débris de bois réunis par des fils
de soie. La chenille y séjourne deux hivers consécutifs avant
de se métamorphoser; on peut juger des dégâts qu'elle commet pendant cette longue station. Parmi les espèces qui fréquentent les jardins, *S. tipuliformis* L. creuse ses galeries
dans le groseillier rouge, le groseillier noir, le noisetier.
D'autres s'attaquent au bouleau, au cornouiller, au fusain,
quelquefois à l'aulne, au saule et à l'osier, au framboisier et
à la ronce. On en voit butiner sur les fleurs de seringat, de
persil, d'oseille et de carotte sauvage, de lavande.

Zygénides. — Ces Insectes, au vol lourd, ne circulent que le jour. Ils sont peu farouches, et par conséquent, faciles à prendre, même à la main, sur les fleurs et partout où ils se posent. On les trouve surtout dans les prairies et dans les clairières des bois, quelquefois rassemblés par petits groupes sur les fleurs en ombelles ou en corymbes.

H. Lucas divise les Zygènes en quatre sections : à la première il rattache les Zygènes à ailes demi-transparentes, à bandes ou taches rouges mal arrêtées sur les bords; exemple : *Zygœna achillea* Esper., dont les ailes supérieures sont bleues avec cinq taches rouges, et les inférieures rouges avec une fine bordure bleue.

A la seconde section appartiennent les Zygènes à ailes opaques, à taches rouges nettement circonscrites et non bordées de blanc ou de noir; exemple, *Z. filipendula* avec six taches rouges aux ailes supérieures, les inférieures étant analogues à celles des *Z. achillea*. *Z. trifolii* (fig. 143) appartient à ce groupe.

Fig. 143. — La Zygène du trèfle, *Zygœna trifolii* Esper.

Les Zygènes de la troisème section ont les ailes opaques à taches rouges tantôt bordées de noir, tantôt bordées de blanc; exemple : *Z. carniolica* Scop. dont les six taches rouges des ailes supérieures sont entourées de blanc et *Z. fausta* L. avec cinq taches rouge vermillon bordées de jaune pâle (les ailes inférieures rouges comme dans les espèces précédentes).

Enfin les Zygènes aux ailes opaques, à taches basilaires rouges ou jaunes, les autres restant blanches, se rangent dans la quatrième section; exemple : *Z. ephialtes*, propre aux montagnes du midi de la France.

Lithosides. — C'est plutôt le soir qu'à la lumière du jour que volent les *Lithosides ;* leurs chenilles se nourrissent des lichens qu'elles rencontrent sur les troncs d'arbres ; elles se transforment dans des coques dont le tissu, peu serré, est enchevêtré de poils.

Les *Lithosies,* dont les ailes fermées enveloppent l'abdomen, sont de couleur jaune, sans dessins, mais portant quelquefois des points noirs.

Chélonides. — Les *Chélonides* appelés aussi *Écailles* sont ceux des Hétérocères dont les couleurs ont le plus de brillant. Les antennes, pectinées chez les mâles, sont seulement dentées chez les femelles, parfois même filiformes. Le

Fig. 141. — L'Écaille martre, *Chelonia caja* L.

corps est trapu et recouvert de poils, ainsi que les pattes.

Les chenilles sont fortement velues et leur fourrure entre pour une large part dans la confection des coques servant d'abri aux chrysalides.

Dans les jardins et les sentiers des bois, on trouve communément, de juin à août, *Chelonia caja* L. (62 à 70 millimètres d'envergure) (fig. 144). Les ailes supérieures marron sont sillonnées de lignes blanches, les inférieures sont d'un beau rouge brique et portent six taches bleues d'inégale grandeur; l'abdomen est rouge avec des raies transversales noires sur les anneaux; la chenille, bleuâtre, est revêtue d'une épaisse fourrure rousse. Dans d'autres espèces, les ailes inférieures deviennent jaunes ou roses, tandis que les supérieures restent foncées, à moins que les teintes claires n'y deviennent prépondérantes.

Dans le genre *Spilosoma* qui renferme des Insectes de petite taille ne prenant pas de nourriture à l'état adulte, on remarque *S. menthastri* (40 millimètres d'envergure). L'abdomen de cet Insecte est jaune safran piqueté de noir, le thorax et les ailes sont blancs. Ces dernières sont parsemées de nombreuses mouchetures noires, beaucoup plus nombreuses sur les supérieures que sur les inférieures.

Les chenilles des *Hépiales* creusent, tout autour des racines des plantes, mais sans pénétrer à leur intérieur, des galeries communiquant avec la surface du sol et tapissées de soie.

Hepialus humuli L. a 50 millimètres d'envergure, le mâle du moins, car l'envergure de la femelle est plus considérable. Les ailes du mâle sont blanches avec une bordure fauve. La femelle a les ailes jaune d'ocre avec deux bandes obliques sur les supérieures et la frange fauve.

La chenille vit des racines du houblon.

H. silvinus L. vole, le soir, à la lisière des bois, en mai, août et octobre. Sa chenille vit aux dépens des racines des graminées, tandis que celle de *H. hactus* L. attaque les racines de la bruyère.

Cossides. — Le type du genre *Cossus* est le *Cossus ligniperda* L. Ce gros Papillon au thorax roux, avec les ailes et l'abdomen gris cendré, finement entrecoupés de taches blanchâtres *et de lignes noires* a les antennes blanches extérieurement, pectinées et noires à la face interne.

La chenille est très nuisible aux arbres fruitiers et à quelques essences forestières. Les ravages qu'elle fait causent souvent la mort des arbres qu'elle attaque, et à l'intérieur desquels elle a creusé ses galeries.

La chenille de *Zeugera æsculi* L. agit de même à l'égard du marronnier d'Inde, de l'orme, du tilleul, du lilas et des arbres fruitiers à pépins. L'adulte est facile à reconnaître à ses ailes d'un blanc de farine finement pointillées de noir. La femelle a toujours les points plus gros que le mâle. Ce Papillon vole, le soir, en juillet et août. Pendant le jour, il se repose sur les troncs d'arbres dans les parcs et les promenades.

Liparides. — Le mâle des *Liparides*, au corps grêle, a les quatre ailes bien développées, la femelle, beaucoup plus grosse, les a souvent rudimentaires.

Fig. 145. — L'Orgye antique, ♂ et ♀, *Orgya antiqua* L.

Orgya antiqua L. (fig. 145) qui vole au soleil, en juin et en septembre, porte sur ses ailes supérieures brunes, ornées d'une bande noire, une tache blanche en forme de virgule; les ailes inférieures sont rousses. La femelle est aptère.

L'abdomen des *Liparis* en fait quelquefois un fléau; si quelques espèces restent inoffensives, d'autres dévorent tout sur leur passage, au point de dépouiller de leurs feuilles, en plein été, les arbres, qui semblent alors avoir subi les rigueurs de l'hiver.

L. dispar. L., si commune, en juillet et en août, sur les haies et dans les jardins où la chenille attaque les arbres fruitiers, a les ailes brunes sillonnées de lignes noires en zigzag, les inférieures seulement bordées de noir.

Le mâle, agile, vole au soleil, la femelle, lourde et indolente, reste appliquée sur le tronc des arbres; *L. monacha* L. a les ailes supérieures blanches, avec un dessin à peu près semblable à celui de la précédente; *L. salicis* L. a les ailes blanches nervées de jaune et les pattes noires.

Centhocampa processionnœ L. est le papillon de la chenille processionnaire du chêne. Cette chenille est garnie de poils, qui donnent des démangeaisons semblables à celles des orties. *C. pityocampa* est le papillon de la processionnaire du pin. Ces deux Lépidoptères ont les ailes supérieures brunes, les inférieures enfumées; ils ne diffèrent que par la taille et la disposition des lignes sinueuses noires qui traversent leurs ailes.

Bombycides. — C'est à ce groupe qu'appartiennent les grands producteurs de soie, mais comme, parmi nos espèces indigènes, il n'en existe aucune dont les cocons puissent être utilisés industriellement, on a cherché à en acclimater d'autres. *Bombyx quercus* (50 à 55 millimètres) a les ailes d'un brun foncé, coupées par une bande jaune, notablement plus large sur les supérieures que sur les inférieures; un point blanc, cerclé de noir, se trouve au milieu de l'aile supérieure. La femelle, beaucoup plus grosse que le mâle, est aussi plus pâle. *B. rubi* et *B. trifolii* ont une coloration analogue. La chenille de ce dernier vit sur les genêts, le trèfle, la luzerne.

B. neustria L. est brun, avec deux bandes blanches sur les ailes supérieures; c'est lui qui pond, autour des branches des arbres fruitiers, des œufs régulièrement rangés en forme de bague (voyez fig. 1-2). Le papillon éclôt en juillet.

Lasiocampa quercifolia, dont les ailes, fortement dentelées, prennent au repos la position que nous représentons (fig. 146) est d'une coloration brune qui donne à l'Insecte l'aspect d'un petit amas de feuilles mortes. De là son nom. Les ailes sont sillonnées par trois lignes noires souvent mal définies. On trouve, en juillet, ce Papillon dont la chenille vit sur les arbres fruitiers et sur quelques autres, tels que le prunellier.

Fig. 146. — Le Lasiocampe feuille morte, ♀, *Lasiocampa quercifolia*.

On a eu recours à l'importation et à l'élevage pour introduire en France les espèces fournissant la matière première de nos plus riches tissus. Le plus ancien en date, parmi ces Papillons domestiques, est le *Bombyx du mûrier (Bombyx mori* L.) élevé, depuis la plus haute antiquité, par les Chinois. Les facultés de ces Insectes sont aujourd'hui tellement perverties, qu'ils se trouvent complètement dépaysés lorsqu'on leur rend la liberté, et qu'à peine peuvent-ils suffire à leurs besoins. De cette éducation en chambres closes résultent, malgré tous les soins que l'éleveur a intérêt à prendre, des épidémies souvent funestes à toute une colonie. C'est ainsi que l'industrie séricicole est cruellement éprouvée depuis longtemps déjà par les maladies désignées sous les noms de. *muscardine* et de *flacherie* [1].

Le *Bombyx mori* L. a été introduit en Europe vers le. VIe siècle; tout porte à croire qu'à l'état sauvage ce Papillon est brun. La domestication seule l'a rendu blanc ainsi que sa chenille, mais certains individus conservent encore des traces de leur ancienne coloration. Les éclosions ont lieu au printemps; l'éleveur peut les régler à sa guise, les activer par la chaleur, les retarder par une congélation raisonnée. Elles doivent coïncider avec l'apparition des feuilles de mûrier dont on nourrit les élèves.

Après la quatrième mue, les chenilles commencent à filer leur cocon. Dans les établissements d'élevage, nommés *magnaneries*, on dispose alors des brindilles de bruyère ou de bouleau entre lesquelles les chenilles s'établissent.

La durée de la nymphose est d'environ quinze jours; le Papillon sort du cocon en écartant les fils qu'il assouplit, à l'aide d'une sécrétion particulière. Pendant sa courte existence, il ne prend aucune nourriture; son rôle se borne à l'accouplement. Les femelles fécondées sont déposées sur des cartons, où elles pondent leurs œufs qui servent de graine, pour l'éducation suivante.

L'enveloppe extérieure du cocon, qui constitue la *bourre de soie*, ayant été enlevée, le fil unique dont il est formé peut être enroulé, sans solution de continuité, sur une bobine.

Dès l'époque où la maladie commença à décimer les magnaneries, on se préoccupa de rechercher s'il ne serait pas possible d'utiliser des espèces plus robustes. L'introduction des graines venant de Chine et du Japon améliora la situation, pendant que l'acclimatation des grandes espèces de *Saturnia* devenait un fait accompli. Aujourd'hui que l'ailante ou ver-

---

[1] Voyez Léo Vignon, *La Soie, au point de vue scientifique et industriel*, Paris, 1890 (Bibliothèque scientifique contemporaine).

nis du Japon s'est répandu un peu partout, que certains bou-
levards de Paris en sont plantés, la *Saturnia cynthia* est
devenue un Papillon commun, qui éclôt en juin ou en juillet.
Ce grand Lépidoptère est d'un brun velouté, avec les ailes
sillonnées par une bande blanc rosé et des lunules blanches.
La chenille, d'un joli vert émeraude, a la tête, les pattes et
le dernier anneau jaunes, et, sur chaque segment, des tubercules bleu clair.

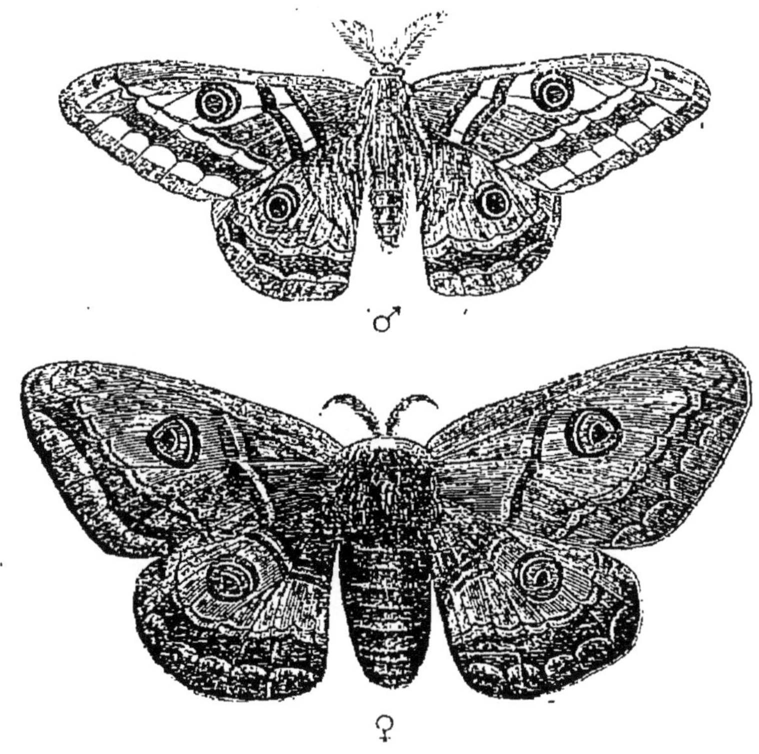

Fɪɢ. 147. — Le petit Paon de nuit, ♂ et ♀, *Attacus pavonia minor* L.

Saturnia yama-maï et *Saturnia Pernyi* sont deux espèces voisines, toutes les deux d'un fauve clair avec un ocelle
sur chaque aile et des bandes foncées plus accentuées dans la
Première espèce que dans la seconde. Ces deux Papillons,
très robustes, originaires du Japon et de Chine, vivent sur
les chênes.

La *Saturnia pyri* L. appelée aussi *Attacus pavonia major* L. ou *Grand Paon de nuit*, est le plus gros Papillon d'Europe ; son envergure atteint 110 ou 120 millimètres. On le reconnaît à ses ailes d'un gris roussâtre, veloutées, et dont chacune porte un œil volumineux, garni, du côté du corps, d'un croissant blanc. Le Papillon éclôt en avril ou en mai, d'une chrysalide épaisse, terminée, à un de ses bouts, par des houppes de soies servant d'opercules à l'ouverture par laquelle sort le Papillon. La chenille se trouve, en juillet et en août, sur le poirier, le pêcher et d'autres arbres fruitiers, ainsi que sur l'orme. La figure 147 représente le *Petit Paon de nuit (Attacus pavonia minor* L.). Sauf quelques différences dans la tonalité de la coloration et certaines modifications dans le dessin, il est un diminutif du précédent. Le mâle se distingue de la femelle par la conformation des antennes.

Aglia Tau, d'un jaune fauve, porte, sur chacune de ses ailes, un œil blanc bordé de noir et à prunelle blanche. Les mâles de cette espèce volent au soleil, en mars et en avril, tandis que les femelles restent accrochées au tronc des arbres. La chenille vit sur le chêne, le hêtre, le bouleau.

Notodontides. — Le jeune entomologiste est saisi d'étonnement lorsque, pour la première fois, il rencontre la chenille de la *Harpie du hêtre (Stauropus fagi)* (fig. 148). Il est difficile, en effet, de reconnaître à première vue une chenille dans cet étrange animal brun, aux longues pattes menaçantes, qui ne prend de point d'appui que par le milieu du corps et qui porte une queue fourchue, relevée comme l'abdomen des Staphylins.

On trouve cette singulière chenile, en août et en septembre, sur les feuilles de hêtre, de chêne et d'autres arbres forestiers. Le Papillon, qui éclôt en mai, est d'un gris roussâtre, avec quelques dessins plus foncés.

Les chenilles des autres espèces du même groupe sont non

moins remarquables par leurs formes extraordinaires; elles
fréquentent le chêne, le peuplier, le saule, le bouleau, le
tilleul.

Fig. 148. — Chenille de la Harpie du hêtre.

Noctuélides. — Les *Noctuelles*, dont le nom indique
des habitudes au moins crépusculaires, ont une coloration
sombre, du moins lorsqu'on les observe au repos, car leurs
ailes supérieures, presque toujours teintées de nuances
obscures, recouvrent les inférieures, souvent ornées de tons
vifs. Cette règle, toutefois, n'est pas absolue, et il en est de
richement parées.

Les Noctuelles recherchent les fleurs pour en pomper le
nectar; elles ne dédaignent pas non plus le suc qui s'échappe
des fruits, accidentellement crevassés ou entamés, par d'autres Insectes. Nous avons même indiqué un piège conçu sur
ces données.

C'est presque toujours après le coucher du soleil que les
Noctuelles déploient leurs ailes pour vaquer aux besoins de
leur alimentation ; cependant, le jour, lorsqu'on les dérange,
plusieurs n'hésitent pas à prendre leur vol, alors que d'autres
se laissent lourdement tomber. Pendant la journée, elles se
cachent sous les écorces, dans les broussailles, dans les cavités des murs.

La taille de ces Lépidoptères varie beaucoup, et s'il existe de grandes espèces exotiques, on en trouve de très petites parmi les indigènes.

Les chenilles se mettent en rond lorsqu'on les inquiète. Certaines se plaisent sur les arbres, d'autres sur les plantes basses, et de celles-là les dégâts sont à craindre ; d'autres enfin se logent dans le canal médullaire des tiges. On trouve les Chenilles de cette dernière catégorie dans l'artichaut, le maïs, les roseaux. Il en est qui vivent sous terre, se nourrissent de racines, d'autres de lichens ; certaines fréquentent les fruits, d'autres les feuilles, enfin on en cite de carnassières.

Les Chrysalides reposent à nu sur le sol ou bien sont enveloppées de cocons soyeux accolés aux troncs d'arbres ou attachés aux feuilles.

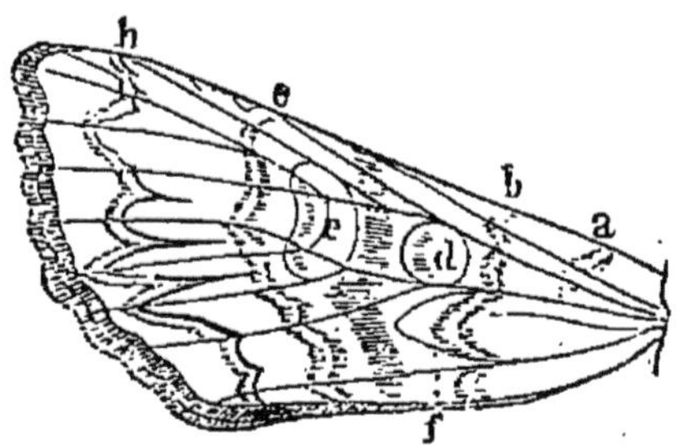

FIG. 149. — Aile de Noctuelle.

Les ailes supérieures des Noctuelles, relativement étroites, triangulaires ou trapézoïdales, sont généralement coupées de quatre lignes transversales *(a, b, e, h)*, et marquées de deux taches dites ordinaires (fig. 149). La première de ces taches *(d)*, qui est ronde ou ovale, a reçu le nom de tache *orbiculaire*, la seconde *(c)* est *réniforme*. Les ailes inférieures, habituellement arrondies, sont d'une couleur uniforme ou bien portent une bordure marginale plus ou moins foncée.

Les *Ophydères*, dont nous avons déjà signalé la singulière organisation, forment une exception unique dans l'ordre des

Lépidoptères. Leur spiritrompe devient un appareil perforant qui leur permet de percer la peau épaisse des oranges, pour en sucer le jus. Les fruits piqués de la sorte tombent et pourrissent avant leur maturité. De ce fait, les *Ophydères* causent de gros préjudices aux colons d'Australie.

Les *Bryophila* sont des êtres inoffensifs; les chenilles se contentent des lichens qui garnissent les troncs des arbres, les pierres et les vieux murs.

Les Papillons, de petite taille, ont une coloration mariée de vert, de brun et de noir qui les fait aisément confondre avec les roches sur lesquelles ils se posent.

Fig. 150. — La Lykenée rouge, *Catocala nupta* L.

Mania maura L. est une de nos grandes espèces de Noctuelles françaises. Ses ailes sont dentées et d'un gris noirâtre dessiné de noir. Elle se repose sous les arches des ponts, à l'entrée des caves, et en général dans les endroits humides et sombres. On la trouve en juin et juillet. Sa chenille vit sur le saule et sur l'aulne, sur l'oseille et sur le mouron.

Les *Catocala* sont aussi de forte taille ; plusieurs espèces, en France, se font remarquer par la beauté de leurs couleurs. *C. nupta* (fig. 150), la *Lykenée rouge* ou la *Mariée* (75 millimètres d'envergure), qui se pose sur les troncs des arbres, sur les clôtures ou sur les murs, de juillet en septembre, a les ailes supérieures d'un cendré jaunâtre, coupées de lignes flexueuses plus foncées ; les ailes inférieures sont rouges avec la bordure noire et une forte ligne noire coudée n'atteignant pas le bord inférieur.

FIG. 151. — Chenille de la Lykenée rouge.

La chenille (fig. 151) vit, en mai et en juin, sur les peupliers et les saules.

C. fraxini L., la *Lykenée bleue* (95 millimètres d'envergure), a les ailes supérieures à dessins plus franchement marqués, les ailes inférieures noires, traversées par une large bande bleu clair et bordées de bleu.

On la rencontre sur les arbres qui bordent les routes, d'août en octobre. La chenille vit sur les peupliers.

Les chenilles des *Nonagria* habitent les lieux marécageux et rongent l'intérieur des tiges des plantes.

La nymphose a lieu à l'intérieur de la tige perforée ; la coque est composée des déchets, consolidés par quelques fils de soie et un fort tampon de détritus circonscrit l'aire d'évolution. En regard de la chrysalide, un trou, recouvert seulement d'une mince pellicule, donnera passage au Papillon. C'est habituellement en coupant et en emportant les tiges contaminées que l'on obtient, par éclosion, le Papillon qui, du reste, d'un brun plus ou moins sombre, n'offre aucun intérêt.

Les *Agrotis*, les *Triphœna* aussi, sont des animaux nuisibles, non pas en tant que Papillons, mais à cause des ravages que font leurs chenilles. Celles des *Agrotis* s'attaquent aux racines, celles des *Triphœna* dévorent les feuilles des plantes potagères.

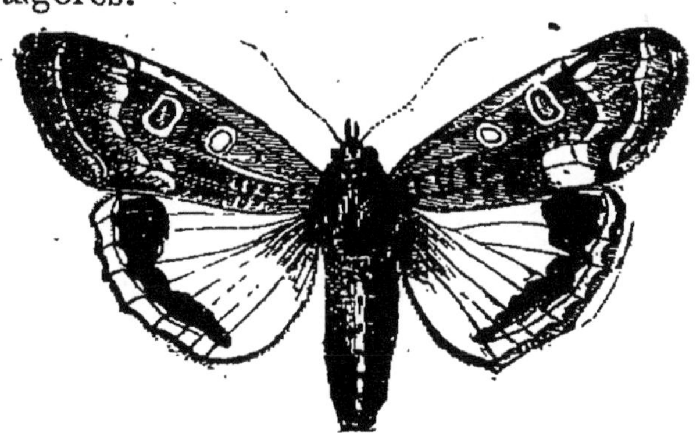

Fig. 152. — La Triphène fiancée, *Triphœna pronuba* L.

Triphœna pronuba L. (fig. 152) est d'une coloration générale brune, avec les ailes inférieures jaune d'ocre, ornées d'une large bande noire, quasi marginale, qui n'atteint pas le bord postérieur de l'aile.

15.

Une belle espèce est *Trachea piniperda* Panzer, que l'on prend en battant les branches de pin et de sapin. Les ailes supérieures sont d'un rouge vif, nuancées de gris et d'olivâtre, les taches ordinaires blanches, les ailes inférieures noirâtres.

Sur les fleurs de lierre, on trouve les *Orthosia*; les chatons du saule, entre bien d'autres espèces, donnent les *Tœniocampa* et les *Xanthia*. Renfermée entre les feuilles d'aubépine, de ronce ou de chêne, vit la chenille de *Scopelosoma satellita*. Les chenilles de *Cosmia* et de *Polia* sont carnassières.

Les *Plusia* sont de très jolies Noctuelles parmi lesquelles *Plusia gamma* L. est la plus commune; son nom lui vient d'une tache jaune pâle, ayant la forme de la lettre grecque, et se détachant sur le fond brun de l'aile supérieure.

Cette espèce vole dans les jardins et dans les champs, au crépuscule et même en plein jour.

Les *Hypena*, aux couleurs sombres, appartiennent au groupe des *Deltoïdes*, nom provenant de la forme qu'affecte le corps de ces Lépidoptères lorsqu'ils sont au repos et qui rappelle un Δ.

Le jour, ils restent suspendus à la face inférieure des feuilles de saule, de houblon, d'ortie, recherchant les endroits ombragés.

La forme de la tête de deux espèces communes, dont les palpes, très allongés, s'étendent en avant, leur avait fait donner les noms de *Museau* et de *Toupet*, s'appliquant, le premier à *H. proboscidalis* L. et le second à *H. rostralis* L.

PHALÉNIDES. — Les *Phalénides* ont été nommées *Géomètres* ou *arpenteuses*, en raison du mode de progression de leurs chenilles. On trouve dans ce groupe de très jolies espèces, parmi lesquelles nous ne signalerons que les plus remarquables. Ce sont en général des Lépidoptères au corps allongé, grêle, souvent marqué de deux rangées de points noirs; leurs ailes supérieures sont plus larges que celles des Noctuelles, et les dessins de celles-ci se continuent habituellement sur les inférieures.

Urapteryx sambucaria L. (45 à 60 millimètres d'envergure) est d'un jaune de soufre. Les ailes inférieures se terminent en une petite queue, au-dessus de laquelle existent une tache minuscule noire et une autre rouge. Les ailes supérieures portent deux fines languettes roussâtres. La chenille, brune, a l'aspect d'un petit morceau de bois mort; on la trouve sur le chèvrefeuille, la ronce, le lierre, le prunellier. Le Papillon vole en juillet, dans les jardins et les bois.

Rumia cratœgata L. est un autre Papillon jaune, plus petit et un peu plus foncé, avec des dessins plus accentués.

Metrocampa margaritata L. (42 à 45 millimètres) est d'un vert très tendre, tournant au gris perle après la mort; c'est dans les bois de chêne et de hêtre qu'on le trouve le plus communément.

Le mâle de *Phigallia pilosaria* L. a les ailes d'un gris verdâtre, finement dessinées; la femelle est complètement aptère. La même particularité se retrouve dans les genres *Nyssia* et *Biston*.

FIG. 153. — La Phalène du bouleau, *Amphydasis betularia* L.

La Phalène du bouleau *(Amphydasis betularia* L.) (fig. 153) a le corps et les ailes entièrement recouverts de points et de lignes noirs sur fond blanc.

La chenille vit sur presque tous les arbres forestiers.

Pseudoterpna pruinata est un beau Papillon vert tendre dont la chenille fréquente les genêts. De même couleur, avec des bandes blanches, *Geometra papilonaria* se trouve dans les bois et au bord de l'eau. Sa chenille vit sur l'aulne et le noisetier, sur le hêtre et le bouleau.

Pellonia vibicaria (30 millimètres) a les ailes jaunes avec des bandes roses; on trouve le Papillon au milieu des herbes, la chenille vivant sur les genêts et sur les graminées.

Cabera pusaria est blanche, rayée de noir; *Abraxas grossulariata* (fig. 154) a le corps jaune tacheté de noir, les ailes presque blanches, fortement mouchetées de noir. On la trouve sur les haies ou dans les jardins où sa chenille se nourrit aux dépens du groseillier épineux.

Fig. 154. — La Phalène du groseillier, *Abraxas grossulariata*.

Les *Hybernides* éclosent de novembre à mars; leurs femelles sont, ou bien totalement aptères, ou bien pourvues seulement d'ailes rudimentaires, réduites à l'état de moignons. Les mâles ont les ailes ornées de jolis dessins; on les trouve sur les arbres fruitiers et sur les arbres forestiers.

Les *Larentides* vivent aussi sur les arbres, mais abondent également sur les plantes basses; elles se font remarquer par les gracieux festons que forment sur leurs ailes les dessins qui les ornent.

MICROLÉPIDOPTÈRES. — Les *Microlépidoptères* forment une légion dont les rangs se remplissent de jour en jour. Si ces petits êtres fragiles sont difficiles à manier et longs à préparer, l'entomologiste trouve une compensation à ses peines dans l'intérêt qu'offre leur étude. C'est parmi eux surtout qu'il y a chance de rencontrer des nouveautés.

« La plupart des Microlépidoptères adultes sont agiles et brillants; beaucoup d'entre eux volent en plein soleil, sur les fleurs ou sur les feuilles des végétaux qui les ont nourris; leur nombre est si considérable qu'en frappant sur une haie il arrive souvent qu'on les en fait sortir par essaim.

« Il y a des chenilles de Microlépidoptères qui ont l'instinct de se fabriquer des abris ou des fourreaux tellement semblables à différentes parties des corps sur lesquels elles vivent, qu'elles peuvent y séjourner en toute sécurité à l'égard de l'homme qui ne les aperçoit pas. D'autres sont pourvues d'organes spéciaux qui leur permettent de passer toute leur vie larvaire dans l'eau, comme de véritables poissons. Presque toutes étant destinées à vivre cachées, elles ont reçu de la nature, à un degré plus ou moins développé, l'habileté nécessaire pour se construire une demeure. Les matériaux de cette industrie, si variée dans ses applications, sont les mousses, les lichens, les écorces, les lambeaux de cellulose provenant de l'épiderme des feuilles, divers débris végétaux ou animaux, des feuilles pliées, roulées en cylindres ou en cônes ou réunies en paquets par des fils de soie, les résines, la cire, les étoffes d'origine animale, etc. Il est de ces Chenilles, dites *Mineuses de feuilles*, si petites et si délicates, qu'elles passent toute leur vie sous cet état entre les deux épidermes d'une feuille. »

PYRALIDES. — Volant au crépuscule, recherchant les

lumières, les *Pyralides* se reposent durant le jour sous les feuilles, accrochées aux plantes aquatiques ou bien accolées aux murs et aux plafonds de nos habitations. C'est là qu'on trouve, de juin en août, *Pyralis farinalis* (22 à 25 millimètres d'envergure), dont la chenille vit dans le son.

Aglossa pinguinalis (25 à 30 millimètres d'envergure) (fig. 155), Papillon gris jaunâtre, habitant les cuisines avec une autre espèce du même genre, vit à l'état larvaire, dans les matières grasses.

FIG. 155. — La Teigne de la graisse, *Aglossa pinguinalis.*

Les *Pyrausta* et les *Ennychia* sont les hôtes des prairies : la menthe et la sauge servent d'aliments à leurs chenilles. Celles des *Catoclysta* construisent des fourreaux soyeux sous les feuilles de la lentille d'eau. Sous les nénuphars et les potamogétons, nagent les étuis des *Hydrocampa.* Sur les feuilles des orties roulées en cornet, le long des hampes des bouillons blancs, on trouve les chenilles des *Botys*, dont les nombreuses espèces se récoltent en battant les buissons.

Les *Crambus* vivent dans les prairies et dans les champs ; on y distingue le *Crambus des pâturages*, celui *des prés*, celui *des chaumes*, celui *des champs*, et enfin le *Crambus perle*, toutes jolies espèces dont il serait presque impossible de traduire l'élégante vestiture.

Les Papillons des genres *Nephopteryx*, *Pempelia* et *Myelois* se trouvent fréquemment dans les lieux arides où croissent les bruyères et les chardons. On en trouve sur les graminées.

Ephestia elutella est un parasite domestique qui, sans dédaigner les fruits secs et les croûtes de pain, n'épargne pas les collections d'histoire naturelle. Pour ce motif, nous donnerons sa description. C'est en juin et en juillet que ce Microlépidoptère est commun. Ses ailes supérieures sont d'un gris brunâtre, traversées par deux lignes moins foncées ; les ailes inférieures sont grises et lisses.

Les *Galleria* sont des mangeurs de cire. Ils occasionnent, dans les ruches, des désordres qui amènent souvent la perte de toute une récolte.

Les *Tordeuses* sont ainsi nommées parce que leurs chenilles roulent les feuilles en cornet pour s'en faire un abri. Cependant cette manière de procéder n'est pas sans exception, car il en est qui réunissent en paquets les feuilles terminales des branches, d'autres qui vivent en société sous des toiles filées par elles, d'autres à l'intérieur des fruits. Toutes ces chenilles, quel que soit leur genre d'architecture, se suspendent à un fil de soie qu'elles filent lorsqu'elles veulent se déplacer ou bien lorsqu'on les dérange. Ce câble suspenseur leur permet de descendre doucement et de remonter à leur volonté.

Les Papillons fréquentent les bois, les jardins et les vergers.

Certaines espèces constituent de véritables fléaux, telles sont : *Tortrix viridana*, qui, en quelques jours, dépouille de leurs feuilles des bois entiers de chênes ; *Ænophthira pilleriana*, beaucoup plus connue sous le nom de *Pyrale de la vigne*, et dont les dégâts en France sont signalés depuis le xvi° siècle[1] ; *Cochylis ambiguella*, digne émule de la

---

[1] Voyez Audouin, *Histoire des Insectes nuisibles à la vigne et particulièrement de la Pyrale*, Paris, 1842.

précédente, mais ne s'attaquant qu'à la fleur et à la jeune grappe ; *Penthina pruniara*, nuisible aux pruniers ; *Grapholitha cynosbatella* et *Aspidia cynosbana*, ennemies des rosiers, ainsi que *Tortrix Bergmanniana* (fig. 156).

Les chenilles des *Carpocapsa* habitent les fruits dits *véreux ;* on en trouve dans les pommes, les poires, les prunes, les abricots, les noix, les amandes et les châtaignes.

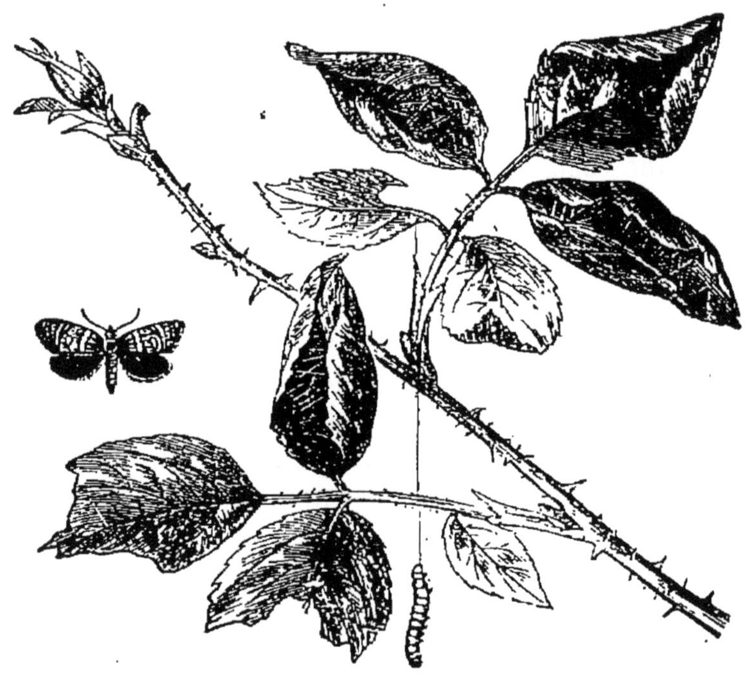

Fig. 156. — La Tortrix de Bergmann, *Tortrix Bergmanniana.*

Certains *Yponomeutes* sont très préjudiciables aux pruniers et aux pommiers.

Les *Teignes* proprement dites, celles qui appartiennent au genre *Tinea*, sont répandues dans les maisons. On y trouve la *Teigne des tapisseries (T. tapezella)*, celle des *pelleteries (T. pellionella)*, dont chacun a pu apprécier les travaux en visitant sa garde-robe ; la *Teigne fripière* se fait quelquefois des fourreaux bigarrés en empruntant à des vêtements de laine de différentes couleurs les brindilles dont elle confectionne son étui.

Une autre espèce *(T. granella)* ravage les greniers à blé.

Adela Degeerella et *A. Reaumurella* paraissent au contraire inoffensives; on les trouve dans les bois et sur les buissons, les chenilles roulant leurs fourreaux dans les feuilles sèches; ces deux espèces sont remarquables par la longueur des antennes des mâles.

Les *Pterophores*, qui terminent l'ordre des Lépidoptères, sont de très curieux Insectes, dont les ailes sont subdivisées en lamelles longitudinales, comme si une série de petites plumes avait été plantée dans le corps de l'animal.

Pterophorus pentadactylus L., que nous représentons de grandeur naturelle (fig. 157), est entièrement d'un blanc

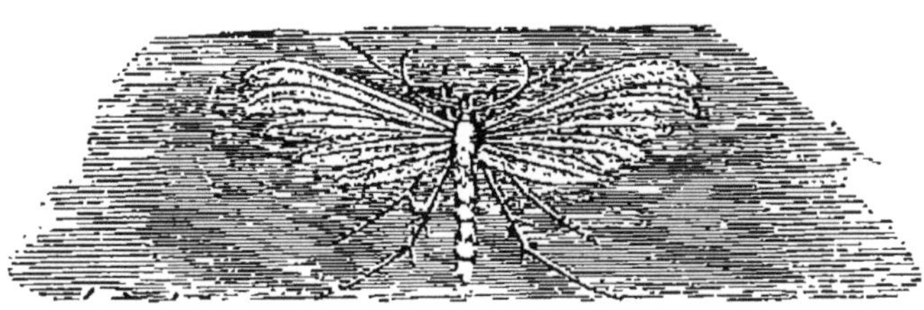

Fig. 157. — Le Ptérophore pentadactyle, *Pterophorus pentadactylus* L.

Fig. 158. — L'Ornéode polydactile, *Orneodes hexadactylus* Dup.
(grandeur naturelle et grossi).

laiteux; ses ailes supérieures sont divisées en deux lamelles, les inférieures en trois. La chenille, verte, vit sur le liseron, tandis que le Papillon vit indifféremment le jour où le soir dans le voisinage des haies.

L'*Orneodes hexadactylus* (fig. 158) a les ailes encore plus sectionnées; chacune d'elles forme trois branches. La tonalité générale est rousse, et la figure suffit à faire reconnaître ce charmant petit Papillon. Au repos, les ailes se replient comme les branches d'un éventail, et on le voit souvent, dans cette position, sur les vitres des fenêtres; en mars et avril, en juin, en septembre et octobre, il vole dans les jardins où sa chenille vit sur le chèvrefeuille.

IX

HÉMIPTÈRES

Les Hémiptères, auxquels Fabricius donnait le nom de
Rhynchotes, à cause de leur bec, sont des Insectes suceurs.
Ils se nourrissent du suc des plantes dont ils entament les
tissus, à l'aide d'un rostre puissant, que quelques-uns utilisent
pour s'abreuver du sang des animaux.

Les métamorphoses de ces petits êtres sont incomplètes.
Les larves, bien que privées d'ailes, ont la même forme que
les adultes, qui sont eux-mêmes quelquefois aptères.

La conformation des pattes est appropriée aux différents
milieux dans lesquels vivent ces animaux ; suivant les cas,
elles sont disposées pour la marche, le saut, la natation ; les
articles des tarses, généralement au nombre de trois, sont
quelquefois réduits à deux.

L'écusson acquiert souvent un développement tel qu'il
recouvre complètement l'abdomen. Les ailes, au nombre de
quatre, sont construites suivant deux types différents : ou
bien elles sont entièrement membraneuses, ou bien celles de
la première paire sont coriaces dans leur partie basilaire,
tandis que la région apicale reste membraneuse ; on les appelle alors *Hémélytres*. Cette différence de conformation a

fait diviser les Hémiptères en deux sous-ordres : les Hémiptères *hétéroptères* ou à ailes dissemblables ; les Hémiptères *homoptères* ou à ailes semblables.

Hétéroptères

Un grand nombre d'Hétéroptères, tels que les Punaises, répandent, lorsqu'ils se croient menacés, une odeur répugnante, provenant d'une sécrétion spéciale ; d'autres espèces, au contraire, exhalent des parfums assez agréables ou bien sont complètement inodores.

Au point de vue de l'habitat, les Hétéroptères constituent deux groupes bien distincts : ceux qui vivent à l'air, ceux qui habitent sous l'eau.

PENTATOMIDES. — Les Punaises de cette famille ont généralement des antennes de cinq articles, plus courtes que le corps, un écusson s'étendant au moins sur la moitié de l'abdomen et le recouvrant quelquefois complètement. La tête est enfoncée dans le corselet jusqu'au niveau des yeux.

Les adultes sont toujours ailés et ont les pattes courtes, terminées par des tarses de trois articles. Ils vivent sur les arbustes.

Parmi les Insectes de cette section, les *Scutellères*, originaires des îles de la Sonde, sont remarquables par leurs brillantes couleurs jaunes, orangées, rouges, ou bien d'un bleu métallique. Elles sont représentées en France par les *Eurygastres*, dont une espèce, *E. Maurus* L. (10 millimètres), se trouve communément sur les plantes basses et notamment sur les épis de froment.

Le *Graphosoma lineatum* L. (fig. 159) est un joli Insecte de 10 millimètres, rayé de noir et de rouge. Assez rare aux environs de Paris, il est plus répandu dans le midi de la France.

Les *Cydnus* vivent dans le sable, qu'ils creusent avec leurs

pattes antérieures, garnies de fortes épines. La *Punaise noire*
C. tristis F. (10 millimètres), d'un noir luisant finement ponctué, appartient à ce groupe; *C. flavicornis* F. (4 millimètres)
dont la coloration varie du jaunâtre au noir, se rencontre dans
les dunes. Ces deux espèces, ainsi que plusieurs autres du
même genre, sont communes en Europe.

Fig. 159. — La Scutellère rayée, *Graphosoma lineatum* L.

Tropicoris rufipes L. (15 millimètres) est une *Punaise
des bois*. Le corps est brun, avec la pointe de l'écusson
orangé, les côtés de l'abdomen tachés de noir et de jaune,
les antennes et les pattes rousses, ainsi que le dessous du
corps. Elle vit sur les arbres, et principalement sur les bouleaux où elle chasse les chenilles dont elle suce le sang.

Le *Rhapigaster griseus* F., de même taille que l'espèce
précédente, est encore une *Punaise des bois* excessivement
commune. On la trouve dans les jardins et dans les champs,
sur les arbres et les plantes. On la reconnaît à sa coloration
grise, ponctuée de brun en dessus, jaune en dessous, avec les
côtés de l'abdomen tachés de noir et de jaune, les antennes
cerclées de brun et de jaune.

Acanthosoma dentatum de Geer (12 millimètres), d'un

vert jaunâtre, teinté de rougeâtre en certains endroits, vit exclusivement sur les saules. D'autres Pentatomides ont le corps orné de brillantes couleurs, diversement groupées.

Œlia acuminata (10 millimètres), d'un jaune pâle, avec trois lignes blanches sur le dos, est très commune sur les céréales et plus particulièrement sur l'orge.

Carpocoris baccarum L. vit sur les groseilliers et les framboisiers ; c'est aux promenades de cet Insecte que les groseilles et les framboises doivent le goût si prononcé de punaise qu'elles ont quelquefois.

Fig. 160. — Punaise rouge du chou, *Eurydema ornatum* Cast.

D'autres. genres voisins dévorent les crucifères ; la figure 160 fera facilement reconnaître la *Punaise du chou* (*Eurydema ornatum* Cast.). Une autre espèce, verte et également très commune, *E. oleraceum* L., ravage les potagers, en perçant de son rostre les feuilles des choux et des navets, qu'elle crible de mille trous.

Coréides. — Les *Coréides* n'ont que quatre articles aux antennes; quelquefois les pattes portent des expansions foliacées.

Verlusia quadrata F. (10 millimètres), à l'abdomen en forme de losange allongé, est jaunâtre. On la trouve communément, aux environs de Paris, grimpant sur les herbes qui garnissent les talus des fossés.

Les ronces et les oseilles nourrissent *Syromastes marginatus* L., Insecte brun, avec la membrane des élytres à éclat bronzé.

Alydus calcaratus L. (10 millimètres), noirâtre et velu, vit en été sur les genêts.

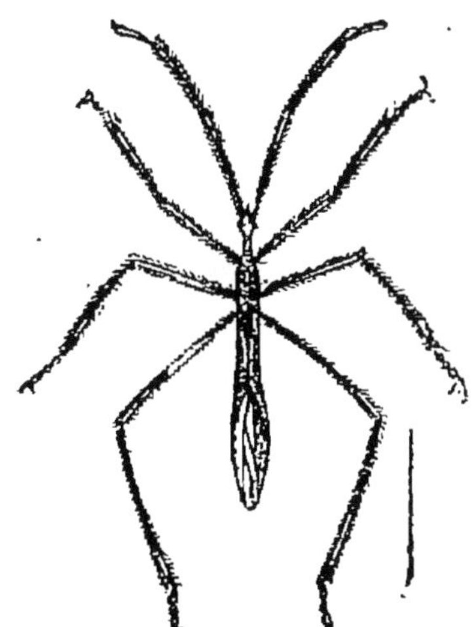

Fig. 161. — La Néide tipulaire, *Neides tipularius* L.

La *Néide tipulaire* (fig. 161) se reconnaît à sa forme allongée; elle est d'un jaune verdâtre ou grisâtre, et se trouve en automne sur les herbes, ou bien sous les bruyères et les genévriers. Une espèce voisine, *N. parallelus* Fieber, habite les dunes de Calais et de Dunkerque.

Lygéides. — Les *Lygéides* ont des antennes filiformes de quatre articles, l'écusson triangulaire peu développé, les tarses de trois articles. Ces Hémiptères vivent en colonies.

Les espèces du genre *Lygæus* ne répandent ordinairement pas d'odeur. *L. equestris* L. (10 à 12 millimètres) (fig. 162), noire et rouge, dont le corps allongé ne manque pas d'élégance, se réunit par petits groupes sur les troncs des chênes vermoulus.

Fig. 162. — La Lygée écuyère, *Lygæus equestris* L.

La *Punaise rouge des jardins (Pyrrhocoris apterus* L.) est cet Hémiptère rouge et noir que l'on trouve si fréquemment au nombre de cinquante à soixante individus, le long des murs exposés au soleil, au pied des ormes et des tilleuls.

Les *Capsides*, petites Punaises molles, généralement vertes, habitent au milieu des gazons.

Astemma pallicorne L. (2 millimètres), d'un noir bronzé, est abondante sur les graminées et les ombellifères.

Miris lævigatus L. (8 millimètres), jaunâtre, avec deux lignes longitudinales brunes, est commun l'été sur les fleurs des prairies.

Les *Capsus* se capturent sur les orties, les rosiers et différents autres arbustes.

Les *Anthocorides* sont des Hémiptères de petite taille fréquentant les arbustes. Ils font la chasse aux Pucerons et aux petites Chenilles; à ce titre *A. nemorum* L. et les espèces voisines sont des Insectes utiles.

Ici viennent se placer les *Aradus*, aplatis, vivant en petites sociétés sous les écorces des hêtres, des chênes et autres arbres forestiers, puis les *Tingis* criblant de trous les feuilles des poiriers; c'est à ce dernier genre qu'appartient la Punaise bizarre que les jardiniers nomment le *Tigre du poirier*.

Le genre *Cimex* comprend la Punaise des lits *(C. lectularius* L.). A sa description, nous substituerons un procédé de destruction que nous avouons ne pas avoir expérimenté;

il consiste à répandre sur les lits contaminés des feuilles de haricot fraîches ; il paraît que les Punaises viennent se blottir sous la face inférieure de ces feuilles où on les recueille aisément ; si ce remède ne réussit pas, reste l'insecticide, Vicat.

RÉDUVIDES. — Les *Réduvides* vivent d'Insectes, et même du sang des grands Vertébrés. Leurs longues pattes sont poilues, et quelquefois les antérieures présentent une disposition analogue à celle que nous avons déjà rencontrée chez les Orthoptères de la famille des Mantides.

Ces Insectes se montrent rarement le jour ; ils restent cachés dans les herbes, et c'est seulement la nuit qu'ils se mettent en quête de leur proie.

Reduvius personnatus L. (16 à 17 millimètres), dont la larve semble se faire une cuirasse protectrice avec la poussière dans laquelle elle se vautre, vient visiter nos maisons. Lorsqu'on saisit cet Insecte — et il faut le faire avec précaution, car sa piqûre est très douloureuse — il fait entendre un bruit analogue à celui que produisent les Longicornes en pareille circonstance. C'est une Punaise noire et velue, avec les pattes rougeâtres. On la trouve aussi sous les écorces, et sa larve se dissimule volontiers au milieu des débris vermoulus des vieux troncs d'arbres.

Pirates stridulus F. (12 à 13 millimètres) est commun au printemps sous les pierres humides, et fait entendre un son aigu lorsqu'on s'en empare. Il est d'un noir luisant, avec les élytres rouges, portant trois taches noires, et a l'abdomen bordé de rouge.

Les *Saldides* vivent auprès des eaux, à la recherche des proies vivantes ; elles courent avec agilité et bondissent souvent, en s'aidant de leurs pattes postérieures.

HYDROMÉTRIDES. — Les Hydromètres sont des Insectes carnassiers, dont les téguments, très durs, sont ornés en dessous d'un duvet soyeux. Tout le monde les a vus glisser rapidement à la surface des eaux stagnantes ; leurs longues pattes semblent à peine effleurer l'élément liquide; seuls les tarses des jambes intermédiaires et postérieures font l'office de rames ; un enduit graisseux, qui les recouvre, leur permet de s'enfoncer dans l'eau sans être mouillés; si on dissout avec de l'éther cette matière graisseuse, on met l'Insecte dans l'impossibilité de se mouvoir, et on le voit s'enfoncer sous l'eau.

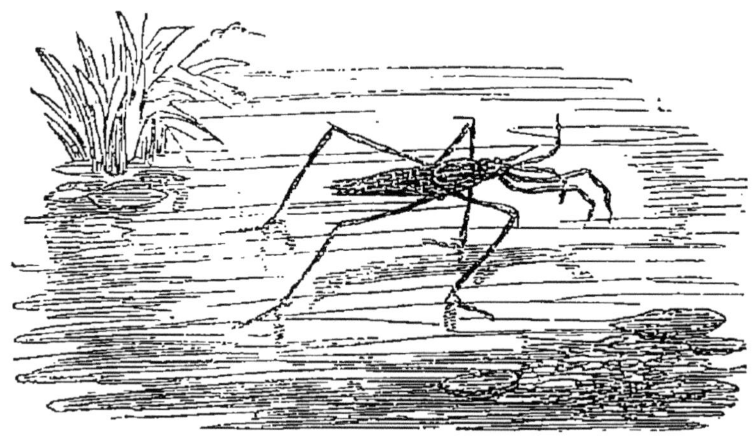

Fig. 163. — L'Hydromètre des marais, *Hydrometra paludum* F.

L'*Hydromètre des marais (H. paludum* F.) (14 millimètres) (fig. 163) est très commun ; il a le corps d'un brun noirâtre et l'abdomen bordé d'une ligne blanc sale. Le *Limnobate des étangs (L. stagnorum* L.) est à peu près de même taille, mais a la tête beaucoup plus longue et le corps plus effilé.

Les Hydrométrides du genre *Halobates* sont des hémiptères de haute mer, qui se tiennent sur les algues, dans les régions chaudes de l'Atlantique, dans le Pacifique, les mers de la Chine, du Japon et des Indes.

Les *Hydrocorises* passent la plus grande partie de leur vie au fond des eaux, ne venant à la surface que pour respirer. Ils piquent généralement assez fort la main qui les

saisit. Ils s'envolent parfois la nuit, pour rechercher les localités qui leur conviennent.

Népides. — Les *Népides* sont caractérisés par leurs
pattes ravisseuses. Le *Naucoris cimicoides* L. (11 à 15 millimètres), d'un brun verdâtre, nageant à la manière des
Dytiques, est commun dans tous les marais. Cette espèce
dépose ses œufs dans les tiges des plantes aquatiques, après les
avoir incisées. C'est dans le même groupe que viennent se
ranger les *Bélostomes*, grands Hémiptères de l'Amérique du
Sud et des Indes, dont une des espèces, *B. grande* L., dépasse 10 centimètres et s'attaque, dit-on, aux petits Batraciens.

Les *Nèpes* se traînent sur la vase ; elles n'utilisent pour se
mouvoir que leurs pattes intermédiaires et leurs pattes pos-

Fig. 164. — La Nèpe cendrée, *Nepa cinerea* L.

térieures ; les antérieures restent affectées à la capture de la
proie. Ces Insectes ont les antennes de trois articles, le
rostre court, l'écusson grand ; leur abdomen porte une sorte
de siphon respiratoire dont l'extrémité vient au-dessus de
l'eau, pour prendre vent.

La *Nepa cinerea* L. (fig. 164) est d'un brun cendré avec

l'abdomen rouge, les ailes enfumées à nervures rouges, le tout souvent dissimulé sous une forte couche de boue.

Ranatra linearis L. a des habitudes analogues, mais recherche plutôt les fonds sablonneux ; elle est beaucoup plus longue ; son corps, très aminci, est d'un jaune sale, avec l'abdomen rouge en dessus et jaune sur les côtés, les ailes de la seconde paire restant blanches.

Ces deux espèces ont à peu près les mêmes mœurs et les anciens naturalistes les appelaient *Scorpions d'eau*, en raison,

Fig. 165 — La Notonecte commune, *Notonecta glauca* L.

sans doute, de leurs longues pattes ravisseuses et de leur appendice caudal.

Parmi les *Coryses* françaises, *C. Geoffroyi* Leach (13 millimètres) a le corselet rayé de jaune. Cet Insecte, très carnassier, habite les marais. Il y nage avec rapidité, et vient de temps en temps prendre, à la surface de l'eau, une provision d'air. Cet air, emmagasiné entre les poils serrés de l'abdomen de l'animal, lui donne, en dessous, un aspect argenté.

Les Mexicains récoltent, et on peut même dire cultivent les œufs de deux espèces de leurs pays, *C. mercenaria* et *C. femorata* Guér. Men.; après différentes préparations, ils font, avec ces œufs, des galettes, dont se nourrissent les indigènes.

Particularité curieuse, les *Notonectes* nagent sur le dos. Dans leurs excursions nocturnes en dehors de l'eau, elles ne progressent que par bonds, traînant sur le sol leurs pattes postérieures qui semblent les embarrasser.

L'espèce type, *N. glauca* L. (fig. 165) (15 millimètres), est excessivement commune au printemps; sa coloration, très variable, est le plus souvant jaunâtre, parfois tachée de noir.

Les *Ploa*, appartenant à un genre voisin, nagent aussi sur le dos; une des espèces de ce genre *P. minutissima* F., (2 millimètres) d'un gris verdâtre, est très répandue aux environs de Paris.

Homoptères

Les Insectes réunis dans le sous-ordre des Homoptères ont une alimentation exclusivement végétale ; quelques-uns vivent en sociétés plus ou moins nombreuses dans les endroits qu'ils affectionnent. Leurs antennes de six ou sept articles sont terminées par une soie effilée. Les femelles ont au bout de l'abdomen une tarière qui leur sert, au moment de la ponte, pour déposer leur œufs sous des abris sûrs.

CICADIDES. — Cette famille est caractérisée par l'appareil de stridulation fort compliqué qui existe chez les mâles.

Les ailes antérieures sont notablement plus longues que les postérieures, et, pendant le repos, toutes les quatre retombent inclinées sur les côtés, comme les pans d'une toiture dont l'axe du corps formerait le faitage.

Les Cicadides aiment le soleil ; sous la chaleur réconfortante de ses rayons, elles entaillent, avec leur rostre, les écorces des arbres, pour en aspirer la sève ; les femelles, avec leur tarière, incisent les tiges jusqu'à la moelle, pour y déposer leurs œufs. Les larves vivent dans la terre, et on est porté à admettre que la durée de la période larvaire est considérable.

La *Cigale plébéienne* ou *Cigale du frêne (Cicada fraxini* F.) (35 millimètres) la plus grande Cigale de France, habite le Midi. Elle a le corps noir en dessus, jaune en dessous, avec des taches de même couleur sur la tête.

Plus petite, la *Cigale de l'orne (C. orni* L.) (fig. 166) est brune, revêtue de poils blancs, avec des taches jaunes sur

FIG. 166. — La Cigale de l'orne, *Cicada orni* L.

le corps, l'abdomen annelé de jaune et de noir. Ses ailes supérieures portent onze points bruns. Des incisions que fait cet Insecte dans l'écorce des frênes, découle la *manne*. Cette Cigale se trouve aussi dans les forêts méridionales de pins maritimes.

FULGORIDES. — Chez les Insectes de cette famille, l'organe de stridulation fait défaut. Par contre, la tête se prolonge en avant, formant une corne démesurément grosse qui a passé longtemps pour être le siège d'une manifestation lumineuse, bien qu'aucun appareil spécial n'ait été signalé ni à son intérieur, ni dans ses environs. Lorsque la tête n'atteint pas ce développement extraordinaire, ses différentes pièces sont séparées par des saillies anguleuses.

Un grand nombre de Fulgorides laissent suinter entre les anneaux de leur abdomen une matière blanche, sorte de cire caduque, qui forme une houppette à l'extrémité du corps de l'animal. Presque tous ces curieux Insectes habitent les pays chauds et sont ornés de brillantes couleurs.

A côté du grand *Fulgore porte-lanterne (Fulgora lanternaria* L.) unique espèce du genre Fulgora et originaire de la Guyane, vient se placer *Hotinus candelarius* L. Nous représentons cet Insecte (fig. 167) qui n'est pas rare dans les

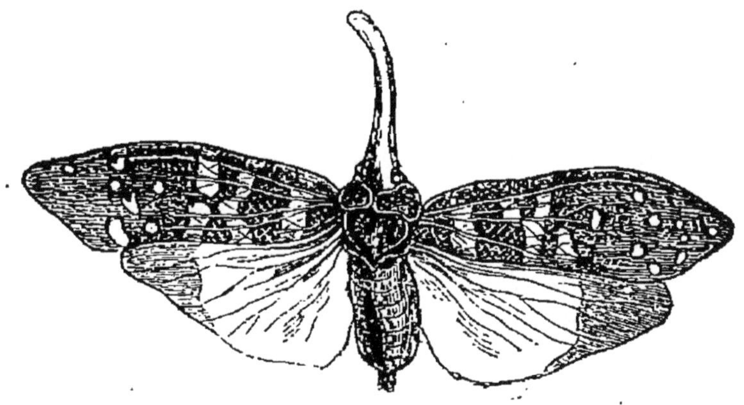

Fig. 167. — Le Porte-Chandelle de Chine, *Hotinus candelarius* L. ×

collections. La famille des Fulgorides ne compte en Europe que quelques petites espèces des genres *Cixius* et *Pseudophana*.

CICADELLIDES. — Les *Cicadellides* sont de petits Homoptères sauteurs, dont certaines espèces exotiques affectent des formes bizarres, et semblent coiffées de casques, recouvrant presque en entier le corps.

Parmi les espèces françaises, nous signalerons *Gargara genistæ* F. (4 millimètres), insecte noir, vivant pendant l'été sur les genêts, aux environs de Paris. Dans les bois, sur les fougères, ou sur les coudriers, on prend *Centrotus cornutus* L. (7 à 8 millimètres), noir, ponctué, couvert d'une pubescence pâle, portant sur le corselet deux cornes latérales et un prolongement postérieur, presque aussi long que l'abdomen.

En vous promenant sous les saulaies, n'avez-vous pas remarqué, le long des branches ou à l'aisselle des feuilles, de nombreuses flaques d'écume blanche, ressemblant à la salive que l'action du mors amène aux lèvres du cheval ? Chacun de ces amas contient une ou plusieurs larves d'*Arthrophores*. Après avoir sucé la sève de l'arbre, la larve rejette par l'anus des bulles gazeuses qui, en se juxtaposant, forment cette masse écumeuse au milieu de laquelle elle se tient, qui la dissimule aux yeux des passants, et qui la protège contre le bec des oiseaux. Peu à peu, la partie de l'écume avoisinant le corps de l'animal se résorbe, le pourtour se dessèche et l'Insecte reste libre au milieu d'une cellule close où le changement d'état s'opère.

Ainsi procède *Philœnus spumarius* L. (5 à 9 millimètres) (fig. 168), d'une coloration grise, avec deux bandes plus claires sur les ailes de la première paire.

Fig. 168. — L'Arthrophore écumeuse, *Phylœnus spumarius* L.

Commune dans les prairies, *Tettigonia viridis* L. (6 à 9 millimètres) est d'un vert jaunâtre, avec les ailes bordées de jaune extérieurement. *Typhlocyba rosæ* L. (3 à 4 millimètres), d'un jaune pâle, attaque les feuilles des rosiers, des pruniers, des aubépines, des roses trémières. D'autres espèces voisines fréquentent les ormes et les chênes, de juillet à septembre.

Les parasites des plantes. — Ces trop nombreux Insectes ne se contentent plus, comme les précédents, de fouiller, de temps à autre, les tissus des plantes pour en extraire les liquides qu'ils recherchent ; véritables pompes aspirantes, ils maintiennent leur rostre enfoncé en permanence dans les jeunes pousses ou dans les feuilles, et remplissent, sans discontinuer, leur abdomen vésiculeux.

Les *Psylla* vivent sur les genêts, sur les feuilles des poiriers, sur celles des figuiers. Les boursouflures, si fréquentes sur les jeunes pousses de buis, sont l'œuvre de *Psylla buxi* Fœrster, petit Insecte vert, de 2 millimètres, dont la femelle perce de sa tarière les feuilles de l'arbuste, pour y déposer ses œufs.

La génération des Pucerons présente des phénomènes d'alternance très curieux qui rendent leur étude fort délicate [1]. C'est seulement par l'observation directe qu'on arrive à les bien connaître, car ils sont difficiles à conserver en collection, à cause de la mollesse de leurs téguments, et aussi parce que leurs couleurs s'effacent.

Au printemps, les œufs déposés avant l'hiver sur les tiges, sur les bourgeons ou bien sous terre, donnent naissance à des Pucerons aptères. Le fait n'a rien que de normal, mais voilà que Bonnet, en 1740, constata que ces individus, sortis d'un œuf, devenaient vivipares, et que, sans l'approche d'aucun mâle, ils mettaient au monde de petits Pucerons, qui eux-mêmes produisaient, toujours sans accouplement préalable, d'autres enfants. Cette génération parthénogenésique continue pendant tout l'été et a été observée jusqu'à onze fois pendant la même saison ; puis, lorsque la nourriture se fait rare, les femelles vivipares naissent moins fréquemment et font place à des femelles plus grandes, ainsi qu'à des mâles, peu nombreux d'ailleurs, et pourvus d'ailes. C'est alors qu'a lieu l'accouplement et que la génération sexuée reprend son cours jusqu'au printemps suivant, les œufs étant déposés à l'abri des rigueurs de l'hiver.

Quand la colonie devient trop nombreuse, il se forme une

---

[1] Voyez Lichtenstein, *Génération des Pucerons*, Paris, 1878, J.-B. Baillière et fils.

sorte d'essaimage analogue à celui des Abeilles ; on a observé ces grandes migrations des Pucerons ailés en 1834, 1846, 1847, 1853, dans différentes contrées. En dehors de ces déplacements en masse, des femelles ailées, dites *femelles de migration*, abandonnent le lieu de leur naissance pour fonder de nouvelles associations sur d'autres plantes.

Les Pucerons rejettent par l'anus un liquide sucré dont des Noctuelles, des Abeilles et surtout des Fourmis s'abreuvent avec avidité ; ces dernières provoquent même l'émission de ce liquide en chatouillant, avec leurs antennes, l'abdomen des Pucerons ; après quelques attouchements, le Puceron se soulève sur ses pattes de derrière, une gouttelette apparaît, aussitôt humée par la Fourmi à l'affût, qui recommence le même manège auprès d'un autre individu.

Il existe en Europe une cinquantaine d'espèces de Pucerons[1], dont chacune reste généralement localisée sur une seule espèce de plantes, ou tout au moins sur des espèces voisines ; par contre, la même plante nourrit parfois plusieurs espèces de Pucerons. Ainsi, le rosier donne asile à *Aphis rosæ* et à *Aphis rosarum*, le premier, long de 2 à 3 millimètres, vert, se pressant en grappes serrées autour des jeunes tiges et des boutons ; le second, jaune verdâtre, restant accroché sous les feuilles et ne se montrant jamais sur les pousses ni sur les bourgeons. De même, le pêcher possède deux autres espèces, *A. persicæcola*, noir verdâtre, et *A. persicæ*, brun clair. Le Puceron du prunier, *A. pruni*, est vert, et se tient sous les feuilles ; *A. fabæ*, noir, vit sur les fèves et sur les pavots.

Le *Schizoneura laniger* Hausmann ne s'attaque qu'au pommier, s'établissant sur l'écorce et se propageant jusqu'aux racines ; son nom lui vient d'un duvet blanc qu'il sécrète et

---

[1] Voyez Lichtenstein, *Monographie des Aphidiens (Les Pucerons)*, Genera, Paris, 1885.

dont il recouvre entièrement son corps, ainsi que les branches de l'arbuste sur lequel il vit. D'après Lichtenstein, « il y a deux phases de migration, à quatre ailes, de femelles qui se portent sur d'autres pommiers et pondent des œufs d'où naissent des aptères vivipares. En outre, il existe des sexués très petits, ne mangeant pas, sans ailes et sans rostre, ne pouvant que s'accoupler. Le mâle n'a que $0^{mm},5$ de long et la femelle 1 millimètre. Elle est entièrement remplie par un œuf unique qu'elle pond, en automne, sur les écorces ; il passe l'hiver et donne, au printemps, un Puceron lanigère, aptère et vivipare, renouvelant les funestes colonies. »

Les *Lachnus* vivent aux dépens des grands arbres, tels que le chêne, le saule ; les *Tetraneura* produisent les galles des feuilles de l'orme ; les *Pemphigus* détériorent de même les peupliers. Les conifères eux-mêmes ne sont pas exempts des atteintes des Pucerons, et les *Adelges* forment des galles sur les sapins, les mélèzes, etc.

Les Pucerons ont quelquefois une existence souterraine, tels les *Rhizobius* qui rongent les racines des graminées ; ils sont alors aptères. *Trama radicis* s'attache aux pissenlits, aux laitues, aux chicorées, aux chardons et aux artichauts. Les Fourmis qui recherchent la liqueur sucrée de ces Pucerons vont souvent installer leurs habitations dans les endroits qu'ils ont envahis.

Chermésides. — En tête de cette famille viennent se placer les *Phylloxériens*, dont l'histoire trouvera place dans un autre ouvrage [1], puis, à côté, les *Cocciens* qui, pour la plupart, habitent les pays chauds, mais dont quelques espèces se sont acclimatées dans nos serres et vivent maintenant à l'air libre sur certains arbustes que nous cultivons.

---

[1] Voyez Jules Bel, *Les Maladies de la vigne*, Paris 1890, art. XVI (Bibliothèque scientifique contemporaine). — Montillot, *Les Insectes nuisibles*, 1891.

Les œufs des Cocciens sont déposés dans un tissu feutré, recouvert par un *bouclier* protecteur ; cette enveloppe n'est autre que le corps desséché de la femelle, morte après la ponte. Les larves se dispersent, cherchent un emplacement pour se fixer, se nourrir et se transformer. Les unes produisent des femelles, des autres naissent des mâles. Dans le premier cas, une couche de matière farineuse, que sécrète la larve, sert d'abri aux transformations. Aussitôt après leur naissance, les femelles, aptères, s'accolent à la branche ou à la feuille qui les supporte, s'y moulent pour ainsi dire, grossissent après l'accouplement, et finissent par pondre leurs œufs qu'elles ramassent au-dessous d'elles, et que leur dépouille mortelle protègera jusqu'à l'éclosion des larves. Les mâles, plus petits que les femelles, prennent naissance dans une sorte de cocon préparé par la larve, s'en vont voltigeant autour des plantes à la recherche des femelles, s'accouplent et meurent.

Aspidiotus nerii Bouché est très abondant sur les lauriers roses. Le dessous des feuilles est couvert de ses boucliers blanchâtres, un peu roux au milieu ; une autre espèce, *A. rosæ*, vit sur les rosiers.

Dans le genre *Lecanium*, les femelles ne deviennent immobiles qu'après l'accouplement ; c'est ainsi que *L. persicæ*, espèce nuisible aux pêchers, remonte très facilement sur l'arbre lorsque la feuille à laquelle il s'est attaché vient à tomber.

Lecanium hesperidum (fig. 169) vit sur les citronniers, les orangers, les lauriers, les myrtes, les grenadiers.

La figure 170 représente le *Ceroplastes rusci*, parasite des figuiers, et dont le bouclier ressemble à la carapace d'une tortue minuscule.

Pour terminer cette étude des Cocciens, nous avons à signaler *Ericerus Pela* Westw. qui produit la *cire d'arbre*, avec laquelle les Chinois font des bougies ; *Carteria lacca* qui fournit la gomme laque ; *Kermes vermilio*, dont les coques, employées en teinture et en pharmacie, se récoltent sur les chênes des bords de la Méditerranée. Le genre *Coccus* nous donne la *Cochenille du Nopal (C. cacti* L.) d'où l'on tire le carmin ; on extrait aussi des *Porphyrophora* des matières tinctoriales rouges.

Fig. 169. — Le Lecanium des Hespérides, *Lecanium Hesperidum.*

Fig. 170. — Le Céroplaste du figuier *Ceroplastes rusci.*

Un petit Insecte curieux et nuisible est le *Dactylopius adonidum* L. qui, probablement importé de la côte d'Afrique, s'est acclimaté dans nos serres où il cause des dégâts à beaucoup de plantes précieuses. La femelle est longue de trois millimètres et blanche, avec une raie brune sur le dos, le

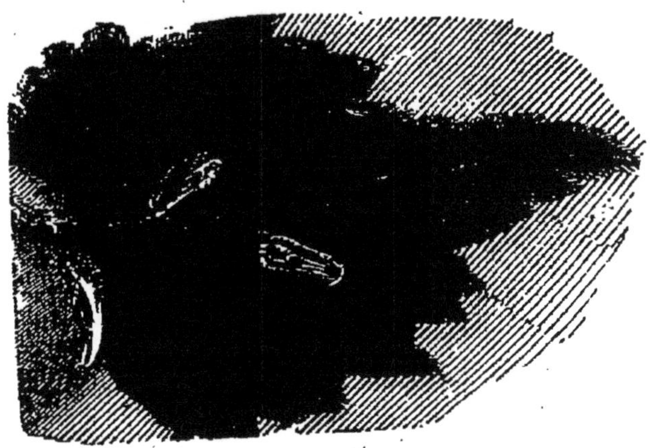

Fig. 171. — L'Orthézie de l'ortie, *Orthezia urticæ* L.

mâle est plus petit. Ces Insectes sécrètent des filaments cireux, d'une grande blancheur, dont ils se recouvrent et qui les font ressembler à de petites houppes de coton. Au même groupe appartiennent : *D. citri* Boisd. parasite des orangers et des citronniers, ainsi que *D. vitis* qui, en Crimée et en Italie, s'attaque aux ceps de vigne.

L'*Orthézie de l'ortie (Orthezia urticæ* L.) (fig. 171) termine la série des Hémiptères homoptères. Dans ce genre singulier, la femelle aptère reste agile pendant toute son existence, le mâle n'a que deux ailes. L'Insecte est d'un brun ferrugineux, mais recouvert de lamelles d'un beau blanc, produit d'une de ses sécrétions. Chez la femelle, ces écailles se prolongent et forment une sorte de sac dans lequel sont pondus les œufs. Le mâle a les ailes grisâtres et porte à l'extrémité de l'abdomen une touffe de longs filaments blancs. Cette espèce, que l'on rencontre l'été près de Paris, habite sur les orties, les bruyères, les labiées; on la trouve aussi sur le groseillier.

X

DIPTÈRES

ORGANISATION ET MÉTAMORPHOSES.

> Aux traces de son sang, un vieil hôte des bois,
> Renard fin, subtil et matois,
> Blessé par des chasseurs et tombé dans la fange,
> Autrefois attira ce parasite ailé,
> Que nous avons Mouche appelé.
>
> LAFONTAINE.

Si tant est que l'histoire soit vraie, c'est un vilain service que Maître Renard nous a rendu, car la Mouche, en particulier, et les Diptères, en général, ont le privilège de mettre la patience humaine à la plus rude épreuve.

A la Mouche qui, durant le jour, nous obsède de ses chatouillements importuns, succède, le soir, le Cousin au sifflement aigu. Le matin, nous nous réveillons avec de grosses ampoules cuisantes, c'est encore l'œuvre d'un Diptère. Et puis, à peine sommes-nous réveillés, que la Mouche intervient de nouveau.

Ces petites taquineries ne sont rien cependant en comparaison des souffrances que les Diptères font endurer aux animaux, presque toujours impuissants à repousser leurs attaques.

Comme leur nom l'indique, les Diptères ne possèdent que deux ailes ; cependant, certaines familles sont pourvues d'une seconde paire d'appendices qui, au point de vue anatomique, ne sont que des ailes modifiées. L'importance de ces organes, nommés *balanciers*, est capitale ; leur ablation entraîne pour l'Insecte la perte de la faculté de s'élever ; privé de ses balanciers, il tombe lorsqu'il veut s'envoler.

Ces balanciers s'insèrent sous une petite écaille ou *cuilleron*, placée en arrière des véritables ailes.

La forme des antennes a fait diviser les Diptères en deux grandes catégories : les *Némocères*, les *Brachycères*. Cette division d'ailleurs n'a rien d'absolu, en raison de l'existence de types intermédiaires.

Chez les Némocères, les antennes, filiformes, hérissées ou en chapelet, comptent jusqu'à soixante-six articles ; chez les Brachycères, le troisième article, beaucoup plus grand que les articles basilaires, porte sur sa face dorsale une longue soie, de conformation variable.

Une trompe rend la bouche propre à la succion.

La tête est réunie au thorax par un mince pédoncule qui lui permet d'obliquer à droite et à gauche. La liaison entre le thorax et l'abdomen a lieu souvent de la même manière, d'autres fois l'abdomen est adhérent.

Les tarses sont à cinq articles. La patte se termine par deux ou trois griffes, au-dessous desquelles, chez certaines espèces, on trouve des *pelottes*, couvertes de ventouses, qui facilitent la progression sur les surfaces lisses.

C'est à l'aide de ce dispositif que les Mouches évoluent, avec tant d'aisance, le long des vitres et des glaces de nos appartements.

Le bourdonnement des Diptères provient de la combinaison de deux sons, l'un grave, produit par le battement des ailes, l'autre aigu, résultant des vibrations rapides imprimées au thorax.

Les larves de Diptères sont généralement *apodes ;* elles vivent dans l'eau, sous terre, dans les matières en décomposition, dans le corps des animaux, dans les tissus des plantes.

Les unes ont une tête distincte, les autres sont *acéphales.*

Dans la période transitoire, la larve devient *pupe*, et cette dernière s'ouvre, tantôt par une fente longitudinale, tantôt par un opercule à charnière, pour livrer passage à l'Insecte parfait.

Némocères

Les Némocères suppléent à la petite quantité des espèces par une prodigieuse fécondité. Le jour, ils se retirent dans les lieux frais et ombragés; le soir, ils se réunissent en innombrables légions et tourbillonnent dans les airs. On a souvent observé, tant sous nos climats que dans les régions boréales, des nuées de ces petits Insectes, tellement serrées qu'elles obscurcissaient le ciel; leur bourdonnement se faisait entendre à plusieurs kilomètres de distance.

CULICIDES. — Les *Culicides* ont une trompe longue et effilée, munie de lancettes assez acérées pour perforer la peau de l'homme et celle des animaux. Une salivation venimeuse, introduite dans la blessure, produit une vive cuisson qui devient encore plus ardente si l'on tue l'Insecte au moment de la piqûre, car alors la sécrétion salivaire devient plus abondante et s'introduit en plus grande quantité dans la plaie. Une goutte d'ammoniaque, répandue sur la piqûre, calme rapidement la douleur.

Aux femelles seules est réservé le privilège de nous martyriser ; les mâles se contentent du suc des fleurs.

Les larves et les nymphes vivent dans l'eau ; certaines y restent constamment immergées et respirent avec des branchies ; d'autres, pourvues d'un appareil trachéen, viennent humer l'air à la surface.

Tout le monde a pu observer, pendant le jour, les Insectes parfaits suspendus sous une feuille, le long d'un rideau, sur la corolle d'une fleur, se balançant en cadence, lentement, mais avec une grande régularité : ce sont les *Cousins*, les *Moustiques*, les *Maringouins*.

Dans les pays chauds et humides, les attaques de ces frêles créatures sont tellement multipliées qu'elles constituent un véritable supplice. On n'y peut dormir qu'enveloppé d'un rideau de gaze ne laissant pas le plus petit interstice. C'est pour se soustraire à des piqûres incessantes que les buffles restent, pendant de longues heures, plongés sous l'eau, ne laissant dépasser que leur museau pour respirer. C'est dans le même but que les peuplades de l'Afrique australe se recouvrent le corps de graisse rance. Enfin, les malheureux Lapons, déjà si peu privilégiés, ne sont pas à l'abri des atteintes de ces importunes bestioles.

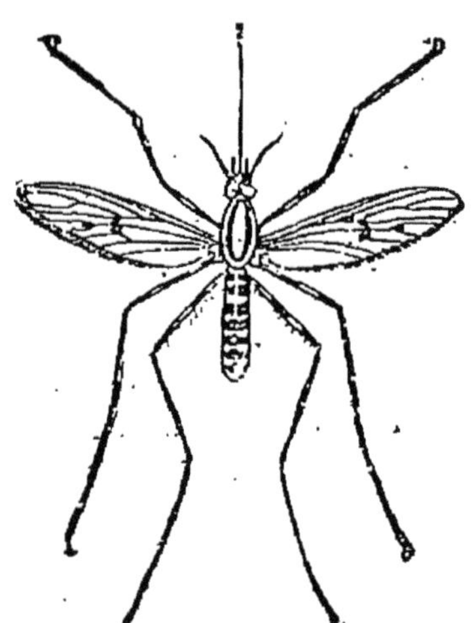

Fig. 172. — *Culex annulatus* (femelle grossie).

Parmi les espèces communes, le Cousin vulgaire *(Culex vulgaris* L.) se montre toute l'année. On le reconnaît aux nervures brunes de ses ailes et à son abdomen, dont les anneaux sont alternativement clairs ou foncés.

C. annulatus (fig. 172) a l'abdomen brun, cerclé de blanc, les ailes avec cinq taches sombres, le thorax à poils jaunes, avec deux lignes noires.

La femelle du Cousin, pendant la ponte, s'accroche à quelque petit objet flottant sur une eau stagnante. Elle avance son abdomen au-dessus de l'eau, étend ses pattes de derrière et les croise de façon à former un angle dans l'ouverture duquel elle dépose, un à un, des œufs pointus à un bout; chacun se colle au précédent, et finalement la petite masse, formée

FIG. 173. — Les Cousins vus sous leurs trois_états (grand. nat.).

d'environ trois cents œufs, est abandonnée à la surface de l'eau. C'est par millions que les larves de Cousins, longues de 8 à 9 millimètres, vivent dans les moindres mares, allant du fond à la surface d'où, la tête en bas, elles ne laissent émerger qu'un orifice trachéen (fig. 173).

Vingt ou vingt-cinq jours après sa naissance, la larve qui, à la quatrième mue, s'est transformée en nymphe, donne naissance à l'Insecte parfait. La peau de la nymphe s'ouvre à la hauteur du thorax, et c'est par là que l'animal adulte sort, la tête la première, appuyant ses pattes sur l'eau, séchant ses ailes, puis prenant son essor.

TIPULIDES. — La trompe des *Tipulides* est, en général, moins robuste que celle des Culicides, et ne sert presque jamais qu'à humer des liquides à la surface des tissus végétaux. Les pattes sont longues et grêles.

Les adultes voltigent dans les bois, les prairies, les jardins. Les larves et les nymphes nagent au sein des eaux ou bien sont immobiles, et alors elles vivent sous terre, sous les écorces, dans les fumiers, dans certaines céréales, dans les ruits ou les champignons.

Le *Chironomus plumosus* L. (11 à 13 milllimètres) est un être inoffensif que presque tout le monde confond avec le Cousin. Le jour il repose, dans une douce quiétude, avec ce balancement cadencé que nous avons déjà signalé; le soir, il vole en grandes troupes. Cet Insecte a le thorax verdâtre, les ailes hyalines, avec un point noir, les balanciers blancs, l'abdomen annelé de noir, les pattes fauves. Sa larve est bien connue des pêcheurs à la ligne ; elle est d'un beau rouge de sang, et son apparence vermiforme, ainsi que son habitat dans la boue des eaux stagnantes lui ont fait donner le nom de *Ver de vase*.

A l'époque de la ponte, la femelle de la Tipule des prés (*Tipula oleracea* L.) (fig. 174) vole au ras du sol, conservant à son corps la position verticale, s'arrêtant d'espace en espace, et se tenant en quelque sorte en équilibre sur la pointe de l'abdomen. A chaque station, elle dépose un œuf qui met une semaine à éclore. La ponte terminée, la mère meurt.

Les larves se nourissent des radicelles qu'elles rencontrent dans les couches superficielles des terrains meubles.

L'adulte, long de 18 à 24 millimètres suivant le sexe, le sexe fort cédant ici le pas au sexe faible, a le corps gris cendré; le thorax est coupé longitudinalement par des lignes brunes, les ailes enfumées ont le bord extérieur brun et une bande blanchâtre dans le sens de la longueur; l'abdomen est gris bleu.

FIG. 174. — *Tipula oleracea* L. (larve, nymphe et adulte).

Parmi les Tipulides *fongicoles*, dont les larves vivent dans les champignons, une espèce de *Sciara*, la *S. militaris* (fig. 175) est singulièrement curieuse par ses migrations.

L'Insecte adulte, long de $3^{mm},5$ ♂ à $4^{mm},5$ ♀, noir, avec les pattes brunes et l'abdomen cerclé de sept raies jaunes, n'offre rien de particulier. Les mœurs des larves, au contraire, sont extrêmement remarquables. Pendant l'été de certaines années, poussées sans doute par la faim, elles se déplacent en colonnes serrées, dont la longueur varie entre 3 et 12 mètres, mais peut, exceptionnellement, atteindre 30 mètres. Ce vaste cordon, grouillant, large de 15 centimètres environ et épais de 20 à 30 millimètres, se déplace, comme le ferait un ver de terre, par l'effet combiné des ondulations de toutes les larves, qui sont comme agglutinées et forment un tout, obéissant à une seule impulsion. S'agit-il de

17.

franchir un obstacle, la masse se disloque un peu, pour se reformer ensuite.

Ces singulières migrations s'observent en Allemagne, en Suède et en Norwège.

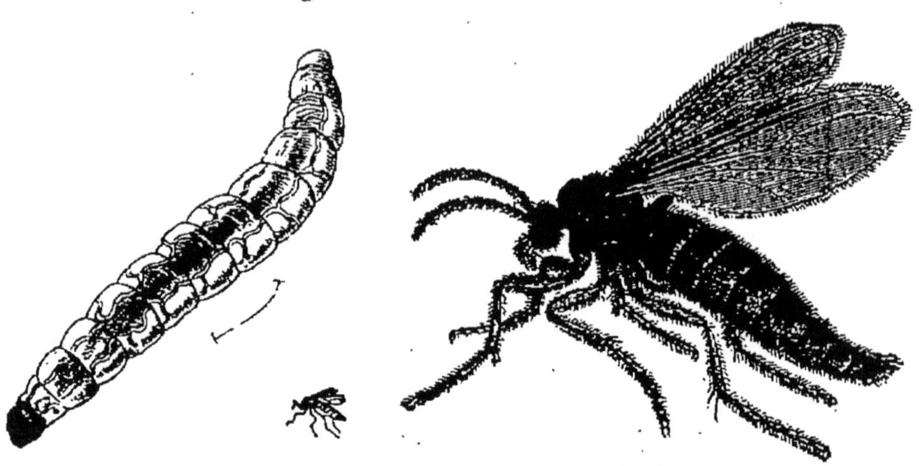

FIG. 175. — *Sciara militaris* (larve et adulte grossis, adulte de grandeur naturelle).

D'autres Tipulides, tels que les *Cecidomyies*, déposent leurs œufs dans les bourgeons des végétaux, dans les tiges des céréales, sur les feuilles des arbres, et y déterminent des excroissances.

Les *Simulies (Simulia* Latr.) (fig. 176) sont les dignes émules des Cousins, en tant que persécuteurs de l'homme

FIG. 176. *Simulia* de Columbatsch.

et des animaux domestiques. Longues à peine de 4 millimètres, la coloration variant notablement entre les deux sexes, les Simulies, dont les larves et les nymphes vivent dans l'eau, sont un véritable fléau pour le bétail. Sur les bords du Danube, elles ont fait périr des troupeaux entiers en s'introduisant en grand nombre dans les narines, la bouche et les oreilles des bêtes à cornes. Elles occasionnent de réels tourments aux colons de l'Amérique du Sud qui ne peuvent reposer en paix qu'enveloppés de *moustiquaires*.

Le *Bibion de Saint-Marc (Bibio Marci* L.) (11 à 13 millimètres) est très répandu aux environs de Paris et, au printemps de certaines années, il s'abat en grande quantité dans les jardins. C'est un Insecte noir et poilu, à la démarche

FIG. 177. — *Bibio Marci* (larve, nymphe et adulte).

lourde. Les larves, brunes, qui passent l'hiver en terre, en ressortent dès les premiers beaux jours et forment parfois, tant elles sont nombreuses, de grandes plaques noirâtres dans les jardins de Paris.

Dans une espèce très voisine *(B. hortulanus* L.) la femelle a le corselet rouge.

Brachycères

Les Brachycères ont, comme leur nom l'indique, les antennes beacoup plus courtes que les Némocères.

TABANIDES. — Les *Tabanides* sont des buveurs de sang par excellence ; on les rencontre depuis la zone torride jusque dans les régions glaciales. Ici encore, ce sont les femelles qui font une guerre acharnée aux grands Mammifères, tandis que les mâles préfèrent butiner sur les fleurs.

Le *Taon des bœufs (Tabanus bovinus* L.) (27 millimètres) (fig. 178) apparaît sous nos climats au mois de juin. Cet Insecte a le corps trapu, avec les ailes brunes, dont les nervures sont jaunâtres; les sept segments de l'abdomen sont jaune foncé, avec des taches triangulaires blanchâtres sur la face dorsale. Il vole dans les chemins couverts, tantôt se soutenant par un mouvement rapide des ailes et restant stationnaire, tantôt s'élançant dans l'espace pour reprendre bientôt une immobilité apparente. C'est le bourreau des chevaux et des bœufs que sa présence affole.; partout où il se fixe, il y a piqûre, quoi que fasse l'animal attaqué pour chasser son ennemi.

Fig. 178. — *Tabanus bovinus* L. (femelle de grandeur naturelle).

A côté des Taons, les *Chrysops* aux brillantes couleurs ne sont pas moins avides de sang et, si le *Chrysops aveuglant (Chrysops cæcutians)* fait moins de bruit, il ne fait pas moins de besogne; ajoutons que l'*Hæmatopota pluvialis*, appartenant à un genre voisin, ne leur cède en rien, harcelant l'homme et les animaux par les temps orageux.

Strationides. — *S. chamæleon* L. (15 à 16 millimètres) a le thorax brun, l'écusson jaune marqué de noir à la base, l'abdomen noir à bandes jaunes, des taches jaunes sur les cuisses et les jambes.

Fréquentant les fleurs d'aubépine, dès le printemps, la femelle s'abat, l'été, sur les plantes aquatiques; c'est là qu'elle pond plusieurs centaines de petits œufs gris formant un chapelet agglutiné par une substance verdâtre.

Les larves vivent dans l'eau, à la manière de celles des

Cousins; elles sont d'un gris bleuâtre. Après la troisième mue, elles sortent de l'eau et passent l'hiver dans la terre humide. Au printemps elles se transforment en pupes dont l'éclosion n'a lieu qu'à la fin de mai.

FIG. 179. — *Stratiomys chamæleon* L.

ASILIDES. — Les *Asilides* sont des animaux utiles ; ils se nourrissent d'Insectes qu'ils saisissent au vol, à l'aide de leurs puissantes pattes, et beaucoup d'espèces nuisibles à l'agriculture deviennent ainsi leur proie. Ils volent au grand soleil, dans les endroits secs, en faisant entendre un fort bourdonnement.

FIG. 180. — *Asilus crabroniformis* L.

L'*Asilus crabroniformis* L. (15 millimètres ♂, 24 millimètres ♀) (fig. 180), aux ailes couleur de rouille, avec quelques taches foncées vers la pointe et le bord postérieur, se rencontre, en juillet et août, dans les chaumes.

Un sifflement aigu signale la présence des Bombyles (*Bombylius* L.) planant en avant de la corolle des fleurs, dans lesquelles ils puisent le nectar.

B. major L. (9 à 13 millimètres), noir, à poils jaunes, aux ailes portant une bande brune sinuée, aux pattes fauves, pond, d'après Léon Dufour, dans les nids d'Hyménoptères mellifiques.

La larve, apode et blanche, qui vit probablement aux dépens de celle de l'Hyménoptère dont elle partage le nid, met plus d'un an à se transformer. La nymphe est rousse et hérissée d'épines, lui servant sans doute à se hisser, comme un ramoneur, dans la cheminée terreuse du nid jusqu'à ce que, arrivé au dehors, l'Insecte parfait se fasse jour, en brisant la peau qui l'enveloppe.

Les *Anthrax* (fig. 181) dont une centaine d'espèces habitent la France, ont un genre de vie analogue.

Fig. 181. — *Anthrax morio* L., très grossi.

Fig. 182. — *Leptis scolopacea.*

LEPTIDES. — Les *Leptides*, médiocres chasseurs, se reposent parfois en nombre sur les troncs des peupliers et y restent immobiles, la tête en bas, pendant longtemps. Leur larve vit sous terre.

La Leptis bécace *(Leptis scolopacea)* (12 à 15 millimètres) (fig. 182) a le thorax gris d'ardoise, avec des bandes sombres, et l'abdomen jaune ferrugineux, avec un point sombre au milieu de chaque anneau.

SYRPHIDES. — Parmi les *Syrphides*, le genre *Volucella* a fait l'objet d'études très approfondies de la part de M. Künckel d'Herculais.

Le corps des Volucelles est velu *(V. bombylans* L.) ou dépourvu de poils *(V. pellucens* L.). La première de ces espèces a de 13 à 15 millimètres de longueur ; elle est noire, avec la face jaune, les ailes rembrunies et la dernière moitié de l'abdomen garnie de poils fauves. Elle fréquente les fleurs d'églantier et, dans son vol rapide, s'arrête souvent pour planer.

Que leur abdomen soit velu ou non, les Volucelles ont, par leur coloration, l'apparence des Bourdons ou des Guêpes, et c'est grâce à cette apparence trompeuse qu'elles parviennent à s'introduire dans les nids d'Hyménoptères pour y déposer leurs œufs. Leurs larves dévorent celles de leurs hôtes.

Fig. 183. — *Volucella pellucens* L., *Ceria conopsoïdes.*

La figure 183 représente sur la gauche une *Volucella pellucens* butinant sur une branche de troène en fleurs, en compagnie de la *Ceria conopsoïdes,* espèce assez rare d'un genre voisin.

Les larves des *Helophilus* et celles des *Eristalis* vivent dans les eaux croupies et dans les latrines mal tenues. On les désigne sous le nom de *Vers à queue de rat; E.tenax* L. ou *Eristale gluante* (fig. 184) bourdonne comme une Abeille dont elle a la taille et la coloration ; elle fréquente, au printemps, les chatons de saule et, à l'automne, les fleurs de lierre, les fruits, les plaies des arbres.

Les *Syrphus*, vifs et alertes au soleil, deviennent indolents par les temps brumeux et frais. Leurs larves, verdâtres, apodes et aveugles, dévorent les Pucerons et les petites Chenilles ; à ce titre, ils sont tous de précieux auxiliaires.

Fig. 184. — *Eristalis tenax* L. et sa larve.

C'est sur la pointe d'une herbe ou à l'extrémité d'une aiguille de sapin que la larve se fixe, à l'aide d'une matière gluante qu'elle sécrète, pour se transformer en pupe d'un vert brun.

Fig. 185. — *Syrphus seleniticus* Meigen (larve, nymphe et adulte).

De cette façon procède le Syrphe à croissants *(S. seleniticus* Meigen) (fig. 185) qui a l'aspect d'une grosse Mouche d'un bleu d'acier à reflets verts, avec de gros yeux roussâtres implantés dans une tête brune.

L'adulte sort de la pupe, non plus par une incision dorsale, mais par une sorte de portière qui s'ouvre à charnière sur la face antérieure.

MUSCIDES. — Les vingt et quelques mille espèces de *Muscides* connues diffèrent beaucoup par leurs mœurs. Les unes rendent de grands services à l'humanité en se nourrissant d'Insectes nuisibles, ou bien en dévorant les cadavres ; d'autres vivent en parasites sur l'Homme et sur les animaux ; un grand nombre, enfin, causent de sérieux dégâts en s'attaquant aux fruits, aux légumes et aux céréales.

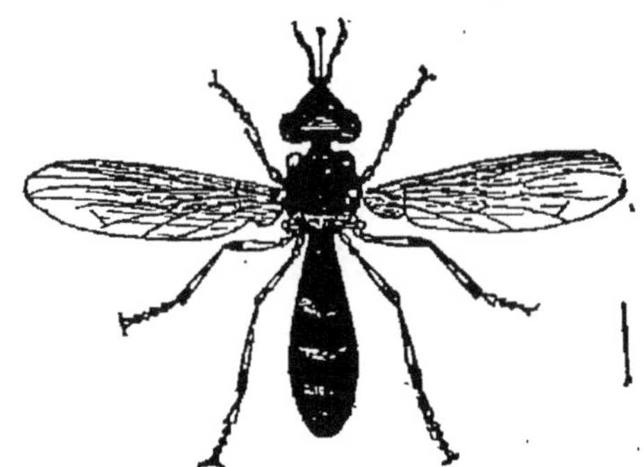

FIG. 186. — *Conops flavipes*.

Les *Conops* pondent leurs œufs dans le corps d'un autre Insecte adulte. C'est généralement l'abdomen de quelque Hyménoptère, un Bourdon, une Guêpe, qui sert de berceau à la larve du Conops ; elle dévore les entrailles de sa victime, se transforme en pupe dans l'intérieur du corps ainsi vidé et, pour éclore, l'Insecte parfait pratique une incision entre deux anneaux de l'abdomen. Souvent l'Hyménoptère est mort depuis plusieurs mois lorsqu'éclôt le Conops parasite, si bien qu'on en a vu sortir, frais et dispos, du ventre d'Insectes déjà piqués dans des boîtes de collections.

Le *Conops rufipes* F. (11 millimètres), élégant Diptère, vivant sur les fleurs, a la tête fauve, avec des bandes noires, les antennes brunâtres, le thorax noir, deux points blancs en dehors des épaules, la moitié extérieure des ailes brunes et l'abdomen ferrugineux.

Les *Œstres*, dont les larves vivent aux dépens des animaux, ont les antennes courtes, la trompe rudimentaire et quelquefois nulle ; dans ce dernier cas, l'Insecte ne mange pas à l'état adulte. Les Œstres peuvent former trois catégories, d'après la façon dont leurs larves profitent de l'hospitalité forcée que leur donnent les mammifères. Les unes se logent sous la peau *(Cuterebra)*, d'autres dans les fosses nasales et les sinus frontaux *(Cephalemyia)*, d'autres enfin dans les muqueuses de l'estomac *(Gastrophilus)*.

Les *Cuterebra*, à part quelques espèces, habitent les pays chauds, l'Amérique centrale, l'Afrique australe, le Sénégal. Dans ces divers pays, elles s'attaquent à l'homme, au chien, au bœuf, aux singes, etc.

L'*Œdemagena tarandi* L. au contraire se rencontre dans les régions froides et tourmente le renne en Laponie.

La façon de procéder de ces animaux pour élever leurs larves est à peu près la même que celle dont font usage les *Hypodermes*, dont les cinq ou six espèces européennes vivent sur le bœuf, le cerf, le chevreuil, tandis que des espèces exotiques fréquentent l'éléphant et le rhinocéros.

L'*Hypoderma bovis* (de Géer) (14 millimètres) a le corps et les cuisses noirs, les jambes d'un jaune rougeâtre ; le corps est couvert de poils serrés, noirs, sauf sur l'extrémité de l'abdomen où ils sont jaunes. Ce dernier, arrondi chez le mâle, se termine par une tarière pointue chez la femelle. Les ailes sont rembrunies, les balanciers ont des boutons en forme d'olives.

Les femelles déposent leurs œufs dans le poil des ruminants, sur l'épiderme, et c'est seulement la larve, pourvue de puissantes pièces buccales, qui, après son éclosion, entame le cuir, s'établit dans le tissu sous-cutané, et y détermine

une tumeur où, pendant près de dix mois, elle vit dans une
douce quiétude, s'abreuvant des sécrétions purulentes provoquées par sa présence. L'époque de la transformation arrivée, elle abandonne son infecte habitation, se laisse choir sur
le sol et y devient une pupe qui, après quelques semaines,
donne naissance à l'Insecte parfait[1].

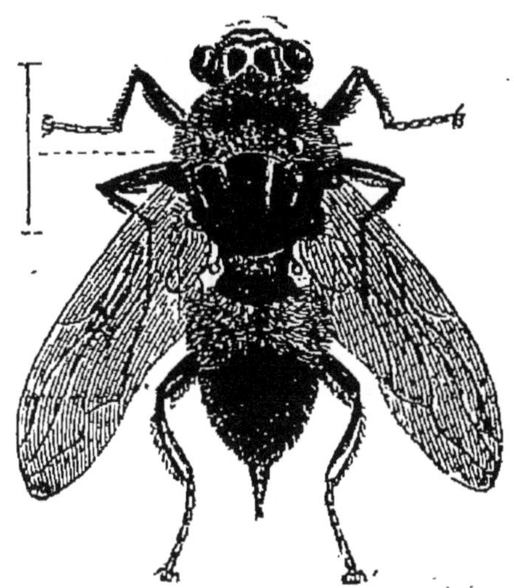

Fig. 187. — *Hypoderma bovis*
de Géer.

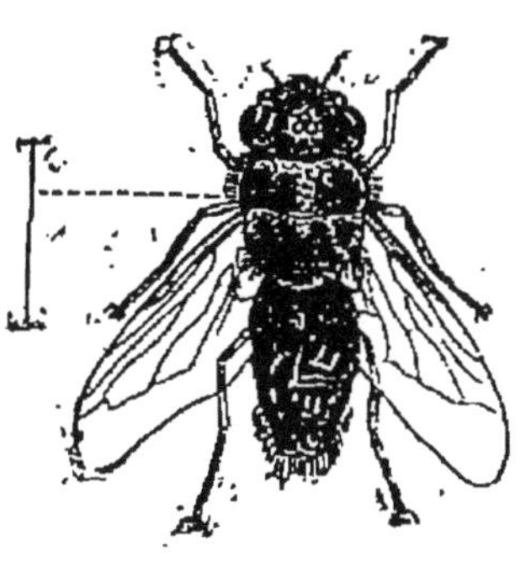

Fig. 188. — *Cephalemyia
ovis* L.

C'est pour rechercher ces larves que les oiseaux insectivores suivent souvent de si près les bestiaux et poussent
même la hardiesse jusqu'à se poser sur leur dos.

La *Cephalemyia ovis* L. (11 millimètres) (fig. 188) a les
antennes noires, les ailes hyalines, les pattes fauves. L'abdomen est marbré de jaune, de blanc et de noir.

On a attribué à tort à la larve de cet Insecte la maladie du
mouton connue sous le nom de *tournis*, mais il est curieux
de voir les attitudes que prend l'innocent ruminant lorsqu'une
de ces Mouches vient pondre dans ses narines. Le mouton
frappe du pied, secoue la tête, s'enfuit le museau près de

---

[1] Voyez Raphaël Blanchard, *Zoologie médicale*, Paris, 1890, t. II,
p. 514.

terre et donne des signes non équivoques de la plus grande
terreur. La larve passe des narines dans les sinus frontaux
où elle vit jusqu'à ce que, au moment opportun, un éternue-
ment du mouton la rejette à terre; elle s'enfonce alors dans
le sol et y subit sa dernière transformation. Des espèces voisines fréquentent le chameau, le buffle, le cerf, le chevreuil, etc.

Les *Gastrophilus* se trouvent partout où il y a des chevaux; leur vol est silencieux; ils déposent leurs œufs dans
les poils, et, en rusés matois, choisissent les parties que le
cheval peut lécher facilement. La jeune larve chatouille
désagréablement l'épiderme du cheval; celui-ci se lèche,

Fig. 189. — *Gastrophilus equi* F.

l'avale, et la farce est jouée. La larve parvenue à l'estomac
se fait un nid dans la muqueuse, y suce à son gré les liquides
qui lui conviennent, puis, après une année passée dans ce
garde-manger, elle s'en va dans l'intestin et est évacuée
avec les excréments[1]. C'est de mai à juillet qu'a lieu la
transformation. La larve s'enterre, devient pupe, et au bout
de six semaines apparaît l'adulte qui sort en soulevant l'opercule pupaire.

L'Œstre du cheval *(Gastrophilus equi* F.) (13 à 17 mil-

[1] Voyez Hurtrel d'Arboval, *Dictionnaire de médecine, de chi-
rurgie et d'hygiène vétérinaires*, édition refondue par Zundel,
Paris, 1875, t. II, art. Mouches.

limètres) (fig. 189) a le front et le dessus du thorax couverts
de poils brun jaunâtre ; les ailes sont troubles, avec une bande
transversale effacée et quelques taches ; les pattes et la plus
grande partie de l'abdomen sont d'un jaune de cire foncé.

A l'état parfait, les *Tachinides* se nourrissent du nectar
des ombellifères, mais c'est au moment de la ponte que leur
rôle d'Insecte utile apparaît. La femelle dépose ses œufs sur
les larves de divers Insectes, notamment sur les chenilles.
C'est la larve qui se charge de percer les téguments, dévorant d'abord les substances graisseuses et, en économiste
consommée, conservant les organes essentiels pour la fin.
Quelques-unes de ces larves attendent même que la chenille
se soit transformée en chrysalide pour manger le peu qui
reste et déguerpir. La transformation s'opère dans le sol.

Les Diptères du genre *Miltogramma* poussent plus loin
l'astuce. Nous avons raconté que certains Hyménoptères
fouisseurs emmagasinaient pour leurs larves, des provisions
vivantes, des Insectes paralysés. Ce sont précisément ces
proies sans défense que les Miltogrammes choisissent pour
déposer leurs œufs, et comme la larve de l'Hyménoptère
éclôt plus tard que celle du Diptère, elle meurt faute d'aliments, trouvant sa provision épuisée par sa vorace com-
pagne.

FIG. 190. — *Lucilia hominivorax* Coquerel.

La *Lucilia Cæsar* L. (8 à 10 millimètres) est d'un beau
vert doré, à antennes brunes, à pattes noires ; on la voit

communément voler autour des matières en décomposition sur lesquelles elle dépose ses œufs.

Ce sont des espèces voisines (fig. 190) qui produisent, chez l'homme et chez les animaux, ces affections cutanées, connues sous le nom de *myiasis*, et dans lesquelles les tissus sont dévorés par des larves provenant d'œufs pondus sur des plaies ou quelquefois même à l'intérieur des cavités naturelles [1].

Il est assez fréquent de trouver des crapauds vivants, dont la face est rongée par la larve de *L. bufonivora*, ce qui rend encore plus affreux ces pauvres animaux déjà si répugnants.

Fig. 191. — *Calliphora vomitoria* L. (larve, nymphe et adulte).

Tout le monde connaît la Mouche à viande *(Calliphora vomitoria* L. (fig. 191), cette grosse Mouche bleue qui bourdonne sans cesse le long des vitres. Son amour pour les odeurs cadavériques la trompe parfois, et elle s'oublie jusqu'à pondre ses œufs sur certaines fleurs d'*Arum*, livrant ainsi sa postérité à une mort certaine.

Les larves de la Mouche domestique *(M. domestica)* vivent dans les amas de fumier voisins des maisons.

Une espèce très voisine *(M. bovina)* s'attache aux yeux, aux narines et aux plaies des bestiaux.

[1] Voyez Raphaël Blanchard, *Zoologie médicale*, Paris, 1890, t. II, p. 502.

Si les Diptères *sarcophages* adultes se plaisent sur les fleurs, ils ont pendant la période larvaire des goûts moins délicats.

Ces Insectes sont vivipares et les jeunes larves croissent très rapidement; elles donnent lieu quelquefois à des cas de myiasis, et ce sont elles que, sous le nom d'*asticots*, on élève en grand pour la pêche à la ligne, pêle-mêle avec les larves de *Lucilia* et de *Musca*.

Les *Stomoxys* sont les principaux véhicules des Bactéridies charbonneuses. La Mouche domestique se contente de chatouiller en léchant, le Stomoxe pique cruellement, et par cette piqûre introduit parfois dans la circulation le virus charbonneux.

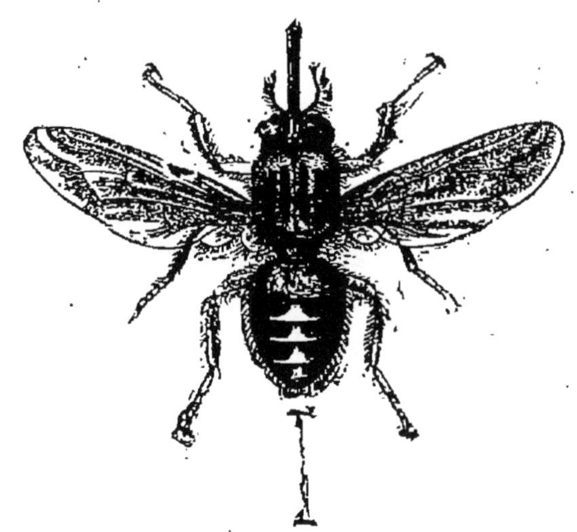

Fig. 192. — Mouche tsétsé (grossie).

Le *S. calcitrans* L., type du genre, ressemble beaucoup à la Mouche domestique, mais, dans l'attitude du repos, il se tient la tête en haut, tandis que la Mouche domestique se tient la tête en bas. La larve vit dans le crottin.

La Mouche africaine si redoutée, *Glossina morsitans* Westw. ou Mouche *tsétsé* des indigènes (fig. 192), n'est pas plus grosse que la Mouche domestique; elle est brune, avec quelques raies transversales jaunes sur l'abdomen. La chèvre, dit-on, est à l'abri de ses piqûres, mais pour préserver les autres animaux domestiques, dont elle est la terreur, on leur enduit le corps d'excréments mêlés à du lait. Cette Mouche est d'autant plus dangereuse qu'elle inocule souvent le charbon.

Parmi les *Anthomyides*, beaucoup vivent à l'état larvaire aux dépens des végétaux, quelques autres font exception.

Nous n'insisterons pas sur la Mouche des urinoirs *(Tichomyza fusca)*, importée en France vers 1827, et dont le Dr Laboulbène a fait connaître les métamorphoses. Pas plus nous ne nous arrêterons à *Scatophaga stercoraria* L., cette Mouche jaune si avide d'excréments. Cependant, dans cette catégorie d'êtres malpropres, il existe un genre assez curieux en ce sens que les espèces qui le composent ont pour mission de dépouiller de leur graisse les os des squelettes; on trouve les *Thyrophora* sur les squelettes d'animaux abandonnés dans les champs et aussi chez les équarrisseurs.

Les *Chlorops* sont de petites Mouches nuisibles aux céréales; le *Dacus oleæ* s'attaque aux olives; le *Ceratitis hispanica* aux oranges; enfin le *Spilographa cerási* vit à l'état de larve dans les cerises. Les *Phora*, au contraire, une partie du moins, sont parasites des larves d'Abeilles, de Coléoptères, de Lépidoptères et même aussi de Limaces.

Ornithomyides. — Les *Ornithomyides* sont des Diptères dégradés chez lesquels les ailes, ne servant guère pour le vol, sont souvent rudimentaires et font parfois complètement défaut; ils vivent sur les mammifères ou sur les oiseaux, courent rapidement entre les poils ou les plumes; leur génération offre des particularités remarquables. C'est à l'intérieur de l'abdomen, capable de se distendre considérablement, que se développent les larves. Au moment de la ponte, on pourrait plutôt dire de l'accouchement, la peau des larves se durcit et elles se transforment immédiatement en pupes contenant la nymphe qui bientôt donne le jour à l'adulte.

Nous nous bornerons à signaler et à figurer quelques curieuses espèces.

Les *Hippobosques* (fig. 193) vivent sur le cheval, le bœuf, le chameau, le chien, chaque espèce restant confinée sur un animal déterminé.

La figure 194 montre le *Mélophage* des moutons.

Fig. 193. — *Hippobosca equina.*

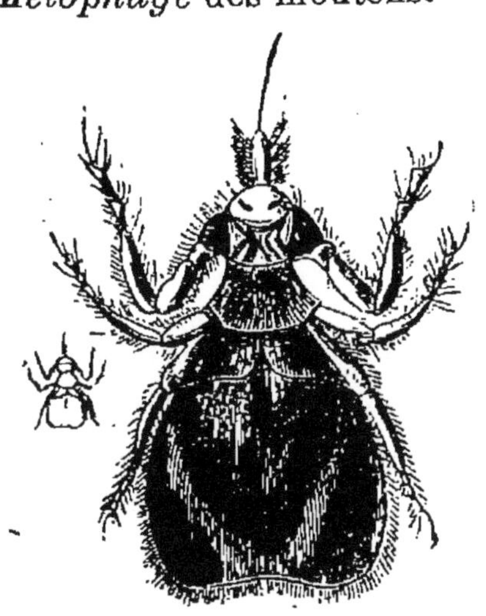

Fig. 194. — *Melophagus ovinus* (gr. nat. et grossi).

Le *Stenopteryx hirundinis* Leach abonde dans les nids d'hirondelles.

Les *Ornithomyia* se partagent les différentes espèces d'oiseaux.

Les chauves-souris, êtres singuliers, nourrissent les *Nyctéribies*, bien plus singulière encore. La *Braula cæca* Nitzsch. est parasite des Abeilles.

Le *Lipoptena cervi* L. se distingue entre tous. Jusqu'à l'automne, l'Insecte est ailé et vit sur les oiseaux; plus tard il perd ses ailes pour n'en conserver que des rudiments et devient alors l'hôte des cerfs, des daims, des chevreuils et parfois même des sangliers.

XI

LES COLLECTIONS

Rangement et conservation.

Ustensiles nécessaires pour ranger les Insectes en collection. — Les ustensiles indispensables pour préparer les Insectes recueillis pendant les chasses et les ranger en collection, sont les suivants :

Des épingles de différentes grosseurs, pour piquer les Insectes ;

Une jauge pour classer ces épingles par ordre de numéro ;

Un instrument dont nous parlerons plus loin, permettant de fixer sans tâtonnements les Insectes, à la même hauteur, sur les épingles ;

Des pinces courbes pour piquer les épingles sur le fond des boites ;

Des pinces brucelles pour saisir les petits Insectes ;

Du fil de platine, de la moelle de sureau, des carrés ou des triangles de bristol pour fixer les petites espèces ;

Un flacon de colle ;

Un étaloir, quelques plaques d'agavé, du papier buvard ;

De la benzine et de l'acide phénique ;

Des étiquettes de différentes sortes et de petites épingles, dites *camions* pour les fixer ;

Enfin, des cartons liégés pour renfermer la collection.

Un jeu de bonnes loupes est également indispensable pour les déterminations.

Comment on tue les insectes. — La plupart des Insectes recueillis pendant les excursions succombent rapidement sous l'action délétère du cyanure de potassium renfermé dans les flacons, ou de la benzine dont on a imprégné la sciure de bois. Il peut arriver cependant, que des flacons débouchés trop fréquemment pendant la chasse, ne contiennent plus une atmosphère assez chargée de vapeurs infectieuses pour déterminer la mort, surtout s'il s'agit de gros Coléoptères, qui résistent, pendant assez longtemps, à l'asphyxie. Dans ce cas, les Insectes sont plongés dans une sorte d'engourdissement qui se dissiperait rapidement au contact de l'air, si on les préparait avant d'avoir achevé l'œuvre de destruction.

Il peut arriver aussi que le chasseur, favorisé par une récolte trop abondante, ait été obligé d'emmagasiner ses captures vivantes dans un récipient ne contenant aucune préparation.

En versant quelques gouttes de benzine dans les flacons, au retour de la chasse, on est certain de déterminer la mort ; quelques entomologistes, cependant, préfèrent avoir recours à l'action de la chaleur.

Ici, les méthodes varient : les uns vident leurs flacons dans des boîtes et exposent celles-ci à la flamme d'une bougie ou d'un foyer quelconque ; ou bien encore, ce qui est souvent facile à la campagne, placent ces boîtes dans un four dont la température ne dépasse pas celle que peut supporter la main ; d'autres plongent le bas des flacons dans de l'eau bouillante ; il faut alors avoir soin de les déboucher et d'élever graduellement leur température en les exposant à l'action de la vapeur d'eau.

Les Insectes tués par les procédés que nous venons d'indiquer ne sauraient demeurer longtemps dans les flacons, qui ont servi à les recueillir, sans être envahis par la moisissure, à moins, toutefois, qu'il s'agisse d'Insectes baignant dans l'alcool. Il faut les préparer dans les deux ou trois jours qui suivent leur capture ou bien les déposer dans des boîtes. Pour éviter les chocs qui, surtout en voyage, pourraient déterminer la rupture des pattes, des antennes et autres parties délicates, on met dans ces boîtes de la sciure de bois semblable à celle qu'on emploie pour les flacons de chasse, et qu'on imbibe, afin d'empêcher la fermentation, soit avec de l'alcool contenant en dissolution du sublimé corrosif au centième, soit plutôt avec de l'acide phénique. Les Insectes, ainsi traités, peuvent se conserver, très longtemps, sans subir d'altération.

Les Lépidoptères diurnes peuvent être tués par une compression des doigts sous le thorax. Pour les nocturnes, dont le duvet resterait adhérent aux doigts, on les pique vivants en laissant reposer les pattes sur le fond de la boîte et, pour hâter la mort, on peut imbiber l'épingle de benzine ou de jus de tabac concentré ou bien encore transpercer le thorax avec une longue épingle que l'on chauffe jusqu'à ce que mort s'ensuive, en empêchant l'Insecte de battre des ailes.

Il est toujours prudent, lorsqu'on en a le temps, de laisser sécher les Insectes avant de les mettre en boîtes ; ceux de grande taille surtout, dont les organes internes, assez volumineux, détermineraient, en pourrissant, une fermentation qui pourrait envahir toute la boîte ; il est même utile de vider certaines espèces dont l'abdomen est très développé ; tels sont les Méloés, les femelles aptères de *Pachypus cornutus* parmi les Coléoptères, les Sphynx et les Bombyx parmi les Lépidoptères, enfin beaucoup de grands Orthoptères.

En général, on étale le contenu des flacons sur du papier buvard et on laisse sécher.

TRANSPORT DES INSECTES. — Le naturaliste explorateur qui récolte au loin les trésors des faunes exotiques, ne peut s'embarrasser d'un bagage aussi fragile que les flacons de chasse dont nous avons parlé.

Il place les Coléoptères dépourvus de pubescence dans des flacons de fer-blanc, d'une contenance d'un demi litre environ, et remplis d'alcool ; pour les espèces fragiles, chaque individu est enveloppé dans un cornet de papier et placé dans une boîte avec de la sciure, bien tassée, pour remplir les interstices ; c'est ce qu'on appelle mettre les Insectes en *papillottes*. Ainsi disposés, ils peuvent faire de longs voyages sans de trop grands risques d'avaries.

Certaines précautions sont nécessaires pour préparer les Insectes conservés par ces diverses méthodes.

L'heureux collectionneur, qui reçoit un envoi des pays d'outre-mer, trouve dans les flacons de fer-blanc des Insectes souples, il est vrai, mais inaptes à entrer, tels quels, dans les cartons ; les Insectes renfermés dans les cornets de papier sont durs, cassants, leurs pattes et leurs antennes se détachent au moindre froissement et il est fort difficile, pour ne pas dire impossible, de les piquer sans les briser. Les Anglais prétendent conserver, pendant un certain temps, aux Insectes, leur flexibilité naturelle, sans la moindre altération, en les plaçant dans des flacons avec des feuilles de laurier-cerise hachées assez gros ; nous ne pensons pas que ce procédé ait rencontré beaucoup d'adeptes, d'autant plus qu'en voyage on n'a pas toujours du laurier-cerise sous la main. Quoi qu'il en soit, les Insectes qui ont séjourné dans l'alcool doivent être, sous peine de perdre peu à peu leurs couleurs, et de tourner au gras, lavés avec de l'alcool plus concentré. Ceux qui ont été conservés dans des cornets et dans des boîtes avec de la sciure, doivent être rendus malléables. Il en est de même de tous les Insectes qui, déjà rangés en collection, sont l'objet d'une manipulation, telle que changement de position des pattes ou des antennes, remplacement d'une épingle, etc. ; seules, quelques Phanélides, vert tendre, ne sauraient être ramollies sans subir d'altération.

RAMOLLISSAGE. — Pour obtenir cette souplesse' indispensable des articulations, on prend un vase à large ouverture, fermant hermétiquement. On le remplit, à moitié, de grès fin sur lequel on a versé une quantité d'eau pour l'humecter complètement ; le sablon de Fontainebleau est tout à fait propre à cet usage. On dispose ensuite les Insectes à ramollir sur une plaque de liège, une soucoupe ou tout autre récipient que l'on pose sur le grès, puis on ferme le vase. Au bout de huit ou dix heures, les Insectes sont devenus assez flexibles pour être piqués et dressés ; il est probable que la chaleur activerait l'opération.

Il arrive quelquefois que l'on oublie des Insectes dans un ramollissoir ou bien que des circonstances indépendantes de la volonté obligent à les y abandonner pendant longtemps ; on est alors exposé à voir moisir le produit de longues et pénibles chasses. On prévient aisément ces dégâts en ajoutant à l'eau qui mouille le grès une petite quantité d'acide phénique.

Lorsqu'il s'agit d'Insectes de taille minime qui, comme beaucoup de petites Coléoptères, ne sont pas défraîchis par une immersion de courte durée, on les jette dans un verre d'eau où on les laisse pendant quelques minutes. On les retire avec un pinceau doux, on les pose sur du papier buvard qui absorbe l'eau surabondante et, avec la pointe d'un pinceau, on arrange les antennes et les pattes. Si l'Insecte est poilu, il faut, pendant qu'il est sur le papier, le noyer dans une goutte d'eau et le laisser sécher, sans quoi les poils risqueraient de se coller.

ÉPINGLES. — Le choix des épingles est très important. Il en existe deux modèles ayant 36 et 42 millimètres de longueur. Les premières sont suffisamment longues, sauf pour quelques Insectes très épais ; elles ont l'avantage de moins fléchir, à grosseur égale.

Les épingles sont quelquefois en acier, comme celles dépourvues de tête qu'emploient fréquemment les entomologistes de la région de Lyon. Ces épingles ont l'inconvénient de s'oxyder, d'une part dans le liège de la boîte, de l'autre dans le corps de l'Insecte ; par suite de la rouille qui les ronge, elles se brisent facilement. On fabrique aussi des épingles pointues aux deux bouts ; elles sont commodes pour piquer les Microlépidoptères, qui souvent se laissent tomber sur le dos, et qu'il serait difficile de retourner sans dommage.

Les épingles en laiton étamé sont d'un usage presque général ; les entomologistes ont, pendant longtemps, préféré celles de fabrication allemande ; nous croyons que cette préférence n'est plus justifiée aujourd'hui ; il faut bien reconnaître cependant que les épingles de provenance autrichienne font une sérieuse concurrence à celles qui sortent de nos fabriques.

Les épingles en laiton, quelque bien étamées qu'elles soient, s'oxydent dans le corps de certains Insectes (les *Donacies* en particulier) ; il se forme autour de l'épingle un bourrelet de matière verte. Ce bourrelet, en augmentant de volume, fait souvent éclater l'Insecte et, dans tous les cas, est d'un aspect désagréable à l'œil. Jusqu'à présent, on a cherché à éviter sa production en collant l'Insecte sur un petit carton qui est traversé par l'épingle ou bien en faisant usage d'épingles vernies ; cependant, le vernis de ces dernières s'écaille parfois et on préfère aujourd'hui des épingles argentées dont le prix est un peu plus élevé, mais qui n'offrent plus les inconvénients précités.

Les épingles sont numérotées de 1 à 10, par ordre de grosseur. Il ne nous semble pas avantageux, au moins pour les Coléoptères, d'employer des épingles trop fines qui se faussent aisément en pénétrant dans le liège des boîtes ; nous préférons coller les petits Insectes sur des feuilles de carton que l'on pique ensuite avec de fortes épingles. Si on adopte notre manière de voir, trois numéros d'épingles sont suffisants pour les collectionneurs de Coléoptères d'Europe. Les numéros 3, 5, 7 sont ceux que l'on choisit habituellement.

Lorsqu'on possède toute la série des numéros, une boîte est indispensable. Le fond de la boîte forme une suite de demi-cylindres horizontaux, creusés dans le bois ; le couvercle repose sur les génératrices de ces cylindres.

On conçoit que, de la sorte, la boîte une fois close, aucune épingle ne peut passer d'un compartiment dans un autre.

Les épingles provenant d'Insectes détériorés ou brisés peuvent de nouveau servir si elles ne sont pas faussées et si leur pointe n'est pas émoussée ; on a donc intérêt à classer les vieilles épingles, par ordre de grosseur, autrement dit par numéro ; mais comme il serait long et fatigant d'apprécier directement, à l'œil ou au toucher, les dimensions d'épingles de diamètres peu différents, on fait usage d'une sorte de jauge, que chacun peut aisément construire. C'est tout simplement une feuille rigide de laiton, de zinc ou de fer-blanc, dans laquelle on a enlevé une longue bandelette formant un angle très aigu. Il est clair que, suivant leur grosseur, les épingles présentées par leur milieu, perpendiculairement au plan de l'instrument, s'enfoncent d'autant plus profondément dans la rainure qu'elles sont plus petites. Pour graduer cette jauge, on introduit dans la rainure des épingles de numéros connus et, en face de l'endroit où chacune d'elles cesse de pouvoir avancer, on marque un trait et on inscrit le numéro ; on obtient ainsi une graduation suffisamment exacte.

PIQUAGE DES GROS INSECTES. — Les Insectes des divers ordres se piquent de la manière suivante :

Coléoptères. — Sur l'élytre droite, au milieu de la distance qui sé-
    pare l'écusson et le bord externe.
Orthoptères. — Sur le corselet, s'il se prolonge ; en arrière du cor-
    selet, si celui-ci ne se prolonge pas, mais toujours de façon que
    l'épingle ressorte entre les pattes en dessous.
Névroptères. — Au milieu du corselet.
Lépidoptères. — Au milieu du corselet.
Hémiptères hétéroptères. — Au milieu de l'écusson, qui est la pièce
    la plus résistante.
Hémiptères homoptères. — Au milieu du corselet.
Hyménoptères. — Au milieu du corselet.
Diptères. — Au milieu du corselet.

L'abdomen long et grêle des Névroptères, tels que les
Libellules, doit être soutenu. Pour cela, on introduit à l'intérieur, de façon à le traverser dans toute sa longueur, un
crin, une feuille de pin desséchée, un mince fétu de paille
ou un fil de platine pénétrant jusque dans le corselet. Lorsque,
par accident, l'abdomen d'une Libellule s'est détaché du corselet, on le traverse par un crin trempé dans de la colle, faite
avec de la gomme, de la farine et de l'alcool saturé d'arsé-
niate de soude. L'extrémité du crin, tournée du côté du
thorax, doit dépasser de façon que, recouverte d'une goutte
de colle, elle assure une liaison solide entre l'abdomen et le
corselet. Il est prudent d'agir de même pour les Libellules
desséchées provenant d'envois ; au besoin, on détache l'abdomen pour le recoller ensuite.

Piquage des petits Insectes. — Les petites espèces se
collent sur un carton (fig. 195,1), ou bien se piquent avec
des fils de platine, longs d'environ un centimètre, coupés
obliquement avec des ciseaux, afin d'avoir chaque extrémité
très pointue. « Le petit Insecte est renversé sur le dos, dans
la main ou sur un morceau de moelle végétale (fig. 195,4 et 5).
On tient le fil bien serré dans une pince, et, sous la loupe, on
enfonce une des pointes entre les pattes. On la fait ressortir

dans le dos d'environ un millimètre ou bien, si le dos a des sculptures spécifiques, on ne la laisse pas sortir. Pour les Microlépidoptères, on étale leurs ailes dans cette position en les appliquant sur la moelle, de chaque côté du sillon, avec

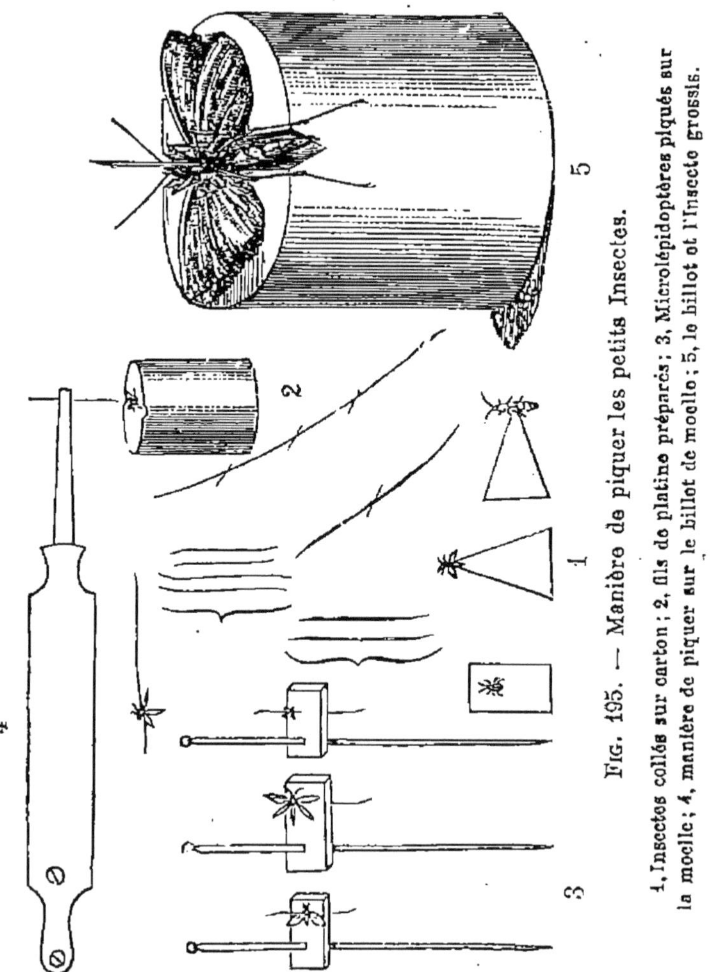

FIG. 195. — Manière de piquer les petits Insectes.

1, Insectes collés sur carton; 2, fils de platine préparés; 3, Microlépidoptères piqués sur la moelle; 4, manière de piquer sur le billot de moelle; 5, le billot et l'Insecte grossi.

de petits carreaux de verre. Puis on retourne l'Insecte en saisissant à la pince le bout du fil qui passe entre les pattes ; on le pique sur un petit parallélipipède de moelle. Celui-ci est ensuite percé avec une épingle de support. L'Insecte se voit ainsi très bien en dessus et en dessous. »

Une collection n'a du coup d'œil que si les Insectes y sont

piqués à la même hauteur sur les épingles, et aussi si les épingles sont fixées dans les boîtes, en lignes bien régulières, toutes les têtes se trouvant au même niveau.

Pour piquer les Insectes à la même hauteur, on emploie un *calibre* facile à fabriquer. Un petit manche en bois est terminé par un tuyau de plume d'oie qui dépasse le bois d'une quantité égale à la distance qui doit séparer le dos de l'Insecte de la tête de l'épingle. La tête de l'épingle est enfoncée dans le tuyau de plume de façon qu'elle s'appuie contre le manche en bois; on fait ensuite glisser l'Insecte le long de l'épingle jusqu'à ce que son dos vienne toucher le rebord de la plume. Cette méthode s'applique également aux Insectes collés sur carton comme nous l'indiquerons bientôt; c'est alors le petit carré de carton qui s'appuie contre le tuyau de plume. Le calibre est construit, au gré de l'amateur, de façon que les Insectes soient éloignés de la tête de l'épingle de 8 à 10 millimètres.

Il est bon de laisser sécher les Insectes piqués avant de les renfermer dans les boîtes; d'autre part, la détermination des espèces exige de fréquentes manipulations, obligeant, à fixer les épingles sur un corps mou, pour pouvoir les enlever facilement. On emploie pour cela des plaques de liège très fines ou mieux encore des plaques de moelle d'*agavé* que l'on trouve à bon compte chez les naturalistes. Pour fixer les épingles dans les boîtes, on les saisit, près de la pointe, avec les pinces recourbées et on les pique légèrement sur le fond de la boîte. Après avoir examiné si elles sont bien droites, et rectifié au besoin leur position, on les enfonce définitivement de 5 à 6 millimètres.

ÉTALOIR. — La position à donner aux Insectes piqués n'est pas indifférente. Pour quiconque veut faire de sa collection un objet d'études sans se borner à avoir sous les yeux un assemblage harmonieux des formes si variées et des couleurs

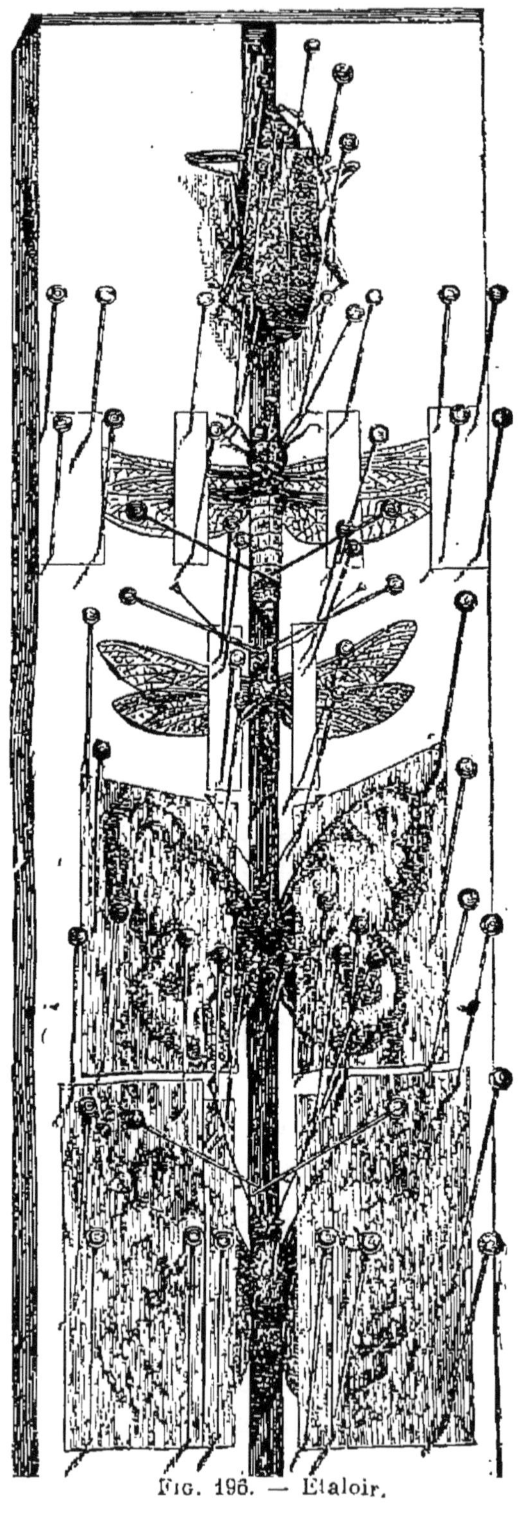

Fig. 198. — Étaloir.

si belles dont la nature à doté les Insectes, il faut que les
caractères servant à différencier les genres et les espèces
soient bien visibles ; c'est pour cela que les attitudes à donner aux différents ordres d'Insectes ne sont pas les mêmes.

Les jeunes entomologistes ont une tendance marquée à
étendre les antennes et les pattes des Coléoptères ; c'est sé-
duisant, c'est joli, c'est commode pour observer les articles
des antennes et ceux des tarses, mais les Insectes ainsi préparés sont fragiles, et on peut même affirmer qu'ils ne restent pas longtemps entiers ; en outre, ils tiennent beaucoup
de place et le nombre des boîtes se multiplie. Tous les entomologistes sérieux sont aujourd'hui d'accord pour adopter
l'attitude suivante : les antennes, lorsqu'elles sont longues,
sont couchées le long du corps, parallèlement au bord extérieur des élytres ; les cuisses font saillie, symétriquement
rangées par paires, les antérieures en avant, les intermédiaires et les postérieures en arrière ; les jambes et les tarses
sont repliés en-dessous.

Les Hémiptères hétéroptères se préparent de la même façon ; pour les Homoptères, on peut laisser les ailes étendues
perpendiculairement à l'axe du corps ; c'est aussi de la sorte
que l'on apprête les Lépidoptères, les Orthoptères, les Névroptères, les Hyménoptères et souvent les Diptères, mais,
pour ces derniers, beaucoup d'entomologistes conservent l'attitude du repos.

Pour dresser les Insectes comme nous venons de l'indiquer, on fait usage d'un étaloir (fig. 196). C'est encore un
instrument que l'amateur peut construire lui-même, s'il est
adroit de ses mains, et s'il possède quelques outils. L'étaloir
se compose de deux planchettes en bois tendre, légèrement
inclinées, et montées sur deux tasseaux. Entre ces deux
planchettes existe une rainure vide dont le fond est tapissé
par une feuille de liège ou mieux d'agavé. Les Insectes à
étaler (Coléoptères, Lépidoptères ou autres) préalablement

piqués, sont fixés sur la plaque d'agavé, de telle sorte que le corps soit engagé dans la rainure et que les ailes à étendre viennent reposer sur les deux planchettes. Il est bien entendu que les Insectes doivent être frais, ou bien ramollis s'ils étaient desséchés, en un mot, il faut que toutes les articulations soient flexibles. Pour opérer l'étalage, on fait usage d'épingles d'acier, à tête en émail, qu'il est facile de saisir avec les doigts, et dont la pointe acérée pénètre aisément dans les planchettes de bois.

Pour les Coléoptères, on maintient dans la position voulue, avec ces épingles, tous les organes qui tendent à s'en écarter. La tête et l'abdomen sont relevés de façon que leur axe forme une seule ligne droite avec celui du thorax. S'il s'agit d'étendre les ailes d'un Papillon ou d'une Libellule, on les étale avec une épingle et on les maintient dans la position convenable, à l'aide de bandelettes de papier glacé, assujetties par des épingles, de part et d'autre de l'aile étendue. Le papier dioptrique permet de voir par transparence si la position des ailes est correcte. On dispose habituellement l'aile supérieure de telle sorte que son bord postérieur forme un angle droit avec l'axe du corps. L'aile inférieure est ramenée jusqu'au contact de l'aile supérieure, afin qu'aucun détail de forme ou de coloration n'échappe à l'observateur.

Au bout de huit, dix ou quinze jours, suivant la taille, les Insectes peuvent être enlevés de dessus l'étaloir et placés dans les cartons de collection.

COLLAGE DES PETITS INSECTES. — Pour coller les petits Insectes, on fait usage de gomme arabique mélangée, à poids égal, avec du sucre dissous dans l'eau jusqu'à consistance sirupeuse ; on y ajoute quelques gouttes d'acide phénique pour empêcher la liqueur de se corrompre. Les plaques de carton sont dessinées par feuille sur du bristol ; on les trouve dans le commerce, mais il est bien aisé de les préparer soi-même.

Beaucoup d'entomologistes les font rectangulaires, d'autres les préfèrent triangulaires (fig. 195, 1), l'Insecte étant collé au sommet et l'épingle piquée à la base. Cette disposition permet d'observer plus aisément le dessous, puisque la plus grande partie du corps déborde de part et d'autre du carton, mais aussi les Insectes préparés de la sorte sont sujets à plus d'accidents.

Pour notre compte, nous préférons les cartons rectangulaires dont nous employons deux grandeurs. Ils ne permettent pas, il est vrai, de voir le dessous de l'Insecte, mais on y obvie en collant un échantillon sur le dos ; il est toujours aisé d'ailleurs de décoller l'animal que l'on veut examiner ; il suffit pour cela de jeter épingle, carton et Insecte dans un verre d'eau ; au bout de quelques minutes, l'Insecte remonte à la surface, tandis que l'épingle et le carton restent au fond. On retire l'Insecte avec un pinceau doux, on le laisse sécher sur une feuille de papier buvard, et on peut aisément l'examiner à la loupe.

Quelques naturalistes ont préconisé, pendant plusieurs années, l'emploi de paillettes de mica qui, par transparence, laissent voir le dessous du corps des Insectes collés sur leur face supérieure. Outre la dépense assez élevée qu'entraîne l'acquisition de ces paillettes pour les collections riches en petites espèces, le miroitement du mica est souvent une gêne pour l'observation. De plus, la goutte de colle fixant l'animal adhère peu à la surface polie du mica et s'en détache souvent sous le moindre choc ; alors, les Insectes tombent pêle-mêle au fond de la boîte, et on est obligé de les classer à nouveau, quand on a la bonne fortune de ne les point perdre. Nous conseillons de s'en tenir aux tablettes de bristol.

Sur le carton, dans lequel on a enfoncé une épingle à la hauteur voulue, on dépose, à l'aide d'une pointe, une très petite goutte de colle ; on prend l'Insecte, suivant sa grosseur, avec les pinces ou avec la pointe humide d'un pinceau, on l'applique sur la goutte de colle et on l'y fixe par une légère pression exercée sur le bout de la pince ou avec la hampe du pinceau.

CHOIX DES BOITES. — C'est une grave erreur de conserver les Insectes dans des boîtes ou des cartons vitrés, exposés à la lumière. Une collection entomologique doit être à l'abri non seulement de la poussière, mais aussi des rayons solaires. Toutes ces boites vitrées que l'on accroche au mur doivent être absolument proscrites; elles sont bonnes tout au plus à donner asile à quelques Insectes, aux couleurs brillantes, que l'on sacrifie pour servir d'ornement à un cabinet de travail. Les cartons vitrés n'ont pas davantage leur raison d'être, étant donné leur fragilité et la nécessité de les ouvrir comme les autres pour observer leur contenu.

Les collectionneurs riches ou les établissements publics peuvent seuls s'offrir le luxe de meubles spéciaux, contenant des tiroirs à fermeture hermétique qu'il y a alors intérêt à vitrer, et qui ne présentent plus les inconvénients que nous venons de signaler puisque, par leur disposition même, ils sont placés dans l'obscurité.

Les cartons que l'on emploie habituellement pour les Coléoptères européens ont 26 centimètres de longueur sur 19 de largeur et 6 de hauteur; ils sont formés par un cadre en bois, avec fond de carton, doublé d'une épaisse plaque de liège, recouverte elle-même d'une feuille de papier blanc uni, rayé ou quadrillé. Le couvercle est relié à la boîte par une charnière de toile, le dessus est en carton et la fermeture doit avoir lieu à frottement. Le tout est recouvert de papier chagriné rouge ou marron avec des filets verts aux angles.

On ne saurait trop insister sur la parfaite fermeture des cartons à Insectes; de là dépend la conservation des collections. La maison Deyrolle construit des boîtes à double gorge

qui semblent résoudre la question de l'occlusion et donner
satisfaction aux entomologistes. Par mesure de prudence,
nous recommandons aux amateurs, qui doivent laisser sans
soin leur collection pendant longtemps, de clore hermétiquement leurs boîtes en collant des bandes de papier à cheval
sur la ligne de jonction de la boîte et du couvercle. On enlève aisément ces bandes de papier avec une éponge mouil-
lée, et il est bien entendu qu'avant de ranger les boîtes, on
s'est assuré qu'il n'existait aucun ennemi dans la place.

Outre les cartons que nous venons de décrire, il en existe
aussi dont le couvercle est liégé et qui forment une boîte
double de 9 centimètres de hauteur, sur les deux faces de
laquelle on peut piquer les Insectes. Cette disposition fait
gagner un peu de place, il y a quelque économie à l'adopter,
mais sa commodité nous semble très contestable et une épingle détachée risque d'abîmer un lot considérable d'Insectes.

On fait aussi des boîtes mesurant 39 centimètres de longueur, sur 26 de largeur et 6 d'épaisseur ; elles conviennent
plus particulièrement aux collections de Lépidoptères ou aux
collections dans lesquelles entrent les gros Coléoptères exotiques. Le débutant peut, à la rigueur, se procurer à très bon
compte des boîtes qu'il agence lui-même et qui font encore
bonne figure. Un de nos jeunes amis possède une collection
de Coléoptères d'Europe, déjà très importante, classée dans
des boîtes achetées chez un parfumeur. Ce sont des boîtes en
bois un peu plus petites que les cartons classiques, mais de
dimensions très suffisantes. Des joncs ramassés sur le bord
d'un cours d'eau et bien séchés au four, pour prévenir la fermentation, ont été rangés parallèlement dans le fond des boîtes,
collés à la colle forte et énergiquement pressés ; ils forment
une matelassure peut-être un peu plus dure que l'agavé, mais
beaucoup plus molle que le liège. Ce tapis, recouvert d'une
feuille de papier, constitue le fond de la boîte sur lequel on
plante les épingles. Les boîtes, recouvertes de papier de cou-

leur, ont très bonne apparence ; nous ne voulons pas dire que ce soit le rêve, mais c'est un moyen que nous enseignons aux jeunes gens auxquels l'acquisition en bloc des nombreux accessoires indispensables à l'entomologiste semblerait trop onéreuse.

Généralement la feuille de papier qui forme le fond de la boîte est collée sur le liège ; certains amateurs préfèrent une feuille volante, fixée par quatre petites épingles et qu'immobilisent encore les épingles sur lesquelles sont piqués les Insectes.

Rangement en collection. — Sous peine de remaniements continuels, qui sont une perte de temps, et qui occasionnent toujours des dégâts dans une collection, il faut se garder de placer les Insectes dans les boîtes, par genre et par espèce, les uns à la suite des autres, au fur et à mesure de leur capture ; il faut réserver la place de ceux qui viendront plus tard. S'il s'agit d'une faune restreinte, comme celle de la France, nous conseillons de prendre un catalogue, de reproduire les noms des genres et des espèces sur des étiquettes et de placer celles-ci dans les boîtes, en réservant l'espace que devront occuper les Insectes.

Il est bon même de laisser des vides à la fin de chaque genre et de chaque famille. Il est clair que la tâche est difficile pour les débutants ; ils ne connaissent pas suffisamment la taille des Insectes appartenant aux différents groupes pour leur ménager à coup sûr l'espace qui leur convient ; il en résultera nécessairement des tâtonnements et quelques déplacements d'étiquettes, d'autant moins importants que la collection sera moins riche.

Les étiquettes se fixent sur le fond des boîtes à l'aide de deux *camions*, épingles analogues à celles dont se servent les modistes pour attacher les rubans ; ces épingles doivent être très courtes et enfoncées à fond. Nous recommandons, dans le choix des camions, de proscrire ceux dont la tête est rapportée et formée par un petit anneau qui se détache facilement sous l'action de la pince ; ceux dont la tête est lisse et aplatie devront seuls être utilisés.

L'étiquette fixée au-dessous de la ligne des épingles pourrait être masquée par le corps des Insectes ; on la place à côté et à gauche. Il nous semble avantageux de ne pas faire usage d'étiquettes trop grandes ; elles doivent être écrites très lisiblement. Beaucoup d'entomologistes se procurent deux exemplaires d'un catalogue à bon marché, y découpent les noms imprimés des espèces et s'en servent comme étiquettes.

Dans un but d'uniformité, il est convenable d'acheter des étiquettes ou d'en faire autographier, suivant les formats que l'on a adoptés.

Le nom de l'ordre et même les noms des familles peuvent se coller sur le dos des boîtes ; quant à celui des genres, il se place en tête des espèces, et on l'écrit en gros caractères sur une étiquette un peu plus grande que celle qui sert aux espèces. Le nom du genre doit être suivi de celui du naturaliste qui l'a créé ; ce dernier peut s'écrire en abrégé. Ex. : *Carabus L.* pour *Carabus*, genre créé par Linné.

Le nom du genre ne se répète que par son initiale sur chaque étiquette spécifique ; on fait suivre cette initiale du nom de l'espèce, puis du nom abrégé du naturaliste qui l'a décrite. Ex. : *C. monilis* F., au lieu de *Carabus monilis* de Fabricius.

Il convient également de mentionner les variétés avec les noms d'auteurs.

L'indication du sexe, l'époque de la capture, la localité d'où provient l'Insecte, sont autant de renseignements importants ; c'est sur de petites rondelles de papier traversées par l'épingle que l'on inscrit tous ces renseignements qui donnent un grand prix aux collections et que, bien entendu, chacun peut rédiger en abrégé à sa guise.

Il y a intérêt à distinguer les faunes : aussi a-t-on adopté des couleurs différentes pour les cinq parties du monde.

Les étiquettes de couleur blanche s'appliquent aux Insectes d'Europe, le jaune à ceux d'Asie, le bleu à l'Afrique, le vert à l'Amérique, le rouge à l'Océanie. Il n'est pas nécessaire que l'ensemble de l'étiquette ait cette coloration, et souvent on fait usage de papier uniformément blanc, le cadre de l'étiquette portant seul la coloration conventionnelle.

Les Insectes sont rangés par lignes bien droites, en allant du plus gros au plus petit ; les riches collectionneurs peuvent se permettre de former des lignes tenant toute la largeur des boîtes, en choisissant des types établissant insensiblement le passage d'une espèce à l'autre ; pour le commun des mortels, quatre ou six Insectes de chaque espèce ou de la même variété, suivant la taille, sont généralement suffisants. On divise alors la boîte en deux, trois ou quatre colonnes. Avec les petites espèces collées sur carton, on peut d'ailleurs former des brochettes de quatre ou cinq individus superposés sur une même épingle.

CONSERVATION DES COLLECTIONS. — Les Insectes, une fois rangés en collection, ne doivent pas être abandonnés à eux-mêmes ; il faut les préserver contre les ravages des parasites animaux qui, en peu de temps, réduisent une collection en poussière, et des parasites végétaux qui transforment les Insectes en boules informes de moisissure.

Comme premier moyen préventif, nous posons en principe qu'aucun Insecte provenant d'un envoi ou d'une collection étrangère ne doit être introduit dans les boîtes s'il n'a été préalablement désinfecté. Tout Insecte, en effet, peut être contaminé, sans que l'examen le plus attentif le fasse reconnaître ; il peut contenir à l'intérieur l'œuf ou la larve d'un parasite, quelque Acarien microscopique, des traces de moisissure, etc. C'est par un bain prolongé dans la benzine que l'on détruit tous ces ravageurs; les Insectes qui ne sont pas recouverts d'écailles peuvent y être plongés impunément; il n'en est pas de même des autres qu'on doit se contenter de faire séjourner dans une atmosphère de benzine, sans les tremper dans le liquide.

Dans le premier cas, on fait usage d'un large vase peu profond, tel qu'un cristallisoir, que l'on remplit de benzine. Sur la face interne du bouchon de liège qui doit fermer le vase, on pique les Insectes à désinfecter et on bouche en s'assurant que tous plongent entièrement dans la benzine; on les y laisse baigner pendant deux ou trois jours. Pour éviter l'évaporation, on pose le vase sur une assiette ou sur un plat creux, dont le fond a été rempli d'eau, et on recouvre avec une cloche à fromage en verre.

Chaque carton doit avoir une odeur pénétrante qui empêche les Insectes parasites de s'établir à l'intérieur. Certains entomologistes font usage de camphre, dont un petit morceau, enveloppé dans un sachet, est piqué dans un coin de chaque boîte. Le camphre préserve bien, mais s'évapore très vite. D'autres emploient différentes essences et notamment l'essence de serpolet. Le plus grand nombre enfin se sert de benzine et d'acide phénique mélangés à volumes égaux. Un tampon de coton ou un morceau d'éponge, imbibé du liquide préservateur, est piqué sur une épingle avec un petit carré de carton en dessous, pour éviter que les gouttelettes de liquide viennent salir le fond de la boîte, et l'épingle est plantée dans un coin.

Les raffinés se servent de flacons spéciaux, construits exprès pour cet usage. Ce sont des récipients en verre, portant une pointe en acier, que l'on peut enfoncer dans le liège des boîtes; l'ouverture du flacon forme un cône rentrant qui, comme dans beaucoup d'encriers, empêche le liquide de se renverser dans quelque position que l'on place le flacon.

Collections de larves. — Si les collectionneurs recherchent avec ardeur les Insectes adultes, bien peu se préoccupent d'étudier leur état larvaire qui est encore peu connu dans beaucoup de cas. Réunir en collection toutes les larves que l'on rencontre serait une tâche ingrate et portant peu de fruit. Il y aurait grand intérêt, au contraire, à posséder l'Insecte sous ses trois états : larve, nymphe, adulte; mais l'élevage seul peut conduire à ce résultat, et c'est chose fort difficile, sinon impossible, de pourvoir à l'alimentation de tant d'animaux, dont les goûts sont si différents. Si les collectionneurs de larves sont encore rares, cela tient aussi au peu d'attrait que présente la chasse de ces êtres vermiformes, à la difficulté de les déterminer, et enfin aux soins minutieux que nécessite leur préparation.

Il ne faut pas songer, en effet, à laisser les larves se dessécher, comme on le fait pour la plupart des Insectes adultes ; elles se déformeraient et deviendraient méconnaissables. Souvent on les conserve dans un liquide dosé à raison de deux parties d'alcool concentré du commerce pour une partie d'eau.

On emploie des tubes qui contiennent une ou plusieurs larves et que l'on dispose dans des planchettes percées de trous. Le tube est fermé par un bouchon de liège, qu'au besoin on lute avec du mastic (fig. 197). On colle sur le bouchon une étiquette, sur laquelle on inscrit le nom de la bête, ou bien un numéro d'ordre correspondant à un catalogue.

Les chenilles peuvent, de la sorte, se conserver dans l'alcool ; mais, outre cette collection d'étude, il est bon d'en avoir une autre ; celle-là est de préparation plus difficile, et nous empruntons à Maurice Girard la description des différents procédés mis en œuvre :

« Le moyen le plus simple est l'emploi de liquides préservateurs, soit l'alcool affaibli, de 20 à 22 degrés Baumé, soit les diverses liqueurs servant à conserver les préparations anatomiques, et que fournit le commerce. On commence

par laisser séjourner la chenille pendant quelques heures
dans l'alcool, afin qu'elle se débarrasse de diverses déjections
qui troubleraient le liquide. Toutes ces substances finissent
par altérer et détruire les couleurs de la
chenille, en même temps qu'à l'inverse la liqueur se colore. Dans une seconde méthode,
on vide la chenille et on lui enfonce dans le
corps de l'alun calciné mêlé à du coton ha-
ché, ou l'on y injecte de la cire fondue au
moyen d'une petite seringue à injection.

« On peut aussi maintenir la cire fondue
dans un bain d'eau chaude, et la faire passer
dans la peau de la chenille vidée au moyen
d'une petite ampoule en caoutchouc pleine
d'air que l'on presse entre les doigts et de
tubes de verre ou de fétus de paille convenablement ajustés. Ces préparations à la cire
sont difficiles et déforment beaucoup de sujets,
si l'on n'en a pas une grande habitude. Il est
bon de repeindre la chenille à l'extérieur
pour les parties ornées sur le vivant de couleurs vives.

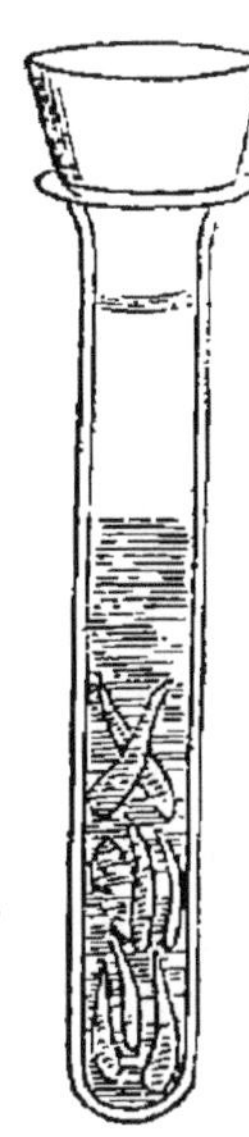

Fig. 197. — Tube
pour conserver
les larves.

« Les amateurs adroits préfèrent l'insufflation des chenilles.
Pour cela, on incise d'un coup de ciseau l'extrémité de l'abdomen et, en pressant légèrement avec les doigts, on fait
sortir les viscères, muscles et autres matières molles de l'intérieur. On introduit alors un fétu de paille dans l'ouverture,
ou le bec d'un chalumeau, en faisant avec un fil une ligature
qui maintient la peau de la chenille. On la porte ensuite au
feu. Pour cela, on introduit la chenille dans un appareil
chauffé à l'esprit de vin, ou au moyen d'un réchaud de charbon de bois, appareil qui varie selon les opérateurs.

« Pour les uns, c'est un entonnoir de fer-blanc renversé ;
pour d'autres, c'est une boîte carrée de métal, ou une simple
plaque ; on peut employer, si l'on veut, un court tuyau de

tôle posé horizontalement sur le support qui surmonte la lampe à alcool. On souffle doucement en roulant dans l'air chaud la chenille, de manière qu'elle sèche également de tous côtés. Tant que la chenille est dans l'air chaud, il ne faut pas cesser de souffler. On la retire quand elle est gonflée et sans humidité. On la pique avec une épingle ou on la colle sur une carte. On peut aussi passer à l'intérieur un morceau de paille. On comprend qu'une pratique soutenue doit faciliter la réussite de cette petite opération. Il faut choisir pour les chenilles poilues le moment qui suit la mue; sans cela, les poils se détachent du corps lorsqu'on les vide. Les chenilles soufflées doivent être tenues à l'abri de l'humidité.

« Un amateur instruit et artiste habile, M. Goossens, a ajouté à ce procédé d'importants perfectionnements. Il fait remarquer que ces chenilles soufflées conservent leur aspect naturel si elles sont grises, brunes, noires ou fortement poilues. Il en est tout autrement pour les chenilles vertes ou jaunes ou incolores. En vidant une chenille vert-pomme, on voit déjà la peau se décolorer et devenir d'un jaune sale; puis, à mesure qu'on la dessèche en la soufflant dans l'appareil, la peau passe du jaune au brun clair et souvent au brun foncé. Il reste sans doute la forme et la taille, mais le sujet devient méconnaissable, surtout dans les petites espèces de Phalénites et dans les Microlépidoptères, où il y a souvent si peu de différence entre les chenilles de plusieurs espèces voisines.

« On essayerait en vain d'injecter à l'intérieur de la chenille de la cire colorée; tantôt la peau n'est pas transparente et ne laisse pas voir la couleur interne, tantôt la couleur, au contraire, tient à la surface extérieure de la peau; enfin, ce moyen est inexécutable pour les petites espèces. Il faut peindre ces chenilles soufflées à l'extérieur. Les couleurs à l'eau ne prennent pas sur la peau grasse, et celle-ci est trop fragile pour qu'on puisse la dégraisser à la craie ou au savon.

« M. Goossens recommande de délayer la couleur en poudre

dans de l'essence de térébenthine, d'essayer la teinte sur une palette ou sur une assiette, puis de peindre le corps de la chenille soufflée. La couleur à l'essence prend parfaitement sur la peau de la chenille. Cette méthode s'applique aux chenilles décolorées des Sésies, aux larves de Coléoptères, etc. Elle est donc importante par sa généralité. La peinture, très aisée, se résume le plus souvent en une teinte plate. On fait sécher un moment la larve dans l'appareil décrit plus haut, mais alors les couleurs deviennent mates. Pour leur donner l'aspect cireux propre aux chenilles vivantes, M. Goossens les plonge un instant dans de la cire vierge fondue, éclaircie d'un peu d'essence de térébenthine. En retirant tout de suite la chenille peinte, elle n'a qu'un léger glacis de cire. On peut ajouter à la cire un peu d'acide arsénieux, qui servira de préservatif. Ce procédé de peinture des chenilles et des larves soufflées, que chacun peut perfectionner par la pratique, et auquel le goût artistique n'est pas étranger, permettra de faire des collections de chenilles et de larves avec autant de plaisir qu'on fait habituellement des collections d'Insectes parfaits.

« Pour conserver les chrysalides en collection, il faut les faire périr par la chaleur, et les piquer quand elles sont sèches. On peut aussi les mettre dans l'alcool affaibli. Ce dernier moyen est le seul qui laisse subsister les taches dorées ou argentées de certaines chrysalides de Diurnes, taches qui sont dues à l'air intercalé sous un mince tégument, et qui disparaissent quand les chrysalides sont mortes ou desséchées. »

RÉPARATIONS. — Les Insectes dont une antenne ou tout autre organe a été brisé, peuvent, avec un peu d'adresse, être raccommodés. Nous avons vu, dans une collection justement réputée, un Insecte rare dont une des antennes, perdue, avait été remplacée par une autre, fabriquée avec de la gomme laque ; sans pousser aussi loin la dextérité, chacun peut remettre en place une patte ou une antenne détachée.

On emploie pour cela de la gomme laque dissoute dans l'alcool, et on soutient avec des épingles le membre rajusté jusqu'à ce que la colle se soit solidifiée.

PARASITES ANIMAUX. — Les Dermestides sont cosmopolites, et il ne faut pas s'en étonner en raison de leur genre d'alimentation. Vivant des matières animales desséchées, telles que les peaux, les fourrures, les cuirs, l'homme les transporte partout avec lui ; ils fréquentent les collections d'histoire naturelle, mais ce n'est pas tant à l'état d'Insectes parfaits qu'ils sont redoutables.

Les larves — hélas ! le jeune entomologiste fera trop vite connaissance avec elles ! — les larves sont fortement poilues ; à l'époque de la transformation, leur peau se fend sur le dos et la nymphe reste enveloppée dans cette peau qui, en se desséchant, lui sert de berceau.

Anthrenus museorum est l'ennemi par excellence. « L'Anthrène est par lui-même encore tolérable, mais sa larve, de forme un peu écrasée, à poils bruns et dont l'extrémité se termine par un long bouquet de poils tronqué, est un hôte bien nuisible ; on ne saurait prendre trop de précautions contre son importunité. Au début cette larve est si minuscule, qu'il est difficile de la découvrir ; elle pénètre à travers les moindres fentes et se montre tout à coup dans des réduits que l'on avait crus hermétiquement fermés. Quelque préservées que soient les boîtes à Insectes, cet ennemi apparaît quand même de temps à autre, soit qu'un œuf ait été introduit avec le cadavre d'un Insecte, soit que la larve ait réussi à trouver quelque passage à travers lequel elle s'est glissée. Celui qui a subi le dommage sentira mieux que qui que ce soit les dégâts qu'une seule de ces larves peut occasionner. D'ordinaire elle vit à l'intérieur du cadavre de l'Insecte, mais exceptionnellement elle se promène aussi à sa surface, de sorte qu'elle détériore même les parties apparentes.

« Dans le premier cas, sa présence est trahie par une légère poussière brune répandue sous le corps de l'Insecte habité ; dans le deuxième cas, le plus rapide coup d'œil décèle son passage, car antennes, pattes et ailes menacent de se détacher ; quelquefois même le destructeur finit par faire disparaître sa proie ; laissant comme témoin au collectionneur désappointé l'épingle qui embrochait l'Insecte. Une forte secousse, le choc de la boîte contre l'angle d'une table, mettent facilement à découvert le reclus ; une forte chaleur le tue, mais il faut avoir la précaution de la rendre insuffisante pour altérer les Insectes de la collection. »

Les petits tas de poussière que l'on trouve souvent au pied des épingles dans les collections entomologiques révèlent la présence d'Acariens qui causent le plus grand préjudice.

Le *Tyroglyphus entomophagus* est l'auteur principal de cette dévastation. Les Insectes des boîtes contaminées doivent être passés à la benzine. Accidentellement, les Microlépidoptères se mettent de la partie.

Parasites végétaux. — On ne connaît pas, jusqu'à présent, de remède efficace contre les moisissures ; on a préconisé l'emploi de la créosote : plusieurs amateurs s'en déclarent satisfaits, d'autres n'accordent à ce procédé qu'une médiocre confiance.

Pour nous qui, par suite d'un accident, avons vu notre collection envahie par la moisissure, nous nous contentons de nettoyer de temps à autre nos Insectes avec un pinceau imbibé de benzine phéniquée et nous sommes obligé d'avouer que la guérison n'est pas radicale ; mieux vaut encore ne pas être forcé de conjurer le mal, et pour cela nous conseillons aux amateurs de tenir leurs collections à l'abri de l'humidité.

FIN

SIGNES CONVENTIONNELS ET ABRÉVIATIONS

♂	Mâle.
♀	Femelle.
☿	Neutre.
(....). Les chiffres entre parenthè-	
ses indiquent la longueur	
de l'Insecte.	
Boisd.	Boisduval.
Bon. . . .	Bonnelli.
Bris. de Barn. .	Brisout de Bar-
	neville.
Cast.	Castelnau.
Charp. . . .	Charpentier.
Creutz. . . .	Creutzer.
Dj.	Dejean.
Duft.	Duftschmidt.
Er.	Erichson.
F.	Fabricius.
Forst.	Forster.
Fourc.	Fourcroy.
Geoff.	Geoffroy.
Germ.	Germar.
Grav.	Gravenhorst.
Guér. Men. . .	Guérin –Men-
	neville.
Ill.	Illiger.
L.	Linné.
Lab.	Laboulbène.
Lac.	Lacordaire.
Latr.	Latreille
L. Duf. . . .	Léon Dufour.
Lep. de St Farg.	Lepelletier de
	St-Fargeau.
Ol.	Olivier.
Pal.	Pallas
Panz.	Panzer.
Payk.	Paykull.
Schr.	Schranck.
Scop.	Scopoli.
Sol.	Solier.
Suff.	Suffrian.
Thunb. . . .	Thunberg.
Westw. . . .	Westwood.

ERRATA

Page	67	Au lieu de	*Chlænius*	lire	*Chlænius.*
—	69	—	*Œpus*	—	*Æpus.*
—	77	—	*Sphœridium*	—	*Sphæridium.*
—	154	—	*Œschna*	—	*Æschna.*
—	248	—	*Zygœna*	—	*Zygæna.*
—	251	—	*Zeugera*	—	*Zeuzera.*
—	262	—	*Tœniocampa*	—	*Tæniocampa.*
—	273	—	*Rhapigaster*	—	*Rhaphigaster.*
—	274	—	*Œlia*	—	*Ælia.*
—	300	—	STRATIONIDES	—	STRATIOMYDES.
—	312	—	*Thyrophora*	—	*Thyréophora.*
—	312	—	*Tichomyza*	—	*Teichomyza.*

20.

TABLE DES MATIÈRES

FIN DE LA TABLE DES MATIÈRES

LYON. — IMPRIMERIE PITRAT AÎNÉ, 4, RUE GENTIL.

www.ingramcontent.com/pod-product-compliance
Ingram Content Group UK Ltd.
Pitfield, Milton Keynes, MK11 3LW, UK
UKHW022057120726
13694UKWH00001B/188